实用 软件工程

附微课视频 | 第3版

吕云翔 **编著**

PRACTICAL SOFTWARE ENGINEERING

人民邮电出版社

北 京

图书在版编目（ＣＩＰ）数据

实用软件工程：附微课视频 / 吕云翔编著. -- 3版
. -- 北京 ： 人民邮电出版社，2024.3
高等学校计算机专业核心课名师精品系列教材
ISBN 978-7-115-62903-6

Ⅰ．①实… Ⅱ．①吕… Ⅲ．①软件工程－高等学校－
教材 Ⅳ．①TP311.5

中国国家版本馆CIP数据核字(2023)第192209号

内 容 提 要

本书按照典型的软件开发过程组织和编写内容，旨在培养读者的软件工程思想及实际软件开发的能力。全书共 11 章，内容涉及软件与软件工程、软件过程、可行性研究与项目开发计划、结构化分析、结构化设计、面向对象方法与 UML、面向对象分析、面向对象设计、软件实现、软件测试与维护、软件工程管理。本书理论与实践相结合，内容翔实，可操作性强。

本书可作为高等院校计算机科学与技术、软件工程及相关专业"软件工程"课程的教材。

◆ 编　著　吕云翔
责任编辑　刘　博
责任印制　王　郁　陈　犇
◆ 人民邮电出版社出版发行　　北京市丰台区成寿寺路 11 号
邮编　100164　电子邮件　315@ptpress.com.cn
网址　https://www.ptpress.com.cn
北京鑫丰华彩印有限公司印刷
◆ 开本：787×1092　1/16
印张：19.25　　　　　　　　　2024 年 3 月第 3 版
字数：545 千字　　　　　　　 2025 年 1 月北京第 4 次印刷

定价：69.80 元

读者服务热线：(010)81055256　印装质量热线：(010)81055316
反盗版热线：(010)81055315
广告经营许可证：京东市监广登字 20170147 号

本书第1版出版于2015年5月，第2版出版于2020年10月，得到了许多高校的教师和学生们的肯定，在教学中取得了良好的效果。为了能及时反映软件工程领域的最新进展，保持教材内容的先进性，编者对第2版进行了全面的修订、再组织和更新，形成了现在的第3版。

本书改动内容如下。

（1）图书结构优化升级。此次改版将图书结构进行了再优化，分为软件与软件工程、软件过程、可行性研究与项目开发计划、结构化分析、结构化设计、面向对象方法与UML、面向对象分析、面向对象设计、软件实现、软件测试与维护、软件工程管理，共11章。

（2）内容增新去繁，引入软件工程新技术。此次改版精简了一些内容，如在第1、2章中，增加了最新的软件工程知识体系、软件工程人员的职业道德、Scrum等内容；将原第8章"软件体系结构与设计模式"拆分到第5章"结构化设计"和第8章"面向对象设计"两章中，删去了比较难的知识；第8章"面向对象设计"中增加了开闭原则等几条公认的设计原则；第9章"软件实现"中增加了代码复用、分析和评价代码的质量等内容；第10章"软件测试与维护"中增加了自动化测试、软件部署与软件交付、软件运维等内容；第11章"软件工程管理"中增加了软件安全的内容。

（3）使用全新工具进行案例实现。本书用最新的开发工具将案例"'墨韵'读书会图书共享平台"进行了重新开发。限于篇幅，本书采用数字化的手段对内容进行补充，读者可通过扫描二维码，查看案例的电子文档和源代码。

（4）附录中包含软件工程常用工具及其应用、基于"'墨韵'读书会图书共享平台"的实验（将第2版中的实验都归纳到这里）、软件开发综合项目实践详解和综合案例。

本书理论知识的教学安排建议如下。

章	内容	学时数
第1章	软件与软件工程	1～2
第2章	软件过程	2
第3章	可行性研究与项目开发计划	1～2
第4章	结构化分析	2～4
第5章	结构化设计	2～4
第6章	面向对象方法与UML	6～8
第7章	面向对象分析	4～6
第8章	面向对象设计	4～6

续表

章	内容	学时数
第9章	软件实现	2
第10章	软件测试与维护	4~6
第11章	软件工程管理	4~6

建议先修课程：计算机导论、面向对象程序设计、数据结构、数据库原理等。

建议理论教学学时数：32~48。

建议实验（实践）教学学时数：16~32。

教师可以按照自己对软件工程的理解适当地略过一些章节，也可以根据教学目标，灵活地调整章节的讲解顺序，增减各章的学时数。

本书的编者为吕云翔，曾洪立参与了部分内容的编写，并进行了素材整理及配套资源制作等。感谢所有对本书做出贡献的同人。

由于软件工程在不断发展，软件工程的教学方法也还在探索中，加之编者的水平和能力有限，本书难免存在疏漏之处，恳请各位同人和广大读者给予批评指正，也希望各位能将实践过程中的经验和心得与编者交流（yunxianglu@hotmail.com）。

编者

2024年1月

目录　C O N T E N T S

CONTENTS **目录**

第六部分 软件工程管理

第一部分　软件工程概述

第1章

软件与软件工程

本章将首先介绍软件，包括软件的概念及特点、软件的分类；然后引出软件危机，包括软件危机的表现与产生原因以及软件危机的启示；接着对软件工程的概念、软件工程研究的内容、软件工程的目标和原则、软件工程知识体系进行介绍；最后对软件开发方法、软件工程工具和软件工程人员的职业道德进行阐述。

本章目标
- ❑ 了解软件的概念、特点及主要分类。
- ❑ 了解软件危机的表现及其产生原因。
- ❑ 掌握软件工程的概念以及软件工程的基本原则。
- ❑ 了解软件开发方法。
- ❑ 了解软件工程工具。
- ❑ 了解软件工程人员的职业道德。

1.1 软件

本节将介绍软件的概念及特点和软件的分类。

1.1.1 软件的概念及特点

人们通常把具有各种功能的程序，包括系统程序、应用程序、用户自己编写的程序等称为软件。然而，随着计算机应用的日益普及，软件日益复杂，规模日益增大，人们意识到软件并不仅仅包含程序。程序是人们为了完成特定的功能而编制的一组指令集，它由计算机的语言描述，并且能在计算机系统上执行。而软件不仅包括程序，还包括程序的处理对象——数据，以及与程序开发、维护和使用有关的图文资料（文档）。例如，用户购买的Windows 11操作系统软件，不仅包含可执行的程序，还包含一些支持数据（一般放在计算机的硬盘或网络的服务器中），并且还包含纸质的用户手册等文档。根据电气电子工程师学会（Institute of Electrical and Electronics Engineers，IEEE）610.12-1990标准，软件被定义为"计算机程序、过程、规则和相关文档的集合，以及与计算机系统的运行和维护相关的数据"。软件工程专家罗杰•S.普莱斯曼（Roger S. Pressman）对软件给出了这样的定义：计算机软件是由专业人员开发并长期维护的软件产品。完整的软件产品包括在各种不同容量和体系结构的计算机上的可执行的程序、运行过程中产生的各种结果，以及以硬复制或电子表格等多种方式存在的软件文档。

软件具有以下几个特点。

（1）软件是一种逻辑实体，而不是具体的物理实体，因而它具有抽象性。

（2）软件的生产与硬件的生产不同，它没有明显的制造过程。要提高软件的质量，必须在软件开发方面下功夫。

（3）软件在运行和使用期间，不会出现硬件中所出现的机械磨损、老化问题。然而它存在退化问题，必须要对其进行多次修改与维护，直至其退役，如早期的DOS（Disk Operating System，磁盘操作系统），就进行了多次修改与维护，仍难以匹敌Windows操作系统而没落。图1-1和图1-2分别展示了硬件的失效率和使用时间的关系，以及软件的失效率和使用时间的关系。

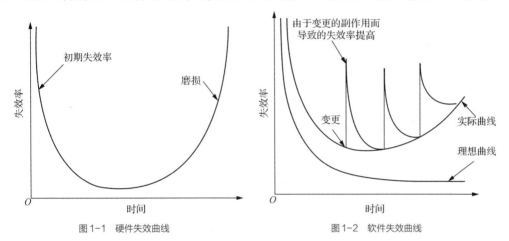

图1-1　硬件失效曲线　　　　　图1-2　软件失效曲线

（4）计算机应用的开发与运行常常受到计算机系统的制约，不同应用对计算机系统有着不同程度的依赖性，如有专门针对个人计算机（Personal Computer，PC）的游戏，也有针对平板电脑的游戏。为了降低这种依赖性，人们在软件开发中提出了软件移植的概念。

（5）软件的开发至今尚未完全摆脱人工开发的方式。

（6）软件本身是复杂的。软件的复杂性可能来自它所反映的实际问题的复杂性，也可能来自程序逻辑结构的复杂性。

（7）软件研制成本相当高。软件的研制工作需要投入大量的、复杂的、高强度的脑力劳动，它的成本是比较高的。

（8）相当多的软件工作涉及社会因素。许多软件的开发和运行涉及机构、体制、管理方式等方面的问题，它们直接决定了软件项目的成败。

1.1.2　软件的分类

随着计算机软件复杂性的增加，在某种程度上人们很难针对软件给出一个通用的分类标准，但是人们可以从不同的角度对软件进行分类。

（1）按照软件功能的不同，软件可以分为系统软件、支撑软件和应用软件3类。系统软件是计算机系统中最靠近硬件的一层，为其他程序提供底层的系统服务，它与具体的应用领域无关，系统软件有编译程序和操作系统等。支撑软件以系统软件为基础，以提高系统性能为主要目标，支撑应用软件的开发与运行，主要包括环境数据库、各种接口软件和工具组。应用软件是提供特定应用服务的软件，如字处理程序等。系统软件、支撑软件和应用软件之间既有分工又有合作，是不可以截然分开的。

（2）按照软件服务对象的不同，软件可以分为通用软件和定制软件。通用软件是由特定的软件开发机构开发、面向市场公开发行的独立运行的软件系统，例如操作系统、文档处理系统和图片处理系统等。定制软件通常是面向特定的用户需求，由软件开发机构在合同的约束下开发的软件，如为企业定制的办公系统、交通管理系统和飞机导航系统等。

（3）按照软件产品规模的不同，软件可以分为微型、小型、中型、大型和超大型软件。一般情况下，微型软件只需要一名开发人员，在4周以内完成开发，并且代码量不超过500行，这类软件一般仅供个人专用，没有严格的分析、设计和测试资料，例如某个学生为完成"软件工程"课程的作业而编制的程序，就属于微型软件。小型软件开发周期在半年内，代码量一般控制在5000行以内，这类软件通常没有预留与其他软件的接口，但是需要遵循一定的标准，附有正规的文档资料，例如某个学生团队为完成"软件工程"课程的大作业（学期项目）而编制的程序，就属于小型软件。中型软件的开发人员控制在10人以内，要求在2年以内开发5000～50000行代码，这种软件的开发不仅需要完整的计划、文档及审查，还需要开发人员之间、开发人员和用户之间的交流与合作，例如某个软件公司为某个客户开发办公自动化（Office Automation，OA）系统而编制的程序，就属于中型软件。大型软件是10～100名开发人员在1～3年的时间内开发的，具有50000～100000行（甚至上百万行）代码的软件产品，在这种规模的软件开发中，统一的标准、严格的审查制度及有效的项目管理都是必需的，例如某个软件公司开发的某款多人在线的网络游戏，就属于大型软件。超大型软件往往涉及上百名甚至上千名成员的开发团队，开发周期可以为3年以上，甚至5年，这种大规模的软件项目通常被划分为若干个小的子项目，由不同的团队开发，例如微软公司开发的Windows 11操作系统，就属于超大型软件。

（4）按照工作方式的不同，计算机软件可以分为实时软件、分时软件、交互式软件和批处理软件。实时软件能够在严格的时间限制下进行实时处理和响应，通常用于需要及时响应和处理事件的系统，如航空航天、工业自动化、交通控制、医疗设备等领域的系统。分时软件指的是一种操作系统或程序设计技术，将处理器时间片分配给不同的用户或任务，以实现多用户共享计算资源的目的。交互式软件是一种能够与用户进行实时交互的软件。与传统的批处理软件不同，交互式软件允许用户通过输入指令或操作界面与软件进行实时的交互和反馈。常见的交互式软件包括文字处理软件、电子表格软件、图像编辑软件、游戏软件等。批处理软件是一种能够自动执行一系列预定义任务的软件。与交互式软件不同，批处理软件通常不需要用户的实时交互，而是按照预先设定的顺序和规则自动执行任务。

（5）按照源代码是否公开，软件可以分为开源软件和闭源软件。开源软件是指可以免费获取、使用、修改和分发的软件，它的源代码是公开的，任何人都可以查看、修改和重新分发。开源软件通常遵循开放的许可证，这些许可证确保了用户对软件的自由使用和修改的权利。闭源软件是指其源代码不公开的软件，闭源软件的源代码只有软件的开发者或授权人可以查看和修改，普通用户无法访问或修改源代码。

此外，还有很多软件的分类是交叉的，如关键基础软件、大型工业软件、行业应用软件、新型平台软件、安全可靠软件、嵌入式软件、群体软件、智能软件等。

软件的分类示意如图1-3所示。

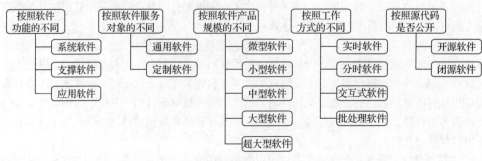

图1-3 软件的分类示意

1.2 软件危机

软件灾难故事

本节将介绍软件危机的表现与产生原因，以及软件危机的启示。

1.2.1 软件危机的表现与产生原因

软件危机是指人们在开发软件和维护软件过程中所遇到的一系列的问题。在20世纪60年代中期，随着软件规模的扩大、复杂性的增加、功能的增强，开发高质量的软件越来越困难。在软件开发的过程中，经常会出现不能按时完成任务、产品质量得不到保证、工作效率低下和开发经费严重超支等现象。这些现象逐渐使人们意识到软件危机的存在。计算机软件的开发和维护过程中普遍出现的一些严重的问题，主要表现如下。

- 开发出来的软件产品不能满足用户的需求，即产品的功能或特性与需求不符。这主要是由于开发人员与用户之间不能充分、有效地交流，开发人员对用户需求的理解存在差异。
- 相比越来越廉价的硬件，软件代价过高。
- 软件质量难以得到保证，且难以发挥硬件潜能。开发团队缺少完善的软件质量评审体系以及科学的软件测试规程，使得最终的软件产品存在诸多缺陷。
- 难以准确估计软件开发、维护的费用以及开发周期。软件产品往往不能在预算范围之内按照计划完成开发。在很多情况下，软件产品的开发周期或经费会大大超出预算。
- 难以控制开发风险，开发速度跟不上市场变化。
- 软件产品修改和维护困难，集成遗留系统更困难。
- 软件文档不完备，并且存在文档内容与软件产品不符的情况。软件文档是计算机软件的重要组成部分，它为软件开发人员之间以及开发人员与用户之间信息的共享提供了重要的平台。软件文档的不完整和不一致的问题会给软件的开发和维护等工作带来很多麻烦。

这些问题严重影响了软件产业的发展，制约着计算机的应用。为了形象地描述软件危机，OS/360经常被作为一个典型的案例。20世纪60年代初期（1961—1964年），IBM公司组织了OS/360操作系统的开发，这是一个超大型的软件项目，源程序代码近100万行。IBM OS/360操作系统耗资超过5亿美元（相当于现在的340亿美元），用工5000人年，投入运行仅一个月后便发现了2000个以上的错误。该系统负责人F.D.布鲁克斯（F.D.Brooks，《人月神话》一书的作者）描述过："就像一头巨兽在泥潭中垂死挣扎，挣扎得越猛，下陷得便越快"。

软件危机的出现及其日益严重的趋势充分暴露了软件产业在早期的发展过程中存在的各种各样的问题。可以说，人们对软件产品认识的不足以及对软件开发的内在规律理解的偏差是软件危机出现的根本原因。具体来说，软件危机出现的原因可以概括为以下几点。

- 忽视软件开发前期的需求分析。
- 开发过程缺乏统一的、规范化的方法论的指导。软件开发是一项复杂的工程，人们需要用科学的、工程化的思想来组织和指导软件开发的各个阶段。而这种工程学的视角正是很多软件开发人员所没有的，他们往往简单地认为软件开发就是程序设计。
- 文档资料不齐全或不准确。软件文档没有得到软件开发人员和用户的足够重视。软件文档是软件开发团队成员之间交流和沟通的重要平台，还是软件开发项目管理的重要工具。如果人们不重视软件文档，势必会给软件开发带来很多不便。
- 忽视与用户之间、开发团队成员之间的交流。
- 忽视测试的重要性。
- 不重视维护或由于上述原因造成维护工作困难。由于软件的抽象性和复杂性，软件在运行之前，软件开发人员很难对开发过程的进展情况进行估计，再加上软件错误的隐蔽性和改正软件错误的复杂性，软件开发和维护在客观上存在一定的难度。
- 从事软件开发的专业人员对软件产业认识不充分，缺乏经验。软件产业相较于其他工业产业而言，是一个比较年轻、发展不成熟的产业，人们在对它的认识上缺乏深刻性。
- 没有完善的质量保证体系。完善的质量保证体系的建立需要有严格的评审制度，同时还需要有科学的软件测试技术及质量维护技术。如果软件的质量得不到保证，开发出来的软件产品往往不能满足人们的需求，同时人们还可能需要耗费大量的时间、资金和精力去修复软件的缺陷，从而导致软件质量的下降和开发预算超支等后果。

1.2.2　软件危机的启示

软件危机给我们的最大启示，是我们应更加深刻地认识到软件的特性以及软件产品开发的内在规律。
- 软件产品是复杂的人造系统，具有复杂性、不可见性和易变性，难以处理。
- 个人或小组在开发小型软件时使用到的非常有效的编程技术和过程，在开发大型、复杂系统时难以发挥同样的作用。
- 从本质上讲，软件开发的创造性成分很大、发挥的余地也很大，很接近于艺术创作。它介于艺术创作与工程制造之间，并逐步向工程制造的一端发展，但很难发展到完全的工程制造。
- 计算机和软件技术的快速发展，提高了用户对软件的期望水平，促进了软件产品的演化，对软件产品提出了新的、更多的需求，所以软件开发人员难以在可接受的开发进度内保证软件的质量。
- 几乎所有的软件项目都是新的，而且是不断变化的。项目需求在开发过程中会发生变化，而且很多原来预想不到的问题会出现，对设计和实现手段进行适当的调整是不可避免的。
- "人月神化"现象——生产力与人数并不成正比。

为了解决软件危机，人们开始试着用工程化的思想去指导软件开发，于是软件工程诞生了。

1.3　软件工程

本节将介绍软件工程的概念、软件工程研究的内容、软件工程的目标和原则，以及软件工程知识体系。

怎样理解软件
工程

为什么应该
学好软件工程

怎样学习软件
工程

1.3.1　软件工程的概念

1968年，在北大西洋公约组织举行的一次学术会议上，该组织的科学委员们在开会讨论软件的可靠性与软件危机的问题时，首次提出了"软件工程"的概念，并将其定义为"为了经济地获得可靠的和能在实际机器上高效运行的软件，而建立和使用的健全的工程规则"。这一定义肯定了工程化的思想在软件工程中的重要性，但是并没有提到软件产品的特殊性。

经过50多年的发展，软件工程已经成为一门独立的学科，人们对软件工程也逐渐有了更全面、更科学的认识。

IEEE对软件工程的定义为：①将系统化的、严格约束的、可量化的方法应用于软件的开发、运行和维护，即将工程化应用于软件；②对①中所述方法的研究。

软件工程层次如图1-4所示。

从图1-4可知，软件工程的根基就在于对质量的关注；软件工程的基础是过程层，它定义了一组关键过程区域的框架，使得软件能够被合理和及时地开发；软件工程的方法提供了构造软件在技术上需要"做什么"的指导，它覆盖了一系列的任务，包括需求分析、设计、编程、测试和维护等；软件工程的工具对过程和方法提供了自动或半自动的支持。软件工程本身是一个交叉学科，涉及多种学科领域的相关知识，包括工程学、数学、计算机科学、经济学、管理学、心理学等领域。

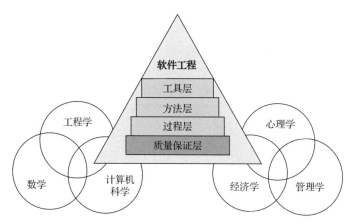

图1-4　软件工程层次

软件工程以关注质量为目标，其中过程、方法和工具是软件工程的三要素。

1.3.2　软件工程研究的内容

软件工程研究的内容主要包括以下两个部分。
- 软件开发技术：主要研究软件开发、运行和维护方法，软件开发过程，软件开发工具和环境。
- 软件开发过程管理：主要研究软件工程经济学和软件管理学。

必须要强调的是，随着人们对软件系统研究的逐渐深入，软件工程所研究的内容也在不断更新和发展。

1.3.3　软件工程的目标和原则

软件工程要达到的基本目标如下。
- 实现达到要求的软件功能。
- 取得较好的软件性能。
- 开发出高质量的软件。
- 付出较低的开发成本。
- 仅需较低的维护费用。
- 能按时完成开发工作，及时交付使用。

为了达到上述目标，软件工程设计、工程支持以及工程管理在软件开发过程中必须遵循一些基本原则。软件工程专家B. 勃姆（B.Boehm）综合了有关专家和学者的意见，并总结了多年来开发软件的经验，提出了软件工程的7条基本原则。

（1）采用分阶段的生命周期计划实行严格的项目管理

将软件的生命周期划分为多个阶段，对各个阶段实施严格的项目管理。软件开发是一个漫长的过程，人们可以根据软件的特点或目标，把整个软件的开发周期划分为多个阶段，并为每个阶段制定分阶段的计划及验收标准，这样有益于对整个软件开发过程进行管理。在传统的软件工程中，软件开发的生命周期可以划分为可行性研究、需求分析、软件设计、软件实现、软件测试、产品验收和交付等阶段。

（2）坚持进行阶段评审

严格地贯彻与实施阶段评审制度可以帮助软件开发人员及时地发现错误并将其改正。在软件开发的过程中，错误发现得越晚，修复错误所要付出的代价就会越大。实施阶段评审要求只有在本阶段的工作通过评审后，才能进入下一阶段的工作。

（3）实施严格的版本控制

在软件开发的过程中，用户需求很可能在不断地发生变化。有些时候，即使用户需求没有改变，软件开发人员受到经验的限制以及与客户交流不充分的影响，也很难做到一次性获取全部正确的需求。可见，需求分析的工作应该贯穿到整个软件开发的生命周期内。在软件开发的整个过程中，需求的改变是不可避免的。当需求更新时，为了保证软件各个配置项的一致性，实施严格的版本控制是非常必要的。

（4）采用现代程序设计技术

采用现代程序设计技术，例如面向对象程序设计技术，可以使开发出来的软件产品更易维护和修改，同时还能缩短开发的时间，并且更符合人们的思维逻辑。

（5）软件产品应能被清楚地审查

虽然软件产品的可见性比较差，但是它的功能和质量应该能够被清楚地审查和度量，这样才能进行有效的项目管理。一般软件产品包括可以执行的源代码、一系列相应的文档和资源数据等。

（6）开发小组的人员应该少而精

开发小组成员的人数少有利于组内成员充分地交流，这是高效团队管理的重要因素。而高素质的开发小组成员是提高软件产品质量和开发效率的重要因素。

（7）持续不断地总结经验、学习新的软件技术

随着计算机科学技术的发展，软件从业人员应该不断地总结经验并主动学习新的软件开发技术，只有这样才能不落后于时代。

B.Boehm指出，遵循前6条基本原则，能够实现软件的工程化生产；要遵循第7条原则，不仅要积极主动地学习新的软件开发技术，而且要注意不断总结经验。

1.3.4　软件工程知识体系

IEEE在2024年审定的《软件工程知识体系指南》（SWEBOK 4.0）中将软件工程知识体系划分为以下18个知识领域。

（1）软件需求（Software Requirement）。软件需求涉及软件需求的获取、分析、规格说明和确认。

（2）软件体系结构（Software Architecture）。软件体系结构涉及架构设计原则和方法、架构模式、架构风格、架构视图和描述、架构评估和演化、架构工具和技术、架构管理和治理。

（3）软件设计（Software Design）。软件设计定义了一个系统或组件的体系结构、组件、接口、其他特征的过程以及这个过程的结果。

（4）软件构建（Software Construction）。软件构建是指通过编码、验证、单元测试、集成测试和调试的组合，详细地构建可工作的和有意义的软件。

（5）软件测试（Software Testing）。软件测试是为评价和改进产品的质量、标识产品的缺陷和问题而进行的活动。

（6）软件工程运维（Software Engineering Operations）。软件工程运维是一种将软件开发和运维相结合的方法论，旨在通过自动化和协作来提高软件交付的速度和质量。

（7）软件维护（Software Maintenance）。软件维护是指由于一个问题或改进的需要而修改代码和相关文档，进而修正现有的软件产品并保留其完整性的过程。

（8）软件配置管理（Software Configuration Management）。软件配置管理是一个支持性的软

件生命周期，它是为了系统地控制配置变更，在软件系统的整个生命周期中维持配置的完整性和可追踪性，并标识系统在不同时间点上的配置的学科。

（9）软件工程管理（Software Engineering Management）。软件工程的管理活动建立在组织和内部基础结构管理、项目管理、度量程序的计划制定和控制3个层次上。

（10）软件工程过程（Software Engineering Process）。软件工程过程涉及软件生命周期本身的定义、实现、评估、管理、变更和改进。

（11）软件工程模型和方法（Software Engineering Model And Method）。软件工程模型是软件的生产、使用与退役等各个过程中的参考模型的总称，诸如需求开发模型、架构设计模型等都属于软件工程模型的范畴；软件开发方法主要讨论软件开发的各种方法及其工作模型。

（12）软件质量（Software Quality）。软件质量特征涉及多个方面，保证软件产品的质量是软件工程的重要目标。

（13）软件安全（Software Security）。软件安全是指保护软件系统免受恶意攻击和非法访问的能力。软件安全包括多个方面，如保护软件系统的机密性、完整性和可用性，防止未经授权的访问、修改和破坏等。

（14）软件工程职业实践（Software Engineering Professional Practice）。软件工程职业实践涉及软件开发人员应履行其实践承诺，使软件的需求分析、规格说明、设计、开发、测试和维护成为一项有益和受人尊敬的职业的内容；还包括团队精神和沟通技巧等内容。

（15）软件工程经济学（Software Engineering Economics）。软件工程经济学是研究为实现特定功能需求的软件工程项目而提出的在技术方案、生产（开发）过程、产品或服务等方面所做的经济服务与论证、计算与比较的一门系统方法论学科。

（16）计算基础（Computing Foundation）。计算基础涉及解决问题的技巧、抽象、编程基础、编程语言的基础知识、调试工具和技术、数据结构和表示、算法和复杂度、系统的基本概念、计算机的组织结构、编译基础知识、操作系统基础知识、数据库基础知识和数据管理、网络通信基础知识、并行和分布式计算、基本的用户人为因素、基本的开发人员人为因素、安全的软件开发和维护等方面的内容。

（17）数学基础（Mathematical Foundation）。数学基础涉及集合、关系和函数、基本的逻辑、证明技巧、计算的基础知识、图和树、离散概率、有限状态机、语法、数值精度、准确性和错误、数论和代数结构等方面的内容。

（18）工程基础（Engineering Foundation）。工程基础涉及实验方法和实验技术、统计分析、度量、工程设计、建模、模拟和建立原型、标准和影响因素分析等方面的内容。

软件工程知识体系的提出，让软件工程的内容更加清晰，也使得其作为一个学科的定义和界限更加分明。

1.4 软件开发方法

软件开发方法使用定义好的技术集及符号表示组织软件生产的过程，它的目标是在规定的时间和成本内，开发出符合用户需求的高质量的软件。因此，针对不同的软件开发项目和对应的软件过程，应该选择合适的软件开发方法。常见的软件开发方法如下。

（1）结构化方法

1978年，爱德华·约当（E.Yourdon）和拉里·康斯坦丁（L.L.Constantine）提出了结构化方法，也可称为面向功能的软件开发方法或面向数据流的软件开发方法。1979年，汤姆·德马科（Tom DeMarco）进一步完善了此方法。

结构化方法采用自顶向下、逐步求精的指导思想，是一种被广泛应用且技术成熟的方法。它首先用结构化分析方法对软件进行需求分析，然后用结构化设计方法进行总体设计，最后进行结构化编程。这一方法不仅明确了开发步骤，而且还给出了两类典型的软件结构（变换型和事务型），便于软件开发人员参照，使软件开发的成功率大大提高，从而深受软件开发人员的青睐。

（2）面向数据结构的方法

1975年，M.A.杰克逊（M.A.Jackson）提出了一类软件开发方法（Jackson方法）。这一方法从目标系统的输入、输出数据结构开始，导出程序框架结构，再补充其他细节，就可得到完整的程序结构图。这一方法对输入、输出数据结构明确的中小型系统特别有效，如商业应用中的文件表格处理。该方法也可与其他方法结合，用于模块的详细设计。Jackson方法有时也被称为面向数据结构的设计方法。

1974年，J.D.瓦尼耶（J.D.Warnier）提出的软件开发方法——Warnier方法与Jackson方法类似。它们之间的区别有3点：第一点是使用的图形工具不同，分别使用Warnier图和Jackson图；第二点是使用的伪代码不同；第三点是在构造程序框架时，Warnier方法仅考虑输入数据结构，而Jackson方法不仅要考虑输入数据结构，还要考虑输出数据结构，这也是最主要的差别。

（3）面向对象的方法

面向对象技术是软件技术的一次革命，在软件开发史上具有里程碑意义。随着面向对象分析、面向对象设计和面向对象编程的发展，最终形成面向对象的软件开发方法。

这是一种自底向上与自顶向下相结合的方法，而且它以对象建模为基础，从而不仅考虑了输入、输出数据结构，实际上也包含所有对象的数据结构。面向对象技术在需求分析等关键环节，可维护性和可靠性等质量指标上有了实质性的突破，很大程度上解决了在这些方面存在的严重问题。

面向对象方法有Booch方法、Goad方法和OMT（Object Modeling Technology，对象建模技术）方法等。为了统一各种面向对象方法的术语、概念和模型，1997年推出了统一建模语言（Unified Modeling Language，UML），通过统一的语义和符号表示，将各种方法的建模过程和表示统一起来。

（4）面向数据的方法

面向数据的方法是一种编程方法论，它将数据作为程序设计的核心，通过对数据的组织、存储、访问和处理等方面进行优化，来提高程序的性能和编程效率。

（5）形式化方法

形式化方法最早可追溯到20世纪50年代后期对于程序设计语言编译技术的研究，研究高潮始于20世纪60年代后期。针对当时的"软件危机"，人们提出种种解决方法，归纳起来有两类：一类是采用工程方法来组织、管理软件的开发过程；另一类是深入探讨程序和程序开发过程的规律，建立严密的理论来指导软件开发实践。前者导致"软件工程"的出现和发展，后者则推动了形式化方法的深入研究。

经过多年的研究和应用，如今人们在形式化方法这一领域取得了大量重要的成果，从早期最简单的一阶谓词演算方法到现在的应用于不同领域、不同阶段的基于逻辑、状态机、网络、进程代数、代数等的众多形式化方法，形式化方法的发展趋势不断增强，该方法正逐渐融入软件开发过程的各个阶段。

基本的软件开发方法对比如表1-1所示。

表1-1 基本的软件开发方法对比

序号	方法名称	优点	缺点	适用范围
1	结构化方法	简单、好学	不适用于窗口界面，维护困难	大型工程计算、实时数据跟踪处理、各种自动化控制系统，以及系统软件实现等

序号	方法名称	优点	缺点	适用范围
2	面向数据结构的方法	对输入、输出数据结构明确的中小型系统特别有效	学习成本高，可移植性差	需要处理大量数据的程序，以及复杂数据结构的程序
3	面向对象的方法	功能强大，易于维护	不易掌握	完全由用户交互控制程序执行过程的应用软件和系统软件
4	面向数据的方法	通俗易懂	不适用于窗口界面	以关系数据库管理系统为支撑环境的信息系统
5	形式化方法	准确、严谨	难以掌握和应用	对安全性要求极高、不允许出错的软件系统，如军事、医药、交通等领域的软件系统

除了以上介绍的各类软件开发方法外，还有开源软件开发方法、群体化软件开发方法等。

1.5 软件工程工具

软件工程工具对软件工程中的过程和方法提供自动或半自动的支持，可以帮助软件开发人员方便、简捷、高效地进行软件的分析、设计、开发、测试、维护和管理等工作。有效地利用工具软件可以提高软件开发的质量，减少成本，缩短工期，方便软件项目的管理。

软件工程工具通常有以下3种分类标准。

- 按照功能划分，软件工程工具可分为可视化建模工具、程序开发工具、自动化测试工具、文档编辑工具、配置管理工具、项目管理工具等。功能是对软件进行分类的最常用的标准。
- 按照支持的过程划分，软件工程工具可分为设计工具、编程工具、维护工具等。
- 按照支持的范围划分，软件工程工具可以分为窄支持工具、较宽支持工具和一般支持工具。窄支持工具支持软件工程过程中的特定任务，一般称之为工具；较宽支持工具支持特定的过程阶段，一般由多个工具集合而成，称之为工作台；一般支持工具覆盖软件过程的全部或大部分阶段，包含多个不同的工作台，称之为环境。

在需求分析与系统设计阶段，常用的计算机辅助软件工程（Computer-aided Software Engineering，CASE）工具有面向通用软件设计的Microsoft Visio、面向对象软件设计的Rational Rose、数据库设计的Power Designer，除此之外近年还出现了更加集成化的工具Enterprise Architect、Rational Software Architect和StarUML等。这些工具通过简化UML图的绘制工作，以及强大的模型转换功能（诸如正向工程、逆向工程、数据库模型转换等），大大简化了设计以及从设计向编码转换的工作。

在编码阶段，集成开发环境（Integrated Development Environment，IDE）通过提供代码高亮、补全等功能，内置调试工具大大提高了软件开发的效率。主流IDE如表1-2所示。

表 1-2　主流 IDE

名称	编程语言
Turbo Pascal	Pascal
Dev C++	C/C++
Code::Blocks	C/C++
CLion	C/C++/C#

名称	编程语言
Visual Studio	C++、VB、C#、JavaScript等
Visual Studio Code	C++、VB、C#、JavaScript等
GoLand	Go
RubyMine	Ruby
WebStorm	JavaScript
PhpStorm	PHP
PyCharm	Python
Eclipse	Java
IntelliJ IDEA	Java
Xcode	Objective-C/Swift等

　　在测试阶段，通常会使用自动化测试工具进行测试。较为流行的自动化测试工具包括：C/S功能测试工具WinRunner；性能测试工具LoadRunner、JMeter；测试管理工具TestDirector、Jira；Web服务测试工具QTester（简称QT）、SoapUI等。单元测试工具通常与编程语言及开发框架关联密切。单元测试工具如表1-3所示。

表1-3　单元测试工具

名称	编程语言
CUnit	C
CppUnit	C++
JUnit	Java
NUnit	.NET
Perl Testing	Perl
Mocha/Should.js	Node.js
内置unittest模块/pytest	Python
PHPUnit	PHP
内置Test::Unit模块	Ruby

　　除了这几个阶段，软件开发过程还包括诸多其他活动，而其中最重要的便是配置管理与项目管理。配置管理通常分为不同模式，每一种模式均有对应工具，如VSS、CVS、SVN等，近年来最常用的为Git。而项目管理领域普遍使用微软公司开发的Project，该软件提供了强大的项目管理功能，基本能够满足企业级项目管理的全部需要。此外，近年来随着敏捷开发的兴起，诸如基于Scrum的PingCode，以及基于看板（Kanban）的Teambition等轻量级开发平台也拥有了广大的用户群体。

　　除此之外，在软件过程的其他活动中同样存在众多CASE工具。在原型设计方面有快速原型构建系统Dreamweaver，在协作文档管理方面有在线协作办公系统Microsoft Office Online，还有在线协作软件设计平台ProcessOn等，由于篇幅有限，这里不赘述。

　　实际上，这些分类并不是很严格。很多软件工具可用在软件开发的不同过程中，软件开发人员根据软件开发活动的具体要求来确定。

1.6　软件工程人员的职业道德

　　作为一名专业的软件工程人员，必须认识到有限的工作包括更多的额外责任，而不仅仅是应用技术。我们必须保持一贯标准，不利用技术和能力来制造一些损害软件工程行业声誉的事情。软件工程人员应以道德和伦理上负责任的方式行事。软件开发人员应该注意的软件工程标准和职业道德。

软件开发人员应该注意的标准如下。

（1）保密原则：软件开发人员必须遵守其客户的保密原则，也必须遵守其同事的保密原则。

（2）客观评估自己的能力：软件开发人员不应虚报自己的能力水平，必须明白自己能做什么，不能做什么。

（3）了解知识产权：与其他职业一样，软件开发人员必须了解知识产权，如专利和版权。

（4）不窥探隐私：软件开发人员不应该滥用技术来窃取他人和设备的隐私。

1.6.1　ACM/IEEE 职业道德准则

一些组织，如IEEE、美国计算机学会（Association for Computing Machinery，ACM）和英国计算机协会发布了软件工程的职业道德和标准。这些组织的所有成员在注册会员时必须遵守这些准则，这些行为准则涉及基本的道德行为。

软件工程职业道德准则的重点是提供高质量的软件。这些职业道德准则致力于分析、描述、设计、开发、测试和维护对公司或客户有利和有效的软件。

因此，ACM和IEEE制定了一个联合的职业道德规范和职业规范。ACM / IEEE职业道德准则包含以下8项准则。

（1）公众：软件开发人员的行为应当与公众的利益一致。

（2）客户和雇主：软件开发人员的行为应符合客户和雇主的最大利益，并与公共利益一致。

（3）产品：软件开发人员应确保其产品和相关的改进尽可能达到最高的专业标准。

（4）判断力：软件开发人员应保持其专业判断力的诚实性和独立性。

（5）管理：软件工程经理和领导应认同并推广软件开发和维护管理的道德方法。

（6）职业：软件开发人员应在符合公众利益的情况下，提高企业的诚信和声誉。

（7）同事：软件开发人员应公平对待并支持其同事。

（8）自我：软件开发人员应参与有关其职业规范的终身学习，并应推广职业规范的道德方法。

1.6.2　职业伦理

当讨论到软件开发时，伦理并不是我们首先想到的。毕竟在开发软件时，作为开发人员，应该处理诸如功能和项目规范等的技术问题。但是我们通常没有意识到的是，软件和技术在个人层面上影响着人们的生活，并且有能力使它们变得更好或更糟。

现在人们做的每件事，例如开车、买食物、交流、通勤、看电视等，都涉及某种软件。这些技术在推动着我们的生活变革，与人类生活密不可分。

技术甚至改变了企业的运作方式。为了成为第一个将产品推向市场、有最好的发展机会、推出最具创新价值的产品和服务的企业，许多企业忽视了他们的冒险带来的副作用和可能给人们的生活带来的问题。

科技已成为我们日常生活的重要组成部分，我们无法将它与影响日常生活的伦理分开。科技决定了我们的消费方式和创造方式。

尽管如此，软件开发人员有责任为客户提供一个安全和透明的、他们可以信任的软件。

乍一看，很容易认为开发的技术部分与人们的生活没有直接关系。毕竟，真正影响用户的是商业规范。然而，软件开发人员是那些知道他们的产品能做什么的人。

1.6.3　应该注意的一些道德问题与法律问题

以下是软件开发人员在开发产品和选择为公司工作时应该注意的一些道德问题与法律问题。

（1）用户数据

许多网站的服务在很大程度上是为了收集用户的信息。

以某搜索引擎公司为例。它拥有大量关于用户的信息：用户去过哪里，用户的搜索历史，用户用过的应用程序，和谁一起使用，等等。该公司甚至允许用户下载它拥有的关于用户的所有数据。

在数字世界中，个人数据安全是最令人担忧的问题之一，因为用户会将他们的敏感信息托付给软件开发人员。许多组织都对个人信息感兴趣。那些没有制定应对此类情况的对策的公司，没有告知用户数据将如何被处理，从而将用户置于危险之中。如果用户的数据确实被用在了不当之处，用户可通过法律途径进行维权。

（2）知识产权

在这个快速发展且声势浩大的创新行业中，软件开发人员和经营者应该谨慎行事，以确保他们的发明在创新体系内得到适当的保护。

软件开发处理的是由版权、专利、商标和竞争优势混合组成的相互关联的问题。为了保护客户免受不道德的商业行为的侵害，软件开发企业的人员应该熟悉所有这些要素以及如何有效地实施它们。

（3）版权拥有权

从理论上讲，软件开发人员拥有软件创作的版权，未经允许，任何人都不能复制、分发、展示或进行更改。当软件由第三方开发人员或开发机构进行开发时，版权协议应始终伴随协作过程，以定义和保护代码开发者和最初拥有该想法的客户的权利。注册版权可以防止软件开发人员的企业在所有权问题上遇到麻烦。

通常情况下，在产品进行商业发布后，相关源代码会被保密，以防止非法复制和传播。使用版权保护源代码对公司是有益的，因为它提供了一种简便的保护知识产权的方法。

（4）许可协议

如果客户要求软件开发人员送达源代码，双方应明确客户是需要索取源代码，还是只是稍后修改或更新产品。

如果当事方同意产品许可协议，要求透露源代码以修改或更新产品，则开发人员可以与客户签订一项合约。在此合约下，客户承诺对源代码保密。

在实际面对问题之前，问题似乎遥不可及。事实是，没有人受到100%的保护，这就是为什么要确保公司遵守软件开发道德规范并避免不良做法的原因，从消费者到开发人员本身，每个人都应关注这些问题。

（5）道德问题解决方案

关于道德问题的棘手部分是，需要规范一个人自己的道德准则，但这个准则是经过多年的教育、家庭和社会影响而形成的。再加上生活并不总是一成不变的，因此就有了一个令人绞尽脑汁都难以解决的难题。

尽管面对这些道德困境，软件开发人员会感到很棘手，但仍然可以采取一些解决方案和步骤来做得更好。例如，通过社会舆论来进行呼吁等。

（6）道德教育

技术不是中立的。就这一点而言，对人们进行道德问题及其行为后果的教育已变得至关重要。"现在就做，以后再请求宽恕"的思想观念不能决定商业惯例。

公司的运作方式是由管理层决定的，而不是由软件开发人员决定的。即使软件开发人员不同意，也会被迫遵循所选择的行动方针。对软件开发人员进行有关商业和软件开发道德通用标准的教育，可以增进他们的社会责任以及如何采取行动的了解。它还可以帮助软件开发人员决定为哪些公司工作，或者在自己所在的企业中如何遵守道德规范。

1.7 "'墨韵'读书会图书共享平台"案例介绍

作为本科生导师计划中的一个重要环节，"墨韵"读书会给某大学软件学院的学子们提供一个良好的读书交流平台。在实际的交流中，受到时间和地域的限制，导师和学生往往不能有很多的交流机会，同时学生的读书笔记也难以及时传递到导师手中。在学生和导师互相推荐感兴趣的图书方面，采用传统的面对面交流方式也存在很大的局限性，因此需要一个基于网络的平台来更好地使读书会发挥更大的作用。

"'墨韵'读书会图书共享平台"就是为了解决这样一个难题而出现的。"'墨韵'读书会图书共享平台"的宗旨是方便师生之间的交流，让读书会更好地为软件学院学生服务。平台中包含的个人主页、圈子和书库，很好地涵盖了读书会生活的主要部分，能为读书会提供便利的条件。

本案例开发和测试使用的工具为当前比较流行的工具（Visual Studio Code作为集成开发环境，结合Vue和Django框架进行实现）。

关于这个案例的完整文档、代码和实验，读者可通过后续章节以及扫描"附录B"的二维码进行学习。

本章小结

本章主要介绍了与软件工程相关的基本概念，其中包括软件、软件危机，以及软件工程的概念、目标和原则等。

软件危机爆发于20世纪60年代中期，它的出现严重影响了软件产业的发展。软件工程是解决软件危机的方法。软件工程是一门应用计算机科学、数学、经济学、管理学和心理学的原理，运用工程学的理论、方法和技术，研究和指导软件开发与演化的交叉学科。软件工程专家B.Boehm提出了软件工程的7条基本原则。

本章还介绍了软件开发方法、软件工程工具，以及软件工程人员的职业道德。

习题

1. 选择题

（1）下列说法中正确的是（　　　）。

    A. 20世纪50年代提出了软件工程的概念　B. 20世纪60年代提出了软件工程的概念

    C. 20世纪70年代出现了客户机/服务器技术　D. 20世纪80年代软件工程学科达到成熟

（2）产生软件危机的主要原因是（　　　）。

    A. 软件工具落后　　　　　　　　　　　B. 软件生产能力不足

    C. 实施严格的版本控制　　　　　　　　D. 软件本身的特点及开发方法不满足

（3）软件工程的三要素是（　　　）。

    A. 技术、方法和工具　　　　　　　　　B. 方法、对象和类

    C. 方法、工具和过程　　　　　　　　　D. 过程、模型和方法

（4）在下列选项中，（　　　）不属于软件工程学科所要研究的基本内容。

    A. 软件工程材料　　B. 软件工程方法　　C. 软件工程原理　　D. 软件工程过程

2．判断题

（1）软件就是程序，编写软件就是编写程序。 （　　）

（2）软件危机的主要表现是软件需求增加，软件价格上升。 （　　）

（3）软件工程学科出现的主要原因是软件危机出现。 （　　）

（4）软件工程工具的作用是为了延长软件产品的寿命。 （　　）

3．填空题

（1）软件危机是指人们在＿＿＿＿和＿＿＿＿过程中遇到的一系列问题。

（2）忽略软件开发前期的＿＿＿＿是造成软件危机的一大原因。

（3）开发出来的软件产品不能满足用户的需求，即产品的功能或特性与＿＿＿＿并不符合。

（4）软件工程分为工具层、方法层、过程层、＿＿＿＿。

（5）软件工程第一次提出是在＿＿＿＿举办的学术会议上。

4．简答题

（1）与计算机硬件相比，计算机软件有哪些特点？

（2）为什么说软件工程的发展可以在一定程度上解决软件危机的各种弊端？

（3）请简述软件工程的基本原则。

（4）请简述软件工程研究的内容。

（5）软件工程的三要素是什么？

（6）请简述软件工程的目标。

（7）通常有哪几种软件开发方法？

（8）请列举你所知道的软件工程工具。

（9）ACM/IEEE职业道德准则包括哪几项原则？

第2章
软件过程

任何事物都有一个从产生到消亡的过程，这个过程就称为生命周期。同样，软件产品也有自己的生命周期。从提出设计某种软件产品的构想开始，一直到该产品被淘汰，即软件产品的完整的软件生命周期。

本章目标

❑ 掌握软件过程的定义和基本活动。

❑ 熟悉软件生命周期阶段及各阶段的任务。

❑ 熟悉常用的几种软件过程模型。

2.1 软件生命周期的基本任务

软件过程又称为软件生命周期，是软件生命周期内为达到一定目标而必须实施的一系列相关过程的集合。它是围绕软件的活动序列，不包括财务、市场等活动。

在传统的软件工程中，软件生命周期一般可以划分为以下6个阶段。

1. 可行性研究

可行性研究阶段为后续的软件开发做必要的准备工作。在该阶段要完成的工作有：确定待开发的软件产品所要解决的问题，使软件开发人员和用户对待开发软件产品的目标达成一致；确定总体的开发策略与开发方式，并对开发所需要的资金、时间和各种资源做出合理的估计；对开发软件产品进行可行性分析，并制定初步的开发计划；完成可行性分析报告。

2. 需求分析

需求分析阶段要确定目标系统需要做什么，它是一个很复杂的过程，其成功与否直接关系到后续软件开发的成败。在需求分析阶段，开发人员与用户之间的交流与沟通是非常重要的。需求分析的结果最终要反映到软件需求规格说明书中。

3. 软件设计

简单地说，软件设计就是把需求文档中描述的功能可操作化，它可以分为概要设计和详细设计两个阶段。概要设计旨在建立系统的总体结构，而详细设计关注每个模块的内部实现细节，为后续的编码工作提供最直接的依据。

4. 编码

编码就是编写程序代码，即把详细设计文档中对每个模块实现过程的算法描述转换为能用某种程序设计语言实现的程序。在规范的软件开发过程中，编码必须遵守一定的标准，这样有助于团队开发，同时能够提高代码的质量。

5. 软件测试

软件测试旨在发现软件产品中存在的软件缺陷，进而保证软件产品的质量。按照测试点的不同，软件测试可以分为单元测试、集成测试、系统测试和验收测试。

6. 软件维护

在软件产品被交付后，其生命周期并未结束。随着用户需求的增长或改变，以及市场环境的变化，软件产品的功能需要不断更新，版本需要不断升级。所以为了保证软件产品的正常运行，软件维护是必需的。一般来讲，软件产品的质量越高，进行维护的工作量就会越小。

综上所述，传统软件生命周期的阶段如图2-1所示。

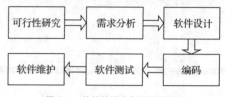

图2-1　传统软件生命周期的阶段

2.2　软件过程模型

ISO 12207标准将软件生命周期模型（软件过程模型）定义为：一个包括软件产品开发、运行和维护中有关过程、活动和任务的框架，其中这些过程、活动和任务覆盖了从该系统的需求定义到系统的使用终止的全过程。

软件生命周期模型有很多种，它们有各自的特色、优缺点和适用场景。一般来说，采用不同模型开发的软件产品，其生命周期也有所不同。常见的软件生命周期模型包括瀑布模型、快速原型模型、增量模型、螺旋模型、喷泉模型、统一软件开发过程模型、基于组件的开发模型，以及敏捷模型等。

2.2.1　瀑布模型

瀑布模型是20世纪80年代之前最受推崇的软件开发模型，它是一种线性的开发模型，具有不可回溯性。开发人员必须等前一阶段的任务完成后，才能开始后一阶段的工作，并且前一阶段的输出往往就是后一阶段的输入。由于它的不可回溯性，如果在软件生命周期的后期发现并要改正前期的错误，那么需要付出很高的代价。传统的瀑布模型是文档驱动的，如图2-2所示。（注：实线代表瀑布的流水，虚线代表瀑布的水往上流比较难，即回溯性差）

瀑布模型的补充知识

瀑布模型的优点是过程模型简单，执行容易；缺点是无法适应变更。瀑布模型适用于具有以下特征的软件开发项目。

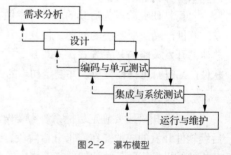

图2-2　瀑布模型

（1）在软件开发的过程中，需求不发生或很少发生变化，并且开发人员可以一次性获得全部需求，否则，由于瀑布模型较差的回溯性，在后续阶段中需求经常性的变更需要付出高昂的代价。

（2）软件开发人员具有丰富的经验，对软件应用领域很熟悉。

（3）软件项目的风险较低，因为瀑布模型不具有完善的风险控制机制。

2.2.2　快速原型模型

如果开发人员用传统的方法开发一个系统，在进行初期需求分析方面的工

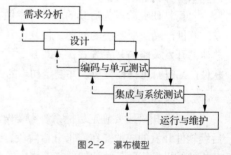
快速原型模型的补充知识

作时，无论与客户做如何详细的沟通，客户都难以对自己的需求表达准确、全面，那么造成这种结果的原因是客户与开发团队双方的知识领域有很大差异。

开发人员主要懂技术，业务人员主要了解业务和客户层面，双方对软件开发的理解可能不一致，这将导致沟通需求时存在很多问题，从而极可能导致已经完成大半的软件产品被返工，延长软件产品开发的时间，增加软件产品开发的成本。而时间和成本是软件开发中非常关注的，所以需要引入可以克服这些缺点的快速原型模型，如图2-3所示。（图中实线箭头表示开发过程，虚线箭头表示维护过程）

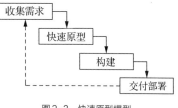

图2-3　快速原型模型

快速原型模型，也叫原型模型。快速原型模型需要迅速构建一个可以运行的软件原型，以便理解和澄清问题，使开发人员与客户达成共识，最终在确定的客户需求基础上开发出客户满意的软件产品。快速原型模型允许在需求分析阶段对软件的需求进行初步而非完全的分析和定义，快速设计并开发出软件系统的原型，该原型向客户展示待开发软件的全部或部分功能和性能；客户对该原型进行测试评定，并给出具体改进意见以丰富、细化软件需求；开发人员据此对软件进行修改和完善，直至客户认可之后，才进行软件的完整实现及测试、维护。

快速原型模型因为能快速修改软件系统，所以能快速对客户的反馈和变更做出响应，同时快速原型模型注重与客户的沟通，所以最终开发出来的软件能够真正反映客户的需求。但这种快速原型开发方式往往是以牺牲质量为代价的。

在快速原型开发过程中，因为没有经过严谨的系统设计和规划，可靠性和性能都难以保障。所以在实际的软件项目中，针对快速原型模型快速、低质量的特点，通常有两种处理策略：抛弃策略和附加策略。

（1）抛弃策略是指将原型只应用于需求分析阶段，在确认完需求后，原型将会被抛弃，而在实际开发时，将重新开发所有功能。

（2）附加策略则是指将原型应用于整个开发过程，原型一直在完善，并不断增加新功能以适应新需求，直到满足客户所有需求，最终将原型变成交付客户的软件。

采用哪种策略来应用原型模型，要看项目特点，包括所采用的原型开发工具和技术的成熟度。如果客户对可靠性、性能要求高，那么最好使用抛弃策略；如果客户对质量要求不高，有简单功能就够了，那么最好使用附加策略。

快速原型模型之所以到现在还一直在使用，是因为它可低成本、快速地确认需求。

快速原型模型具有一些优点，如能够克服瀑布模型的缺点，减少由于软件需求不明确而带来的开发风险。这种模型适合预先不能确切定义需求的软件系统的开发。

快速原型模型也有一些缺点，如所选用的开发技术和工具不一定符合主流的发展，快速建立起来的系统结构加上连续的修改可能会导致产品质量低下。另外，使用这个模型的前提是有一个可展示的产品原型，因此在一定程度上可能会限制开发人员的创新。

快速原型模型适用于具有以下特征的软件开发项目。

（1）已有产品或产品的原型，只需客户化的工程项目。

（2）简单而熟悉的行业或领域。

（3）有快速原型开发工具。

（4）进行产品移植或升级。

2.2.3　增量模型

增量模型是把待开发的软件系统模块化，将每个模块作为一个增量组件，从而分批次地分析、设计、编码和测试这些增量组件。运用增量模型的软件开

增量模型的
补充知识

发过程是递增式的过程。相对于瀑布模型而言，采用增量模型进行开发，开发人员不需要一次性地把整个软件产品交付给用户，而是可以分批次进行交付。

一般情况下，开发人员会首先实现提供基本核心功能的增量组件，创建一个具备基本功能的子系统，然后对其进行完善。增量模型如图2-4所示。

增量模型的最大特点就是将待开发的软件系统模块化和组件化。基于这个特点，增量模型具有以下优点。

（1）将待开发的软件系统模块化，可以分批次地交付软件产品，客户可以及时了解软件项目的进展。

（2）以组件为单位进行开发降低了软件开发的风险。一个开发周期内的错误不会影响到整个软件系统。

（3）开发顺序灵活。开发人员可以对组件的实现顺序进行优先级排序，先完成需求稳定的核心组件。当组件的优先级发生变化时，还能及时地对实现顺序进行调整。

增量模型的缺点是要求待开发的软件系统可以被模块化。如果待开发的软件系统很难被模块化，那么将会给增量开发带来很多麻烦。

增量模型适用于具有以下特征的软件开发项目。

（1）软件产品可以分批次地进行交付。

（2）待开发的软件系统能够被模块化。

（3）软件开发人员对应用领域不熟悉，难以一次性完成系统开发。

（4）项目管理人员把握全局的水平较高。

2.2.4 螺旋模型

螺旋模型是一种用于风险较大的大型软件项目开发的过程模型。该模型将瀑布模型与快速原型模型结合起来，并且加入了这两种模型忽略的风险分析。它将每次迭代分成4个方面的活动，分别对应笛卡儿坐标系的4个象限：确定本阶段目标，选定实施方案，设定项目开发的约束条件；评估所选方案，通过构造原型和风险分析识别并消除风险；实施软件开发和验证；评价本阶段的工作成果，提出修正建议，并计划下一阶段的工作。

螺旋模型的示意如图2-5所示。

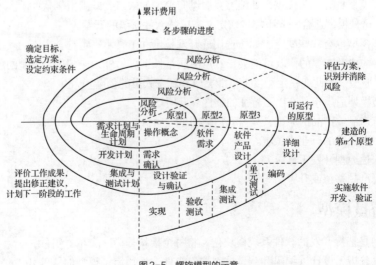

图2-5 螺旋模型的示意

螺旋模型的优点是将风险分析扩展到各个阶段中，大幅降低了软件开发的风险。但是这种模型的控制和管理较为复杂，可操作性不强，同时对项目管理人员的要求较高。

螺旋模型强调风险分析，使得开发人员和用户对每个演化层出现的风险有所了解，继而做出应有的反应，因此特别适用于庞大、复杂并具有高风险的系统。

2.2.5 喷泉模型

喷泉模型是一种过程模型，同时也支持面向对象开发。喷泉模型如图2-6所示。该模型在面向对象分析阶段，通过定义类与对象之间的关系，建立对象关系和对象行为模型。在面向对象设计阶段，从实现的角度对分析阶段模型进行修改或扩展。在编码阶段，使用面向对象的编程语言和方法实现设计阶段模型。在面向对象的方法中，分析阶段模型和设计阶段模型采用相同的符号标识体系，各阶段之间没有明显的界限，而且常常重复、迭代地进行。

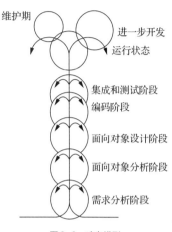

图2-6 喷泉模型

"喷泉"一词体现了面向对象方法的迭代和无间隙性。迭代是指各阶段需要多次重复进行，例如，面向对象分析和设计阶段常常需要多次重复进行，以更好地满足需求。无间隙性是指各个阶段之间没有明显的界限，并常常在时间上互相交叉，并行进行。

喷泉模型主要用于面向对象的软件项目，软件的某个部分通常被重复多次，相关对象在每次迭代中随之加入渐进的软件成分。

2.2.6 统一软件开发过程模型

统一软件开发过程（Rational Unified Process，RUP）模型是基于UML的一种面向对象的软件开发模型。它解决了螺旋模型的可操作性问题，采用迭代和增量递进的开发策略，并以用例驱动为特点，集中了多个软件开发模型的优点，其模型如图2-7所示。

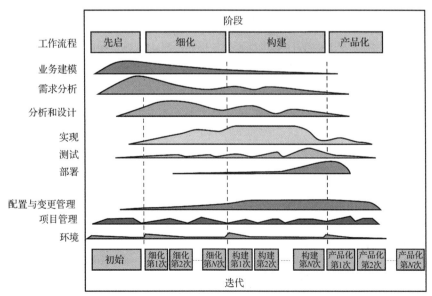

图2-7 统一软件开发过程模型

图2-7中的纵轴以工作的内容为组织方式，表现了软件开发的工作流程。工作流程就是指一系列的活动，这些活动产生的结果是可见的价值。工作流程可以分为核心工作流程和核心支持工作流程。其中核心工作流程是指在整个项目中与主要关注领域相关的活动的集合。在每个迭代的软件生命周期中，核心工作流程都有业务建模、需求、分析和设计、实现、测试和部署。配置与变更管理、项目管理和环境属于核心支持工作流程，它们为整个工作流程的实施提供支持。

图2-7中的横轴以时间为组织方式，表现了软件开发的4个阶段：先启、细化、构建和产品化。每个阶段都可能包含若干次迭代。这4个阶段按照顺序依次进行，每个阶段结束时都有一个主要的里程碑。实际上，可以把每个阶段看成两个主要里程碑之间的时间跨度。在每个阶段结束时都要进行阶段评估，确保该阶段目标已实现，从而进入下一个阶段。统一软件开发过程模型的项目阶段和里程碑的关系如图2-8所示。

图2-8 统一软件开发过程模型的项目阶段和里程碑的关系

统一软件开发过程模型是基于迭代思想的软件开发模型。在传统的瀑布模型中，项目的组织方法是使其按顺序一次性地完成每个工作流程。通常情况下，在项目前期出现的问题可能推迟到后期才会被发现，这样不仅增加了软件开发的成本，还严重影响了软件开发的进度。采用迭代的软件工程思想可以多次执行各个工作流程，有利于软件开发人员更好地理解需求、设计出合理的系统构架，并最终交付一系列渐趋完善的成果。可以说，迭代是一次完整的经过所有工作流程的过程。从图2-8中可以看到，每个阶段都包含一次或多次的迭代。

统一软件开发过程模型适用的范围极为广泛，但是对开发人员的素质要求较高。

统一软件开发过程模型适用于具有以下特征的软件开发项目。

（1）过程模型是以迭代为主要特征的。项目组的团队成员，应该对迭代的开发方式比较熟悉。

（2）面向对象的项目。

（3）项目组的团队成员应该熟悉UML，并可利用建模工具进行计划、分析、设计、测试等。

（4）项目经理应该具备风险管理的知识和技能。

2.2.7　基于组件的开发模型

基于组件的开发模型使用现有的组件以及系统框架来进行产品开发，由于现有的组件大多已经历实际应用的反复检验，因此其可靠性相对新研发组件来说要高出很多。

实际上，从最简单的应用程序到极度复杂的操作系统，现在的新产品很少有完全从零开发的，都或多或少地使用了现有的组件或系统开发框架，例如大型游戏的开发常常使用了现有的图形引擎、声音引擎以及场景管理模块等。使用现有的组件开发新产品不仅极大地提高了产品开发效率，同时由于组件常常是经历了时间考验的，因此产品的质量也得到了提高。

基于组件的开发模型如图2-9所示。在确定需求之后，开发人员开始从现有的组件库中筛选合适的组件，并对组件进行分析。组件库可能是组织内部开发的，也可能是商业授权组件，使用后者常常需要支付费用且不能任意修改和传播，但

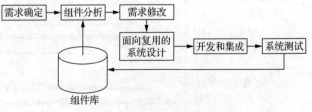

图2-9 基于组件的开发模型

也有一些开源组织（如GNU）或自由开发人员提供免费且可自由修改和传播的组件。在对组件进行分析之后，开发人员可能适当修改需求来适应现有组件，也可能修改组件或寻找新的组件。组件筛选完成之后，开发人员需要根据需求设计或使用现有的成熟开发框架来复用这些组件，一些无法利用现有组件的地方，则需要进行单独的开发，新开发的组件在经历时间考验之后也会被放入组件

库。最后将所有组件集成在一起，并进行系统测试。

基于组件的开发模型充分地体现了软件复用的思想，降低了开发成本和风险，并加快了产品开发的进度。随着技术的发展，现在的软件系统越来越庞大，完全从零开发已近乎不可能，基于现有组件或系统进行产品开发已成为一种趋势。

基于组件的开发模型适用于具有以下特征的软件开发项目。

（1）需要利用已有组件和软件资产进行快速开发的项目。

（2）对系统的组件化和复用有较高要求的项目。

（3）需求相对稳定的项目。

（4）大型复杂的软件开发项目，能够提供结构化和有序的开发过程。

2.2.8 敏捷模型

随着计算机技术的迅猛发展和全球化进程的加快，软件需求常常会发生变化，激烈的市场竞争要求更快速地开发软件，同时软件也要以更快的速度更新。传统的方法在开发时效上时常面临挑战，因此，强调快捷、小文档、轻量级的敏捷软件开发方法开始流行。如今，"敏捷"已经成为一个非常时尚的名词。敏捷软件开发方法是一种轻量级的软件工程方法，相对于传统的软件工程方法，它更强调软件开发过程中各种变化的必然性，通过团队成员之间充分的交流与沟通以及合理的机制来有效地响应变化。

敏捷开发的
补充知识

敏捷开发开始于《敏捷软件开发宣言》。2001年2月，17位软件开发方法学家在美国犹他州召开了长达两天的会议，制定并签署了《敏捷软件开发宣言》，该宣言给出了4个价值观。

（1）个体与交互高于过程和工具

这并不是否定过程与工具的重要性，而是更加强调人与人的沟通在软件开发中的作用。因为软件开发过程最终还是要人来实施的，只有涉及软件开发过程的各方面人员（需求人员、设计师、程序员、测试人员、客户和项目经理等）充分地沟通和交流，才能保证最终的软件产品符合客户的需求。如果只是具有良好的开发过程和先进的过程工具，而开发人员本身技能很差，又不能很好地沟通，那么软件产品很可能最终失败。

（2）可运行软件高于详尽的文档

对客户来说，更多的会通过直接运行程序而不是阅读大量的文档来了解软件的功能。因此，敏捷软件开发强调不断地、快速地向客户交付可运行的程序（不一定是完整程序），来让客户了解软件以及得到客户的认可。重要文档仍然是不可缺少的，能帮助客户更精准、全面地了解软件的功能，但软件开发的主要目标是开发出可执行的软件。

（3）与客户协作高于合同（契约）谈判

大量实践表明，在软件开发的前期，很少有客户能够精确、完整地表达他们的需求，即便是那些已经确定下来的需求，也常常会在开发过程中改变。因此，靠合同谈判的方式将需求确定下来非常困难。对开发人员来说，客户的部分需求变更可能会导致软件的大范围重构，而通过深入分析客户需求，有时还会发现通过适当调整需求就可以避免做出重大调整。对于前者，开发团队往往通过与客户谈判，以及撰写精确的需求合同来限制需求变更，但这会导致最终的软件产品功能与客户需求之间存在差异，导致客户的满意度降低。因此，敏捷软件开发强调与客户的协作，通过密切地沟通、合作而不是合同来确定客户的需求。

（4）对变更及时响应高于遵循计划

任何的软件开发都需要制定一个详细的开发计划，确定各任务活动的先后顺序以及大致日期。然而，随着项目的推进，需求、业务环境、技术、团队等都有可能发生变化，任务的优先顺序和时间有时面临必需的调整，所以必须保证项目计划能够很好地适应这种难以预料的变化，并能够根据变化修订计划。例如，在软件开发的后期，如果团队人员流失，那么如果时间允许，适当延后计划比补充新的开发人员进入项目风险更小。

发表《敏捷软件开发宣言》的17位软件开发方法学家组成了敏捷软件开发联盟（Agile Software Development Alliance，也称敏捷联盟）。他们当中有极限编程的发明者Kent Beck（肯特·贝克）、Scrum的发明者Jeff Sutherland（杰夫·萨瑟兰）和Crystal的发明者Alistair Cockburn（阿利斯泰尔·科伯恩）。"敏捷联盟"为帮助希望使用敏捷软件开发方法的人们定义了12条原则。

（1）首先要做的是通过尽早和持续交付有价值的软件来让客户满意。

（2）需求变更可以发生在整个软件的开发过程中，即使在开发后期，也欢迎客户对需求的变更。敏捷过程可利用变更为客户创造竞争优势。

（3）经常交付可工作的软件。交付的时间间隔越短越好，最好两周或三周一次。

（4）在整个软件开发周期中，业务人员和开发人员应该天天在一起工作。

（5）围绕受激励的个人构建项目，给他们提供所需的环境和支持，并且信任他们能够完成工作。

（6）在团队的内部，最有效果和效率的信息传递方法是面对面交谈。

（7）可工作的软件是进度的首要度量标准。

（8）敏捷过程提倡可持续的开发速度。责任人、开发人员和客户应该能够保持长期、稳定的开发速度。

（9）不断地关注优秀的技能和好的设计会增强敏捷能力。

（10）尽量使工作简单化。

（11）好的需求和设计来源于自组织团队。

（12）每隔一定时间，团队应该反省如何才能有效地工作，并相应调整自己的行为。

敏捷模型的特点如下。

敏捷模型避免了传统的重量级软件开发过程复杂、文档烦琐和对变化的适应性弱等弊端，强调软件开发过程中团队成员之间的交流、过程的简洁性、客户反馈、对所做决定的信心以及人性化的特征。

敏捷模型强调软件开发过程中需求变化的必然性以及随时发生变化的可能性，因此对于软件系统的建模要尽量简洁，这样才能更快地适应变化。开发人员还应该重视获取客户对于系统模型的反馈意见，并及时对模型进行修改，使之更好地反映客户的需求。此外，开发人员在完成工作时必须有清晰的目标，这样才能避免盲目地工作。为了适应不同的项目情况，必要时，还可以使用多种模型。在对模型的表述上，敏捷模型更加注重模型的内容。可以说，在使用敏捷模型进行建模的开发人员的眼中，内容比表现方式更加重要。只要能够有效地表达模型的内涵，使用何种建模工具并不重要。在工作的过程中，团队成员之间的有效交流是非常重要的，开放和真诚的交流是保证团队工作效率的重要途径。最后，在使用敏捷模型建模时，还应关注工作的质量。

通俗来讲，敏捷模型就是"快"，快才能适应需求的频繁变化以及软件开发的快节奏。为了加快速度，敏捷开发团队一般采用小版本的开发方式，使新功能可以快速展示给客户。为了缩短软件版本的发布周期，"迭代"思想在软件开发的过程中至关重要。但是，对于复杂的客户需求，要同时做到总体上的统一与合理的分割并不是很容易。

可以说，敏捷模型更加强调发挥团队成员的个性思维。虽然结对编程、代码共有和团队替补等方式能够有效地减小个人对软件的影响，但还是会造成软件开发的继承性的下降。对于大型软件系统的开发，规范的文档管理还是极其重要的。如果能有效、合理地将敏捷的开发方法与传统的软件开发方法进行结合，那么对软件产品的开发是非常有益的。

敏捷模型包括多种实践方法，例如极限编程（eXtreme Programming，XP）、Scrum、自适应软件开发（Adaptive Software Development，ASD）、动态系统开发方法（Dynamic System Development Method，DSDM）、Crystal和特征驱动开发（Feature Driven Development，FDD）等。

下面，我们主要讲述极限编程和Scrum。

1. 极限编程

（1）极限编程简介

极限编程是一种实践性较强的规范化的软件开发方法，它强调客户需求和团队工作。利用极限编程方法进行软件开发实践的工程师，即使在开发周期的末期，也可以很快地响应客户需求。在团队工作中，项目经理、客户以及开发人员都有责任为提高软件产品的质量而努力。极限编程特别适用于软件需求模糊且容易改变、开发团队人数少于10人、开发地点集中（例如一个办公室）的场合。

极限编程包含一组相互作用和相互影响的规则及实践。在项目计划阶段，需要编写合理和简洁的用户故事。在设计系统的体系架构时，可以使用类-责任-协作（Class-Responsibility-Collaboration，CRC）卡促使团队成员共同努力。代码的质量在极限编程项目中非常重要。为了保证代码的质量，可以采用结对编程以及在编码之前构建测试用例等措施。在测试方面，开发人员有责任向用户证明代码的正确性，而不是由用户来查找代码的缺陷。合理的测试用例及较高的测试覆盖率是极限编程项目测试所追求的目标。图2-10更加详细地描述了极限编程所推崇的规则和实践方法。

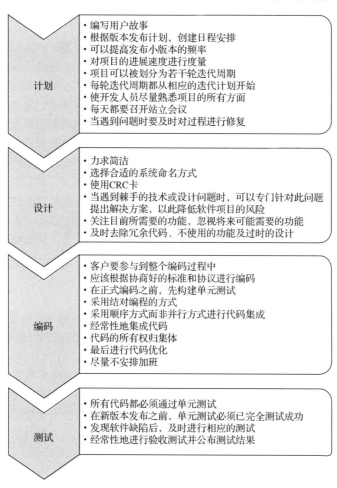

图2-10　极限编程所推崇的规则和实践方法

（2）极限编程的4个价值观

① 交流

由于极限编程方法使用较少的文档，因此极限编程方法非常强调项目人员之间的交流，尤其是直接的、面对面的交流。交流不仅能使相关人员更为精确地理解需求，而且能够尽可能避免因为需求变更而导致的不一致。事实上，一些项目的失败就是项目相关人员沟通不到位导致的，例如客户的需求变更没有准确及时地传递给涉及的开发人员，导致系统的不一致和集成的困难，而如果这一问题在软件交付时才发现，那么修正的代价可能惊人得高。因此，项目相关人员之间充分的交流是极其重要的，尤其是对于使用极限编程这种只有核心文档的项目来说。

② 简单

简单是极限编程推崇的价值观，一切都使用最简单、最小代价的方式来达到目的，以及用最简洁的代码达到客户的要求，例如简单的过程（根据项目特点，对过程模型裁剪）、简单的模型（可使用任意模型，能达到目的即可）、简单的文档（只编写核心的、必需的文档）、简洁的设计实现等。该价值观体现了软件开发的"刚好够用"的思想，避免了冗余繁杂。

③ 反馈

及时、高效地反馈能够确保开发工作的正确性，并能够在发生错误时更及时地纠正偏差，例如，当团队工作时，相关开发人员都在一起工作，这样每个人的意见都能够在几分钟甚至几秒内得到反馈。而通过非正式的评审（如走查）也可在几分钟的沟通中得到反馈，相比于正式的评审会议，这种方式显然省时得多，而且也更及时。

④ 勇气

斯科特·W.阿姆布勒（Scott W.Ambler）在《敏捷建模：极限编程和统一过程的有效实践》一书中指出，"敏捷方法要求与其他人密切地合作，充分信任他人，也信任自己，这需要勇气。极限编程和敏捷建模（Agile Modeling，AM）等方法要求做能做到的最简单的事，相信明天能解决明天的问题，这需要勇气。敏捷建模要求只有在绝对需要的情况下才创建文档，而不是只要觉得舒适就去创建，这需要勇气。极限编程和敏捷建模要求让业务人员制定业务决策，如排定需求的优先级，而让技术人员制定技术决策，如软件如何去满足需求，这需要勇气。敏捷建模要求用尽可能简单的工具，例如白板和纸，除非复杂的建模工具能够提供更高价值时才去使用它们，这需要勇气。敏捷建模要求不要为了推迟困难任务（如需要使用代码来验证模型）而把大量时间浪费在图的加工上，这需要勇气。敏捷建模要求信任你的同事，相信程序员能制定设计决策，因此不需要给他们提供过多的细节，这需要勇气。敏捷建模要求有必胜的信心，去结束IT产业中接近灾难和彻底失败的循环，这需要勇气"。同时，"需要勇气来承认自己是会犯错误的，需要勇气来相信自己明天能克服明天出现的问题"。

（3）极限编程的12个核心实践

① 完整的团队

使用极限编程方法时，项目组的所有成员最好在同一个场所内工作，以便及时地沟通和解决问题。同时，项目组中要求有一个现场客户，由其提出需求并制定需求优先级，以及编写验收测试用例。

② 计划对策

有两个计划是必需的：发布计划和迭代计划。计划是根据业务需求的优先级和技术评估来制定的，优先实现高优先级和技术难度低的需求，而低优先级和技术难度高的需求则可以根据情况调整到后续计划中实现，这样可以尽可能地保证项目顺利进行以及给有难度的技术争取更多的时间。制定的计划常常是可调整的，因为随着项目的进行，难免会出现一些前期无法预料的事情，这时就要根据具体情况适当修正计划。

③ 系统隐喻

系统隐喻是对待开发软件系统的一种形象化比喻，这种隐喻描述了开发人员将来如何构建系统，并起到概念性框架的作用。这种隐喻必须是团队成员所共同熟悉的。

④ 小型发布

需要经常、不间断地发布可运行的、具有商业价值的小软件版本，以供客户使用、评估和及时反馈。

⑤ 测试驱动

极限编程方法推荐在编写代码之前优先编写测试用例，这样开发人员可以在开发中快速地检验自己的代码是否正确实现了功能。

⑥ 简单设计

系统的设计应该尽可能简洁，刚好满足当前所定义的功能，并且具备简单、易懂、无冗余、能通过所有的测试、没有重复混乱的逻辑、正确且完整地实现了开发人员的意图等特点，同时尽可能少地使用类和方法。设计还应符合系统的隐喻，以便以后对系统进行重构。

⑦ 结对编程

极限编程方法强烈推荐的一个核心实践是结对编程，即两个程序员肩并肩地坐在同一台计算机前合作编程，在一个人编程的同时，另一个人负责检查代码的正确性和可读性。结对的程序员之间可以是动态调整的，但是结对必须经过缜密的思考和计划，因为多数程序员习惯了独自编码。通过结对，程序员通常可以更快地解决问题；由于两个程序员具有相同缺点和盲点的可能性比较小，因此将出现更少的错误，降低了测试的时间和成本；程序员间的互相激励、帮助和监督，降低了编程的枯燥性，提高了工作的积极性；由于软件中的任何一段代码至少有两位程序员非常熟悉，因此，个别的人员流动对项目进展造成的影响就会相对较小。

⑧ 设计改进

在整个开发过程中，需要对程序的结构和设计不断地评估和改进。在不改变外部可见功能的情况下，按照高内聚、低耦合的原则对程序内部实现进行改进，力求代码简洁、无冗余。

⑨ 持续集成

持续集成是指完成一个模块的开发和单元测试之后，立即将其组装到系统中进行集成测试，而且必须完成本次集成才能继续下一次集成。这样虽然集成的次数会增加很多，但保证了每一个完成的模块始终是组装完毕、经过测试和可执行的。

⑩ 集体所有权

集体所有权是指团队中的任何人都可以在任何时候修改系统任何位置上的代码。这建立在小系统开发的前提下，由于团队的成员都可以参与模型的开发，又有系统的隐喻，因此基本上每一个成员都对系统有一定程度的了解。而且，结对编程、编码标准、持续集成等实践都为代码全体共享提供了支持，使得能尽早地发现代码中的缺陷和错误，避免缺陷和错误在后期集中爆发。

⑪ 编码标准

很多软件开发模型都强调编码标准，当然极限编程也不例外。为编码制定统一的标准，包括代码、注释、命名等，可以使代码在整体上呈现一致性，为日后维护提供极大的便利。

⑫ 工作安排

极限编程方法要求团队中的每一个成员时刻保持充沛的精力投入项目中，长时间、超负荷的工作会使工作效率极大地下降，因此，极限编程方法建议采用每周40小时工作制，如果加班也尽量限制在两周之内。

2. Scrum

（1）Scrum概述

Scrum作为敏捷的落地方法之一，用不断迭代的框架方法来管理复杂产品的开发，是当前流行的敏捷管理方法之一。项目成员会以1~4周的迭代周期（称为Sprint）不断地产出新版本软件，而且在每次迭代完成后，项目成员和利益相关方会再次碰头确认下次迭代的方向和目标。

Scrum有一套其独特且固定的管理方式，从角色、工件和不同形式的会议3个维度出发，来保证执行过程更高效，例如项目成员在每次Sprint开始前会确定整个过程，并在Sprint期间用可视化工件确认进度和收集客户反馈。

① Scrum中的3种角色

- 产品经理：产品经理负责规划产品，并将研发这种产品的愿景传达给团队。产品负责人需要整理产品需求清单（Backlog），关注市场需求的变化来调整产品需求优先级，并且确认下次迭代需要交付的功能。与团队、客户、利益相关方持续保持沟通和反馈，保证每位项目成员了解项目的意义和愿景。

- Scrum主管（Scrum Master）：Scrum主管帮助团队尽其所能地完成工作，例如组织会议、处理遇到的障碍和挑战、与产品经理合作、在下次迭代前准备好Backlog、确保团队遵循Scrum流程。Scrum主管对团队成员在做的事情没有话语权，但对这一过程拥有话语权，例如，Scrum主管不能告诉某人该做什么，但可以提出新的Sprint计划。

- Scrum团队：Scrum团队由5~7名成员组成。与传统的开发团队不同，成员们没有固定角色，例如会由测试人员来做研发。团队成员间相互帮助、共享成果，旨在完成全部的工作。Scrum团队需要做好整体规划，并为每次迭代划分合适的工作量。

② Scrum会议

Scrum会议包括整理产品需求清单、确定迭代规划、梳理迭代任务清单等步骤，如图2-11所示。各步骤详细解释如下。

- 整理产品需求清单：产品经理和Scrum团队进行"碰头"，基于用户故事和需求反馈来确定产品需求的优先级。Backlog并不是待办事项列表，而是产品的所有功能列表。研发团队在每次迭代阶段去完成清单中的一部分，最终完成整个项目。

- 确定迭代规划：在每次迭代开始之前，产品经理会在迭代规划会议上和团队讨论优先级高的功能需求。然后确认有哪些功能将会在下次迭代时完成，并将这些功能从产品需求清单中移至迭代任务清单中。

- 梳理迭代任务清单：结束迭代后，产品经理需要和团队碰头来确认下次迭代的任务清单。团队可以在这个阶段剔除相关度低的用户故事，并提出新的用户故事，再重新评估用户故事的优先级或将用户故事分成更小的任务。这次梳理会议的目的是确保产品需求清单里的内容足够详细，并且与项目的目标保持一致。

- 每日站会：每天用15分钟左右时间开一次站会，其间团队的每个成员都会讨论当前的进度和出现的问题。这个过程有助于团队保持日常联系。

- 迭代演示：在每次迭代结束后，团队需要向产品经理报告已完成的工作，并做产品的现场演示。

- 迭代回顾：在每次迭代结束后，团队需要开例会总结使用Scrum进行研发所带来的影响，并探讨在下次迭代中是否有能做得更好的地方。

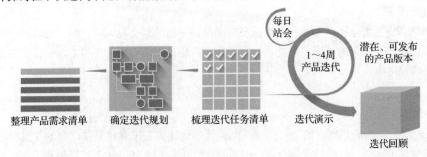

图2-11　Scrum会议步骤

③ Scrum项目所需的常用工件

- Scrum任务板：用户可以用Scrum任务板使Sprint任务清单形象化。任务板可以用不同的形式来呈现，比较传统的做法有索引卡、便利贴或白板。Scrum任务板通常分为3列：待办事项、正在进行中和已完成。团队需要在整个Sprint过程中不断更新，例如，如果某团队成员想出新任务，那么他/她会写一张新卡并将其加入合适的位置。

- 用户故事：用户故事是从用户角度对软件提出功能的描述。它包括用户类型细分、他们想要什么以及他们为什么需要它。它们遵循相似的结构："作为'用户类型'，我希望'执行某项任务'以便我能'实现某个目标'"。团队根据这些用户故事进行研发来满足用户需求。

- 燃尽图：竖轴表示任务总量估计，横轴表示迭代时间。剩余任务可以通过不同的点位或其他指标来表示。当事情不按照计划进行且影响后续决策时，燃尽图可以在这时给团队提醒。燃尽图如图2-12所示。

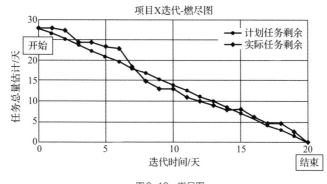

图2-12　燃尽图

（2）Sprint

Sprint（冲刺）是Scrum团队成员一起完成增量工作的实际时间段。对于冲刺来说，通常需要两周的时间，尽管有些团队更倾向一周的冲刺，但是一个月的时间更容易实现有价值的增长。Scrum官方建议，工作越复杂，未知数越多，那么冲刺应该越短。但这实际上取决于具体的团队，如果无法正常工作，那么可以进行更改。在此期间，如有必要，可以让产品经理与Scrum团队之间重新进行协商。

所有的事件——从计划到回顾都发生在Sprint阶段。一旦一个Sprint的时间间隔被确定，它就必须在整个开发期间保持一致。这有助于团队从过去的经验中学习，并将这种经验应用到未来的Sprint中。

（3）每日站会

这是一个每天在同一时间（通常是上午）和地点举行的超短会议，以保持会议的简单性。许多团队试图在15min内完成会议，但这只是一个指导原则。Scrum每日站会的目标是让团队中的每个人都保持同步，与Sprint目标保持一致，并为接下来的24小时制定计划。

一种常见的开站会的方法是让每个团队成员回答3个关于实现冲刺目标的问题。

- 我昨天做了什么？
- 我今天计划做什么？
- 有什么问题吗？

然而，我们可能很快会看到，站会变成了团队成员汇报自己昨天和今天的日程安排。站会的目的是让团队成员将注意力集中在一整天的工作上。在每天开会时，不会因为谈话而让人分心。所以如果站会变成了每天汇报日程安排，就需要试图做出改变，以便日日有新意。

（4）用户故事

在实际开发流程中，最为重要的是做好用户故事的划分。用户故事是从用户的角度来描述用户渴望得到的功能。

① 用户的3个要素

- 角色：谁要使用这个功能。
- 活动：需要完成什么样的功能。
- 商业价值：为什么需要这个功能，这个功能带来什么样的价值。

需要注意的是，用户故事不能使用技术语言来描述，要使用用户可以理解的业务语言来描述。

② 3C原则

用户故事的描述信息以传统的手写方式写在纸质卡片上，所以杰弗里斯（Ron Jeffries）提出了3C原则。

- 卡片（Card）：用户故事一般写在小的记事卡片上。卡片上可能会写上用户故事的简短描述、工作量估算等。
- 交谈（Conversation）：用户故事背后的细节来源于与用户或者产品负责人的交流和沟通。
- 确认（Confirmation）：通过验收测试确认用户故事被正确地完成。

③ INVEST原则

好的用户故事应该遵循INVEST原则。

- 独立（Independent）：要尽可能地让一个用户故事独立于其他的用户故事。用户故事之间的依赖性使得制定计划、确定优先级、工作量估算都变得很困难，通常可以通过组合用户故事和分解用户故事来减少依赖性。
- 可协商（Negotiable）：用户故事的内容是可以协商的，因为用户故事并不是合同。用户故事卡片上只是对用户故事进行一个简短的描述，不必包括太多的细节。具体的细节将在沟通阶段给出。如果用户故事卡片上带有太多的细节，实际上是限制了与用户的沟通。
- 有价值（Valuable）：每个故事必须对客户（无论是用户还是购买方）具有价值。让用户故事有价值的好方法是让用户来写下它们。一旦用户意识到这是用户故事并不是合同而且可以进行协商的时候，他们将非常乐意写下用户故事。
- 可估算（Estimable）：开发团队需要去估算用户故事，以便确定其优先级、工作量和安排计划。但是开发人员难以估算故事，这是因为他们对于领域知识的缺乏（这种情况下需要更多的沟通），或者因为故事太大了（这时需要把故事分解成更小）。
- 短小（Small）：好的故事在工作量上要尽量短小，最好不要超过10人天的工作量，至少要确保在一个迭代或冲刺中能够完成。用户故事越大，在安排计划、工作量估算等方面的风险就会越大。
- 可测试（Testable）：用户故事是可以测试的，以便确认它是否可以完成。如果用户故事不能测试，就无法知道它什么时候可以完成。

下面将分析一个团队的实际开发记录（"图书影视交流平台"项目）。在对需求进行初步分析后，首先需要条目化用户故事，并按优先级进行排序，之后按照用户故事为管理粒度进行开发、测试以及交付活动。团队划分了表2-1所示的用户故事，包括其内容及优先级。

表 2-1　用户故事划分

用户类型	用户故事	优先级
游客	• 展示搜索内容； • 搜索小组、帖子； • 注册	中

续表

用户类型	用户故事	优先级
用户	• 撰写评价； • 评分； • 回复帖子； • 登录	高
	• 创建小组； • 点赞、评价； • 查看详细信息； • 修改个人简历； • 发表帖子； • 申请成为管理员	中
	• 添加图书、影音文件； • 退出小组； • 修改密码； • 加入小组； • 修改头像； • 置顶帖子、将帖子设置为精华帖子	低
管理员	• 管理用户； • 处理申请； • 处理举报	高

选取项目的部分用户故事描述，在此以表格的形式进行展示。

① 创建小组如表2-2所示。

表2-2　创建小组

用户故事标题	创建小组
描述信息	作为用户，我想要创建小组，以便于小组成员间进行与影视相关的交流
优先级	中
重要程度	一般
预计工时	10人时 | 1.25人天

② 展示搜索内容如表2-3所示。

表2-3　展示搜索内容

用户故事标题	展示搜索内容
描述信息	作为游客，我想要获取搜索结果，以便于更好地发现内容
优先级	中
重要程度	一般
预计工时	4人时 | 0.5人天

（5）Backlog

Backlog是Scrum中经过优先级排序的动态刷新的产品需求清单，用来制定发布计划和迭代计划。使用Backlog可以通过对需求的动态管理来应对变化，以避免资源浪费，并且易于优先交付对用户价值高的需求。

Backlog的关键要点如下所述。

① 清楚地表述列表中每个需求任务对客户的价值，作为优先级排序的重要参考。

② 采用动态的需求管理方式而非"冻结"方式，产品经理持续地管理和及时刷新Backlog，在每轮迭代前，都要重新筛选出高优先级需求来进入本轮迭代。

③ 需求分析的过程是可迭代的，而非一次性分析清楚所有需求（只对近期迭代要做的需求进行详细分析，其他需求停留在粗粒度）。

（6）结对编程

结对编程在上述的极限编程中已描述过，这里不再赘述。

2.2.9　几种模型的对比

几种模型的对比如表2-4所示。

表 2-4　几种模型的对比

序号	模型名称	优点	缺点	适用范围
1	瀑布模型	简单、好学	回溯性差	需求不发生或很少发生变化的项目
2	快速原型模型	开发速度快	不利于创新	已有产品原型的项目
3	增量模型	可以分阶段交付	有时用户不同意	系统可模块化和组件化的项目
4	螺旋模型	将风险分析拓展到各个阶段中	开发周期长	庞大、复杂、高风险的项目
5	喷泉模型	提高开发效率	不利于项目的管理	面向对象开发的项目
6	统一软件开发过程模型	需求可变	风险大	有高素质的软件开发团队的项目
7	基于组件的开发模型	提高开发效率	封装的过程需要编写大量代码	可组装组件的系统
8	敏捷模型	提高开发效率	不适合大团队、大项目	小团队、小项目

2.2.10　几种模型之间的关系

1. 瀑布模型与快速原型模型之间的关系

快速原型模型的基本思想是快速建立一个能反映用户主要需求的原型系统，在此基础上之后的每一次迭代，都可能用到瀑布模型。

快速原型模型中不但包含迭代模型的思想，而且包含瀑布模型的思想。

2. 瀑布模型与增量模型之间的关系

增量模型是把待开发的软件系统模块化，将每个模块作为一个增量组件，一个模块接着一个模块地进行开发，直到开发完所有的模块。

在开发每个模块时，通常都是采用瀑布模型，从需求分析、设计、编码和单元测试等阶段进行开发。所以增量模型中有瀑布模型，即宏观上是增量模型，微观上是瀑布模型。

增量模型也体现了迭代思想，每增加一个模块，就进行一次迭代，并执行一次瀑布模型，所以增量模型本质上是迭代的。

3. 瀑布模型与统一软件开发过程模型之间的关系

在宏观上，瀑布模型是静态模型，统一软件开发过程模型（统一软件开发过程模型是迭代模型的一种）是动态模型。统一软件开发过程模型的每一次迭代，实际上都需要执行一次瀑布模型，都要经历先启、细化、构建、产品化这4个阶段，最终完成瀑布模型的整个过程。

在微观上，瀑布模型与统一软件开发过程模型都是动态模型。瀑布模型与统一软件开发过程模型在每一个开发阶段（先启、细化、构建、产品化）的内部，都需要有一个小小的迭代过程，只有进行这样的迭代，开发阶段才能做得更好。

瀑布模型与统一软件开发过程模型之间的关系可用图2-13来表述：瀑布模型中有统一软件开发过程模型，反过来，统一软件开发过程模型中也有瀑布模型。

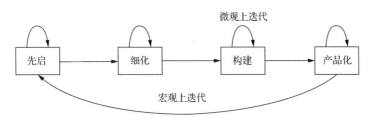

图2-13　瀑布模型与统一软件开发过程模型之间的关系

4. 瀑布模型与螺旋模型之间的关系

螺旋模型是瀑布模型与快速原型模型的结合，快速原型模型是原型模型的简化，原型模型又是迭代模型与瀑布模型的组合，这些模型之间是相互依存、彼此关联的。

螺旋模型每一次顺时针方向旋转，相当于顺时针方向迭代一次，每次迭代都是完成了一次瀑布模型，这就是瀑布模型与螺旋模型之间的关系。

5. 螺旋模型与统一软件开发过程模型之间的关系

螺旋模型与统一软件开发过程模型之间存在一些相似之处，但也有一些不同之处。

（1）相似之处
- 都是迭代和增量的开发方法，强调在开发过程中不断进行反馈和调整。
- 都将软件开发过程划分为多个阶段，每个阶段都有明确的目标和交付物。
- 都强调风险管理和风险评估，通过不断的风险分析和风险评估来指导开发过程。

（2）不同之处
- 螺旋模型更加注重风险管理和迭代开发，每次迭代都包含需求分析、设计、实现和测试等阶段，每次迭代都会进行风险评估和风险管理。而统一软件开发过程模型更加注重软件工程的整体过程，包括需求分析、设计、实现、测试和维护等阶段。

2.2.11　如何选择软件过程模型

各种软件过程模型反映了软件生命周期表现形式的多样性。在生命周期的不同阶段也可采用不同的软件过程模型。在具体的软件开发过程中，可以选择某种软件过程模型，按照某种开发方法，使用相应的工具进行软件开发。

如何选择软件
过程模型

在选择软件过程模型时需要考虑以下几点：
（1）符合软件自身的特性，如规模、成本和复杂性等；
（2）满足软件开发进度的要求；
（3）对软件开发的风险进行预防和控制；
（4）具有计算机辅助工具的支持；
（5）与用户和软件开发人员的知识和技能匹配；
（6）有利于软件开发的管理和控制。

一般来说，结构化方法和面向数据结构的方法可采用瀑布模型或增量模型进行软件开发；而面向对象的方法可采用快速原型模型、喷泉模型或统一软件开发过程模型进行软件开发。

在实际的软件开发过程中，软件过程模型并非一成不变，有时还需要针对具体的目标要求进行裁剪、修改等，从而构成完全适合开发目标要求的软件过程模型。

现实中的软件系统各种各样，软件开发方式也千差万别。对于同一个问题，不同的开发组织可能选择不同的开发模型（过程模型）去解决，开发出的软件系统也不可能完全一样。但是其基本目标都是一致的，即应该满足用户的基本功能需求，否则，再好的软件系统也是没有意义的。

2.3　软件过程模型实例

软件过程模型
多个实例讲解

【例2-1】假设你要开发一个软件，它的功能是对73624.9385这个数开方，所得到的结果应该精确到小数点后4位。实现并测试完之后，该产品将被抛弃。你打算选用哪种软件过程模型？请说明你做出这种选择的理由。

【解析】采用瀑布模型。

原因：对这个软件的需求很明确，并且实现开方功能的算法也很成熟，因此，既无须通过快速原型模型来分析需求，也无须用快速原型模型来验证设计方案。此外，实现并测试完之后，该产品将被抛弃，因此也无须使用有助于提高软件可维护性的增量模型或螺旋模型来开发该软件。故选择采用瀑布模型。

【例2-2】某大型企业计划开发一个"综合信息管理系统"，该系统涉及销售、供应、财务、生产、人力资源等多个部门的信息管理功能。该企业的想法是按部门优先级逐个实现系统功能，采用边应用边开发的方式。对此，需要选择一种比较合适的过程模型。请对这个过程模型做出符合应用需要的选择，并说明选择理由。

【解析】采用增量模型。

原因：该企业计划开发的这个"综合信息管理系统"涉及多个部门的信息管理功能，而且希望按部门优先级逐个实现系统功能，采用边应用边开发的方式。以这种方式进行开发，采用的过程模型满足增量模型的条件，因此可采用增量模型。

本章小结

本章介绍了软件过程和典型的软件过程模型。

软件过程模型是软件工程思想的具体化，它反映了软件在其生命周期中各阶段之间的衔接和过渡关系以及软件开发的组织方式，是人们在软件开发实践中总结出来的软件开发方法和步骤。典型的软件过程模型有瀑布模型、快速原型模型、增量模型、螺旋模型、喷泉模型、统一软件开发过程模型、基于组件的开发模型、敏捷模型等。

习题

1. **选择题**

（1）增量模型本质上是一种（　　）。

　　A. 线性顺序模型　　B. 整体开发模型　　C. 非整体开发模型　　D. 螺旋模型

（2）软件过程是（　　）。

　　A. 特定的开发模型　　　　　　　　B. 一种软件求解的计算逻辑

　　C. 软件开发活动的集合　　　　　　D. 软件生命周期模型

（3）软件生命周期模型不包括（　　）。

　　A. 瀑布模型　　　B. 用例模型　　　C. 增量模型　　　D. 螺旋模型

（4）包含风险分析的软件过程模型是（　　　）。

    A．螺旋模型　　　　B．瀑布模型　　　　C．增量模型　　　　D．喷泉模型

（5）软件工程中描述生命周期的瀑布模型一般包括需求分析、设计、编码、（　　　）、维护等几个阶段。

    A．产品发布　　　　B．版本更新　　　　C．可行性分析　　　　D．测试

（6）软件开发的瀑布模型中，一般认为可能占用开发人员最多的阶段是（　　　）。

    A．分析阶段　　　　B．设计阶段　　　　C．编码阶段　　　　D．测试阶段

（7）螺旋模型综合了（　　　）的优点，并增加了风险分析。

    A．增量模型和喷泉模型　　　　　　　　B．瀑布模型和快速原型模型

    C．瀑布模型和喷泉模型　　　　　　　　D．快速原型模型和喷泉模型

2．判断题

（1）瀑布模型的最大优点是将软件开发的各个阶段划分得十分清晰。　　　　　（　　）

（2）螺旋模型在瀑布模型和增量模型的基础上增加了风险分析。　　　　　　（　　）

（3）软件工程过程应该以软件设计为中心，关键是编写程序。　　　　　　　（　　）

（4）极限编程属于增量模型。　　　　　　　　　　　　　　　　　　　　　（　　）

3．填空题

（1）螺旋模型是_____模型和_____模型的结合。

（2）基于组件的开发模型充分体现了_____的思想。

（3）统一软件开发过程模型是基于_____思想的软件开发模型。

（4）喷泉模型是典型的_____模型，具有较好的可移植性。

（5）采用RUP，可以从初始开始不断_____，可以多次执行各个工作流程。

4．简答题

（1）如何理解软件生命周期的内在特征？

（2）请对比瀑布模型、快速原型模型、增量模型和螺旋模型。

（3）在统一软件开发过程模型中核心工作流程包含哪些？

（4）当需求不能一次搞清楚，且系统需求比较复杂时应选用哪种开发模型？

（5）《敏捷软件开发宣言》中给出的价值观有哪些？它对传统方法的"反叛"体现在哪些方面？

（6）什么是软件过程？它与软件工程有何关系？

5．应用题

（1）假设要为一家生产和销售长筒靴的公司开发一款软件，使用此软件来监控该公司的存货，并跟踪从购买橡胶开始到生产长筒靴，发货给各个连锁店，直至卖给顾客的全过程，以保证生产、销售过程的各个环节供需平衡，既不会有停工待料的现象，也不会有供不应求的现象。为这个软件选择软件过程模型时应使用什么准则？

（2）假设（1）中为生产和销售长筒靴的公司开发的存货监控软件很受用户欢迎，现在软件开发公司决定把它重新开发成一个通用软件包，以卖给各种生产长筒靴并通过自己的连锁店销售长筒靴的公司。因此，要求这个新的软件产品必须是可移植的，并且能够很容易地适应新的运行环境（硬件或操作系统），以满足不同用户的需求。为本题中的软件选择软件过程模型时，使用的准则与（1）中使用的准则有哪些不同？

第二部分　可行性研究与项目开发计划

第3章
可行性研究与项目开发计划

本章将首先介绍可行性研究，包括项目立项概述、可行性研究的内容和步骤；然后讲述项目开发计划的内容。

本章目标

❑　了解可行性研究的目的、意义和内容。

❑　掌握可行性研究的主要步骤。

❑　了解项目开发计划的内容。

3.1　项目立项概述

任何一个完整的软件工程项目都是从项目立项开始的。项目立项全过程包括项目发起、项目论证、项目审核和项目立项4个步骤。

在发起一个项目时，项目发起人或单位为寻求他人的支持，要将书面材料递交给项目的支持者和领导，使其明白项目的必要性和可行性。这种书面材料称为项目发起文件或项目建议书。

项目论证过程，也就是可行性研究过程。可行性研究就是指在项目进行开发之前，根据项目发起文件和实际情况，对该项目是否能在特定的资源、时间等制约条件下完成做出评估，并且确定它是否值得去开发。可行性研究的目的不在于确定如何去解决问题，而在于确定问题是否值得去解决、是否能够解决。

之所以要进行可行性研究是因为在实际情况中，许多问题都不能在预期的时间范围内或资源限制下得到解决。如果开发人员能够尽早地预知问题没有可行的解决方案，那么尽早地停止项目的开发就能够避免时间、资金、人力、物力的浪费。

可行性研究的案例

可行性研究的结论有以下3种。

• 可行：按计划进行。

• 基本可行：需要对解决方案做出修改。

• 不可行：终止项目。

项目经过可行性研究并认为项目可行后，还需要报告主管领导或单位，以获得项目的进一步审核，并得到他们的支持。

项目通过可行性研究和主管领导或单位的批准后，将其列入项目计划的过程，称为项目批准。

经过项目发起、项目论证、项目审核和项目批准4个步骤后，一个软件工程项目就正式立项了。

3.2 可行性研究的内容

可行性研究的
必要性

可行性研究需要从多个方面进行评估，主要包括战略可行性、操作可行性、计划可行性、技术可行性、社会可行性、市场可行性、经济可行性和风险可行性等。

- 战略可行性研究主要从整体的角度考虑项目是否可行，例如提出的系统对组织目标具有怎样的贡献；新系统对目前的部门和组织结构有何影响；系统将以何种方式影响人力水平和现存雇员的技术；它对组织整个人员开发策略有何影响等。
- 操作可行性研究主要考虑系统是否能够真正解决问题；系统一旦安装后，是否有足够的人力资源来运行系统；用户对新系统具有抵触情绪是否可能使操作不可行；人员的可行性等问题。
- 计划可行性研究主要估计项目完成所需的时间并评估项目预留的时间是否足够。
- 技术可行性研究主要考虑项目使用技术的成熟程度；与竞争者的技术相比，所采用技术的优势及缺陷；技术转换成本；技术发展趋势及所采用技术的发展前景；技术选择的制约条件等。
- 社会可行性研究主要考虑项目是否满足所有项目涉及者的利益；是否满足法律或合同的要求等。
- 市场可行性研究主要包括研究市场发展历史与发展趋势，说明本产品处于市场的什么发展阶段；本产品和同类产品的价格分析；统计当前市场的总额、竞争对手所占的份额，分析本产品能占多少份额；产品消费群体特征、消费方式以及影响市场的因素分析；分析竞争对手的市场状况；分析竞争对手在研发、销售、资金、品牌等方面的实力；分析自己的实力等。
- 经济可行性研究主要是把系统开发和运行所需要的成本与得到的效益进行比较，进行成本效益分析。
- 风险可行性研究主要是考虑项目在实施过程中可能遇到的各种风险因素，以及每种风险因素可能出现的概率和出现后造成的影响程度。

3.2.1 技术可行性研究

技术可行性研究主要关注待开发的系统的功能、性能和限制条件，确定现有技术能否实现有关的系统解决方案，在现有的资源条件下实现新系统的技术风险有多大。这里的资源条件是指已有的或可以得到的软硬件资源、现有的项目开发人员的技术水平和已有的工作基础。

在评估技术可行性时，需要考虑以下情况：了解当前最先进的技术，分析相关技术的发展是否支持新系统；确定资源的有效性，如新系统的软硬件资源是否具备、开发项目的人员在技术和时间上是否可行等；分析项目开发的技术风险，即能否在给定的资源和时间等条件下，设计并实现系统的功能和性能等。

技术可行性研究往往是系统开发过程中难度最大的工作，也是可行性研究的关键。

3.2.2 操作可行性研究

操作可行性研究是对开发系统在一个给定的工作环境中能否运行或运行好坏程度的衡量。操作可行性研究决定在当前的政治意识形态、法律法规、社会道德、民族意识以及系统运行的组织机构或人员等环境下，系统的操作是否可行。操作可行性往往最容易被忽视或被低估，或者认为系统一定是可行的。

3.2.3 经济可行性研究

成本效益分析是经济可行性研究的重要内容，它用于评估项目的经济合理性，给出项目开发的成本论证，并将估算的成本与预期的利润进行比较。

由于项目开发成本受项目的特性、规模等多种因素的制约，同时要对软件设计进行反复优化以获得用户更为满意的质量，因此开发项目的人员很难直接估算基于项目的成本和利润，换句话讲，得到完全精确的成本效益分析结果是十分困难的。

一般说来，项目的成本由4部分组成：购置并安装软硬件及有关设备的费用；项目开发费用；软硬件系统安装、运行和维护费用；人员的培训费用。在项目的分析和设计阶段只能得到上述费用的预算，即估算成本。在项目开发完毕并将系统交付用户运行后，上述费用的统计结果就是实际成本。

项目开发效益包括经济效益和社会效益两部分。经济效益是指所使用的系统为用户增加的收入，可以通过直接的或统计的方法估算。社会效益只能用定性的方法估算。

1. 成本估算

成本估算最好使用几种估算技术以便相互校验。下面简单介绍两种估算技术。

（1）代码行技术。代码行技术是比较简单的定量估算方法，它将开发每个软件功能的成本和实现这个功能需要用的源代码行数联系起来。通常根据经验和历史数据估算实现一个功能所需要的源代码行数。一旦估算出源代码行数后，用每行代码的平均成本乘以行数即可确定软件的成本。每行代码的平均成本主要取决于软件的复杂程度和薪资水平。

（2）任务分解技术。首先将开发项目分解为若干个相对独立的任务，再分别估算每个任务单独开发的成本，最后累加起来就可得出开发项目的总成本。

任务分解技术最常用的方法是按开发阶段划分任务。如果项目比较复杂，如由若干个子系统组成，则可以将若干个子系统按开发阶段再进一步划分成更小的任务。

典型环境下各个阶段需要投入的人力百分比如表3-1所示。

表 3-1 典型环境下各个阶段需要投入的人力百分比

任务	人力
可行性研究	4%～5%
需求分析	10%～25%
设计	20%～25%
编码	15%～20%
测试和调试	30%～40%

注：总计100%。

2. 成本效益分析

成本效益分析的第一步是估算开发成本、运行费用和新系统将带来的经济效益。

- 开发成本：使用代码行技术或任务分解技术进行估算。
- 运行费用：取决于系统操作的费用（操作员人数、工作时间和消耗物资等），以及维护费用。
- 新系统将带来的经济效益：为因使用新系统而增加的收入加上使用新系统可以节省的运行费用。

因为运行费用和新系统将带来的经济效益这两项在软件的生命周期中都会产生，而且总效益和软件生命周期的长度有关，所以应该合理地估算软件的生命周期。

这里需要比较新系统的开发成本和新系统将带来的经济效益，以便从经济角度判断这个系统是否值得投资。但是，投资是现在进行的，效益是将来获得的，不能简单地比较成本和效益，还应该考虑货币的时间价值。

3. 货币的时间价值

通常以利率的形式表示货币的时间价值。假设年利率为i，如果现在存入P元，则n年后可以得到的价值为：

$$F=P(1+i)^n$$

F就是P元在n年后的价值。反之，如果n年后能收入F元，那么这些钱的现在价值就是：

$$P=F/(1+i)^n$$

例如，有这样一个库房管理系统，它每天能产生一份订货报告。假定开发该系统共需50000元，系统开发完后能及时订货，以免商品短缺，估算一下，如果每年可以节省25000元，那么5年可以总共节省125000元。假定年利率为5%，利用上面计算货币现在价值的公式，可以计算出开发完该库房管理系统后每年预计节省费用的现在价值，如表3-2所示。

表3-2　将来价值折算成现在价值

第几年	将来价值/元	$(1+i)^n$	现在价值/元	累计的现在价值/元
1	25000	1.05	23809.52	23809.52
2	25000	1.1025	22675.74	46485.26
3	25000	1.157625	21595.94	68081.20
4	25000	1.21550625	20567.56	88648.76
5	25000	1.2762815625	19588.15	108236.91

4. 投资回收期

投资回收期是衡量一个项目价值的常用方法。投资回收期就是使累计的经济效益等于最初投资所需要的时间。很明显，投资回收期越短，获得利润就越快，项目就越值得开发。

例如，根据上述的例子，使用库房管理系统两年以后可以节省46485.26元，比最初的投资（50000元）还少3513.74元。因此，投资回收期为两年多一点的时间。

投资回收期是一项经济指标，但它并不是唯一的经济指标。为了衡量一个项目的价值，还应该考虑其他经济指标。

5. 纯收入

纯收入是衡量一个项目价值的另一项经济指标。纯收入就是在软件生命周期中软件系统的累计经济效益（折合成现在价值）与投资之差。这相当于比较投资开发一个软件系统和将钱存在银行中（或贷给其他企业）这两种方案的优劣。如果纯收入较少，则项目的预期效益可能与在银行存款一样，而且开发一个软件系统存在风险，从经济观点来看，这个项目可能是不值得投资的。如果纯收入小于0，这个项目显然是不值得投资开发的。

例如，针对上述的库房管理系统，这个系统的纯收入预计为：

$$108236.92 - 50000 = 58236.92（元）$$

显然，这个项目是值得投资开发的。

3.3　可行性研究的步骤

可行性研究的步骤不是固化的，而是根据项目的性质、特点以及开发团队的能力有所区别。一个典型的可行性研究的步骤可以归结为以下5步，如图3-1所示。

（1）明确系统目标

在这一步，可行性分析人员要访问相关人员，阅读并分析可以掌握的材料，确认用户需要解决的问题的实质，进而明确系统的目标以及为了达到这些系统目标所需的各种资源。

（2）分析并研究现行系统

现行系统是新系统重要的信息来源。新系统应该完成现行系统的基本功能，并在此基础上对现行系统

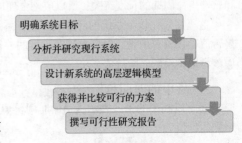

图3-1　可行性研究的步骤

中存在的问题进行改善或修复。我们可以从3个方面对现有系统进行分析：系统组织结构定义、系统处理流程分析和系统数据流分析。系统组织结构定义可以用组织结构图来描述。系统处理流程分析的对象是各部门的业务流程，可以用系统流程图来描述。系统数据流分析与业务流程紧密相连，可以用数据流图和数据字典来描述。

（3）设计新系统的高层逻辑模型

这一步从较高层次来设想新系统的逻辑模型，概括地描述开发人员对新系统的理解和设想。

（4）获得并比较可行的方案

开发人员可根据新系统的高层逻辑模型提出实现此模型的不同方案。在设计方案的过程中从技术、经济等角度考虑各方案的可行性。然后，从多个方案中选择出最合适的方案。

（5）撰写可行性研究报告

可行性研究的最后一步就是撰写可行性研究报告。此报告包括项目简介、可行性分析过程和结论等内容。

可行性研究的结论一般有以下3种。

（1）可以按计划进行软件项目的开发。

（2）需要解决某些存在的问题（如资金短缺、设备陈旧和开发人员短缺等）或者需要对现有的解决方案进行一些调整或改善后才能进行软件项目的开发。

（3）待开发的软件项目不具有可行性，应立即停止该软件项目的开发。

上述可行性研究的步骤只是一个经过长期实践总结出来的框架。在实际的使用过程中，它并不是固定的，根据项目的性质、特点以及开发团队对业务领域的熟悉程度会有所变化。

经过可行性研究后，对于值得开发的项目，就要制定软件开发计划，并写出软件开发计划书。

3.4 可行性研究实例

【例3-1】本实例所要求实现的浏览器是全功能的通用型网络浏览器，其功能主要有以下几个方面。

（1）浏览。浏览是最基本的功能，需保证浏览的正确性。

（2）缓存。缓存结构需保持网站存储结构的原貌。

（3）提供一个系统化的解决方案。提供网页编辑、收发邮件等功能。

（4）离线浏览。使用户能定义下载的层数、能定义下载的文件类型、能定义是否跨网站下载。

（5）网页内容分析。通过对网页内容的分析，得出用户关心的网页的主题，并获取相关的网页。

假设某公司将要投资开发此浏览器，你作为一家软件开发企业的相关人员，准备接手此项目的开发。但是你首先要对此项目进行可行性研究，并形成可行性研究报告，这份报告既要能打动投资者使其投入资金，又要能让软件开发企业在项目开发中有所收益。

【解析】

全功能的通用型网络浏览器
可行性研究报告

1. 引言

1.1 编写目的

可行性研究的目的是对问题进行研究，以最小的代价在最短的时间内确定问题是否可解决。通过对此项目进行详细的调查研究，初拟系统的可行性研究报告，对软件开发中将要面临的问题及其解决方案进行初步设计及合理安排，明确开发风险及所带来的经济效益。

本报告经审核后，交由项目经理审查。

1.2 项目背景

开发软件名称：全功能的通用型网络浏览器。

项目任务提出者：X公司。

项目开发者：X软件开发企业。

用户：有需求的客户。

项目与其他软件、系统的关系如下。

在主流浏览器，如Microsoft Edge中，缓存会导致更新后的网页内容无法立即显示，使得希望观察网站组织结构的用户无法通过浏览器的缓存功能如愿观察到网站存储原貌，并且Microsoft Edge不能很好地屏蔽恶意软件或网页进行未经用户授权的设置更改；又比如QQ浏览器在网络连接速度较慢的情况下没有加快网页打开和内容加载速度的有效方式。所以针对目前网速较慢的情况，离线浏览可以通过提前缓存网页的方法很大程度上改善用户的上网体验。提前缓存、离线浏览提前将网站结构和内容加载到本地，既可以加快网页内容的加载速度又可以有效避免广告弹窗和恶意软件的自动下载，因此可以吸引那些对网速较慢、广告弹窗和恶意软件自动下载等问题敏感的用户群体；而对于网页内容分析，由于高速光纤网络正在普及，对那些使用高速光纤网络的用户来说，用户的浏览需求会有很大波动，因此利用"波谷"的冗余宽带自动获取用户需要的信息，可以很好地平均用户的宽带需求，减少需求"波峰"期用户的等待时间。目前，主流的离线浏览器如Offline Browser、WebZip、WebCopier等，都不具备综合功能，并且知名度也不够，这说明离线浏览市场远未饱和。综合来看，离线浏览功能是目前市场上主流浏览器所不具备的，这表明在离线浏览市场仍存在机会和需求。开发具备综合功能、易于使用和广为认可的离线浏览器，可能会满足更多用户的需要，并获得更大的市场份额。此外，该款浏览器还提供网页编辑功能。据调研分析，目前很多主流浏览器也提供了网页编辑功能，但是需要通过直接修改HTML代码来修改样式，这对用户的知识水平有着较高的要求。倘若用户没有相关的网页知识，他们是无法对网页进行编辑的。而我们这款软件就着力突破这一困境，希望给予用户可视化的操作界面，为用户提供更便捷的网页编辑功能。这种可视化的网页编辑功能将使用户能够直观地修改网页样式、添加内容等，而无须深入了解HTML代码的细节，而这一功能在目前的很多浏览器中都是缺失的，这促使我们决定开发这款软件。

2．对现有系统的分析

2.1 处理流程和数据流程

通过对目前市场上的浏览器系统的分析，现有浏览器系统可分为如下5个子系统。

（1）用户界面子系统

该子系统负责提供用户与浏览器的交互界面，包括浏览器的导航栏、标签页、书签管理、设置选项等。用户界面子系统的设计需要注重用户友好性和易用性，以提供良好的用户体验。

（2）控制子系统

该子系统负责处理用户的操作指令，并将其传递给其他子系统进行相应的处理。它包括用户输入的处理、命令的解析和分发等功能，以实现用户与浏览器的交互操作。

（3）网页显示子系统

该子系统负责解析和渲染网页内容，将HTML、CSS和JavaScript代码转换为可视化的网页布局和交互元素。它负责处理网页的布局、样式和交互行为，以确保网页的正确显示和用户与网页的交互。

（4）网页获取子系统

该子系统负责从远端Web服务器获取网页内容，并进行相应的处理。它包括处理统一资源定位符（Uniform Resource Locator，URL）请求、发送HTTP请求、接收和解析服务器响应等功能，以确保网页的快速加载和正确获取。

（5）数据管理子系统

该子系统负责管理浏览器的本地数据存储，包括用户的浏览历史、Cookie信息、缓存文件等。它负责数据的存储、检索和管理，以提供给用户个性化的浏览体验和保证数据的安全性。浏览器的工作流程如图1所示。

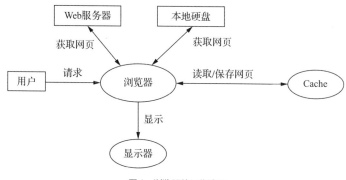

图1 浏览器的工作流程

子系统间对于数据处理的协作关系如图2所示。

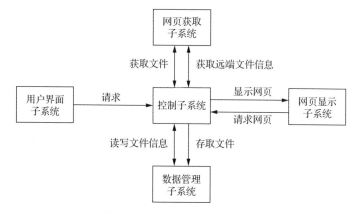

图2 子系统间对于数据处理的协作关系

2.2 用户体验分析

在用户想要缓存某些网站的网页时，通常缓存下来的网页在脱机浏览时经常出现图片缺失、网页效果无法正常展示等问题，这是由于缓存网页时仅仅缓存了当前网页的内容，而没有缓存整个网站的体系结构和其所依赖的资源。此外，由于缓存的网页通常没有经过更新和维护，因此可能无法反映网站的最新内容和布局变化，这样可能导致用户无法获得最新的信息和体验。因而，这种缓存不仅没有改善用户的体验，还产生了大量的缓存垃圾。

而当用户在网络上进行搜索时，因为搜索引擎的算法和排名规则可能无法准确地理解用户的意图，或者被搜索引擎优化（Search Engine Optimization，SEO）技术所利用，常常会得到大量与自己预期内容无关的结果，而真正想要的内容却无法得到，并且浪费了大量时间。目前普遍来说，用户的带宽较高，但是在使用网页时浪费了大量的闲置带宽，而这些带宽本可以用于缓存用户需要的内容。综上所述，网站缓存不完整、无关内容过多、闲置带宽浪费等问题导致了当前浏览器的用户体验较差。

而本系统致力打造一个能完美进行脱机浏览、离线浏览且可以根据网页内容分析出用户所需资料的全功能通用型网络浏览器。通过缓存整个网站的体系结构和其所依赖的资源，用户可以在离线时随心所欲地浏览图片、网页效果等信息。通过分析用户习惯、需求以及用户反馈，本系统能够做到个性化、高质量的浏览引导，方便用户过滤大量无关信息，提高浏览效率。通过利用闲置宽带，本系统可以在宽带闲置期间缓存网页内容，从而减少用户等待时间，提高带宽利用率。综上所述，本系统对于目前主要的用户体验问题都提供了解决方案，能够给用户带来更舒适、更便捷、更高效的浏览体验。

2.3 局限性

现有系统的局限性如下。

（1）脱机浏览时，缓存网页的原有结构、内容丢失。

（2）离线浏览功能不完善。

（3）闲置带宽浪费较多。

（4）用户搜索信息耗时较多且效果不佳。

（5）网页编辑功能对大部分用户来说并不友好，直接修改HTML代码的学习成本较高。

3. 所建议的系统

3.1 对所建议的系统的说明

本系统是一个全功能的通用型网络浏览器，其功能主要有以下几个。

（1）网页浏览和导航：用户可以通过本系统访问互联网上的各种网页，并通过直观的界面进行网页浏览和导航，通过地址栏、标签页、历史记录、书签管理、搜索引擎和下载管理等工具和功能，用户可以快速导航到目标网页，浏览感兴趣的内容，并有效管理浏览历史和下载任务。

（2）离线浏览：本系统支持离线浏览，用户将网页内容缓存到本地后，在没有网络连接的情况下仍然能够浏览已缓存的网页内容且用户能定义下载的层数，也就是用户可以选择下载网站的几级页面。如果选择0级就下载网站的所有内容，如果选择其他级数则下载对应的层数。下载层数越深，加载时间也会越长。同时用户也能定义下载的文件类型以及定义是否跨网站下载。跨网站下载是指同时下载目标网站中链接的对应内容，这里同样也应该能定义下载层数。

（3）可视化网页编辑：本系统提供一个系统化的解决方案，具有轻量级的网页编辑功能。本系统的网页编辑功能采取可视化界面的方式，消除主流浏览器的网页编辑功能对用户设下的技术屏障，让即使不具有相关知识的用户也能随心所欲地设计自己理想的页面样式。

（4）邮件收发：本系统为收发邮件提供了一个快捷工具，在浏览器第一次使用时，用户可以自定义常用邮箱，之后在每一次使用浏览器的过程中若收到邮件，浏览器都会自动弹出相应通知，让用户不错过每一条邮件信息。如果用户想要发送邮件，也不必再打开邮箱，可以直接使用浏览器提供的轻量级编辑工具发送邮件，该工具可以简化用户操作，提升用户体验。

（5）网页内容分析：通过对网页内容的分析，可以了解用户关心的网页主题，并提供相关的网页内容。分析的数据主要来源于用户的单击行为和在不同网页中停留的时间。基于这些数据，系统可以创建用户画像，了解用户的兴趣和偏好，从而定制个性化的推荐内容，提供更加高效和精准的浏览体验。

3.2 处理流程和数据流程

本系统的处理流程和数据流程如下。

（1）HTTP浏览器发起请求，并创建端口。

（2）HTTP服务器在端口监听客户端请求。

（3）HTTP服务器向浏览器返回状态和内容。

（4）浏览器搜索自身的DNS缓存以获取域名对应的IP地址。

（5）搜索操作系统自身的DNS缓存（浏览器没有找到缓存或缓存已经失效）。

（6）读取本地的HOST文件。

（7）浏览器发起DNS系统调用，获取域名对应的IP地址。

（8）浏览器获得域名对应的IP地址后，发起HTTP"三次握手"来建立TCP/IP连接。

（9）TCP/IP连接建立起来后，浏览器向服务器发送HTTP请求。

（10）服务器接收到这个请求后，根据路径参数，经过后端的一些处理，把处理后的结果返回给浏览器，如果是某网站的页面就会把完整的HTML页面代码返回给浏览器。

（11）当浏览器获得某网站完整的HTML页面代码后，在解析和渲染这个页面的时候，其中包含的JavaScript代码、CSS代码、图片资源也会触发一系列的HTTP请求，请求处理都需要经过上面的主要步骤。

（12）浏览器根据获得的资源对页面进行渲染，最终呈现给用户一个完整的页面。

3.3 改进之处

本系统的改进之处如下。

（1）脱机访问时，缓存结构需保持网站存储结构的原貌，使用户能够在离线状态下以原始的网站组织结构浏览网页内容。

（2）提供离线浏览功能。使用户能定义下载的层数、能定义下载的文件类型、能定义是否跨网站下载。

（3）针对使用高速光纤网络的用户，通过浏览网页时的闲置带宽自动获取对用户可能有帮助的信息。

（4）通过对网页内容的分析，得出用户的喜好、习惯，配合用户反馈等途径，在后台加载相关的页面。

（5）提供可视化的页面编辑功能，方便用户进行操作。

3.4 影响

以下说明在建立所建议的系统时将带来的影响。

（1）对设备的影响

该浏览器完全兼容当前所有主流设备，在手机、计算机、平板等设备上都进行了良好的适配，不需要对设备进行更换或改造。通过适配各种设备，该浏览器系统将提供一致且流畅的用户体验。用户无论是在手机、计算机还是平板上使用浏览器，都能享受到相似的功能和界面，该浏览器将提供统一的操作方式和交互体验。该浏览器系统的设计考虑到不同设备的硬件特性和性能限制，以保证在各种设备上都能正常运行。它将尽可能地优化资源利用，减少对设备资源的过度消耗，以提供较好的性能和响应速度。

（2）对软件的影响

该浏览器兼容现存的应用软件和相关插件（如Flash等插件），无须对这些软件和插件进行修改和补充。该浏览器系统还将提供一定的扩展性，使用户能够根据需要添加和使用其他常用插件及扩展功能，以满足其特定的浏览需求。并且将定期更新和提供技术支持，以确保其与最新的应用软件和相关插件保持兼容。

（3）对用户单位机构的影响

该浏览器简单易用，不需要用户单位机构设置专业人员来进行管理和维护，使用户单位机构可以节省人力资源和培训成本。并且浏览器会提供及时的安全更新和漏洞修复，以保护用户单位机构的网络环境和敏感信息。

（4）对系统运行过程的影响

对系统运行过程的影响如下：

① 用户操作规程与原系统基本一致；

② 运行中心与用户通过该浏览器实现联系；

③ 用户登录及浏览数据存入服务器的相应数据库，并及时备份；

④ 针对用户数据进行分析，通过对网页内容的分析，得出用户关心的网页的主题，并获取相关的页面；

⑤ 系统发生意外崩溃时能够及时修复，从备份中快速恢复数据。

（5）对开发的影响

开发该软件的需求如下：

① 需要雇用一些有浏览器设计、开发、测试等方面经验的人员进行产品开发；

②需要租赁开发人员的办公场所；

③需要一定数量的计算机进行开发；

④需要构建浏览器官网，并建立数据库以提供技术支持。

（6）对地点和设施的影响

该浏览器无须额外使用场所，无须改造现有设施。

（7）对经费开支的影响

该浏览器开发难度适中，开支项主要有开发人员的工资、相应的社会保障开支、办公场所的租赁费用、使用的计算机的购买或租赁费用、网站及数据库的建设和维护费用、市场推广费用，还应考虑到后续的维护和升级费用，以确保该浏览器系统的稳定运行和持续改进。

3.5 局限性

由于该浏览器刚刚进入市场，支持该浏览器的扩展性插件可能比较少，即浏览器生态不好，因此不容易实现丰富的扩展性功能，这可能会限制用户在使用浏览器时享受到的功能和个性化定制的能力。随着使用人数的增加，其支持插件会逐渐增多，该问题会逐渐缓解。同时，由于该浏览器与主流浏览器的架构十分类似，我们可以考虑投入一定资金对现有插件进行调整来完善软件生态。

快速推广该浏览器的基础是本产品的实用性、快捷性。为了获得市场，不断完善浏览器功能和用户体验是吸引用户并保持其忠诚度的关键；同时，也需要通过有效的市场营销和推广活动，向用户展示浏览器的优点和特色，提高用户的认知度和兴趣，从而吸引更多的用户使用该浏览器。

4．技术可行性分析

4.1 技术基础

（1）主框架技术基础

截至2023年5月，浏览器的全球市场占有率从高到低分别为Chrome、Microsoft Edge、Apple Safari、Firefox、Opera等。目前常用的浏览器都可打开多个标签以同时浏览多个网页并方便地在网页之间进行切换。

浏览器有时候需要安装一些插件（也称加载项）来实现一些本身并不能完成的功能，如浏览PDF文件一般需要安装Adobe Reader插件，登录网上银行需要安装对应的安全插件等。

浏览器的用户界面有很多相同的元素，其中包括：用来输入统一资源标识符（Uniform Resource Identifier，URI）的地址栏、前进和后退按钮、书签设置选项、用于刷新和停止加载当前网页的刷新和停止按钮、用于返回主页的按钮。

鉴于目前的浏览器界面、功能的设计已经十分成熟，因此无论是从用户体验还是从技术可行性的角度，都应该基于现有的浏览器的框架进行主框架设计。通过采用现有的浏览器的框架，可以利用已有的技术和经验降低开发的复杂性和风险，并能够在用户习惯和期望的基础上进一步地改进和创新，现有的浏览器开发也都采用这种方式。

此外，大部分的浏览器会在主页展示新闻和广告，使得浏览器本身有廉价之感，本产品的首页初步设计只包含基本项：地址栏、前进和后退按钮、刷新按钮、搜索框、书签设置选项、收藏夹等。其他的新闻和广告等可以单独开辟一个界面来展示。

（2）缓存技术基础

浏览器的主要功能就是向服务器发出请求，在浏览器窗口中展示用户选择的网络资源。这里所说的网络资源一般是指HTML文件，也可以是PDF文件、图片或其他的资源类型。资源的位置由用户使用URI指定。其中浏览器解析并显示HTML文件的方式是在HTML和CSS规范中指定的。

浏览器缓存是在浏览器端保存数据，以便快速读取或避免重复资源请求的优化机制，有效的缓存使用可以避免重复的资源请求使浏览器快速地读取本地数据，从而在整体上提高网页的展示速度。浏览器缓存的机制种类较多，如果要缓存网站的完整结构，则可以通过缓存HTML+CSS+JavaScript文件（若网站的开发利用了Vue框架，则加载.vue文件，其他框架类似），从而在脱机的情况下完成整个网站的正常浏览。我们可以设计一个文件结构模式用于存放已下载的文件，方便后续对文件的管理与提取。

（3）带宽利用技术基础

我们可以利用预加载技术对闲置的带宽进行使用，以提高包含用户预期信息的页面的访问速度。

预加载是一种浏览器机制，可利用浏览器空闲时间来预先下载/加载用户接下来很可能会浏览的页面/资源。页面提供给浏览器需要预加载的集合。当浏览器载入当前页面后，将会在后台下载需要预加载的页面并添加到缓存中。当用户访问某个预加载的链接时，页面就得以快速呈现。

HTML5中已经提供了预加载的相关技术。综合带宽利用技术现状，目前预加载的相关技术已经较为成熟，可以直接利用现有技术以很低的成本实现预加载。

综上所述，本项目的开发可以以现有的技术作为基础，且目前的设计方案具有较强的可行性。

4.2　人员基础

参与此项目的开发人员均具有多年Web项目研发经验，对开发的相关标准、此项目的技术条件和开发环境等都相当熟悉，具备开发此项目的技术能力。

除此之外，本项目的开发团队已经合作开发过多个项目，磨合得较好，对于突发情况、开发瓶颈等问题都能够及时沟通、合理处置，具备开发大型综合项目的团队合作能力。

综上所述，参与此次开发的人员能够胜任本浏览器的开发工作。

5．投资及效益分析

5.1　支出

开发本浏览器系统的费用开支有多个方面，如人力、设备、空间、支持性服务、材料等方面，合计可得开支总额。

（1）基本建设投资

基本建设投资如下：

① 建立本浏览器系统所需的办公场所以及周边设施的费用；

② 建立本浏览器系统所需的数字通信设备的费用；

③ 保障本浏览器系统运行与信息安全的设备与办公设备的费用；

④ 建立本浏览器系统所需的数据库的费用。

开发周期预计为1年，所需的办公场所租赁费用约为20万元，数字通信设备费约为10万元，其他基本建设费用约为10万元，并预留10万元作为预备资金。此项投资大约需要50万元。

（2）其他一次性支出

其他一次性支出如下：

① 本浏览器系统建立时所需的调研费用；

② 本浏览器系统建立时所需的数据库的维护费用；

③ 本浏览器系统的日常维护开销。

浏览器前期调研费用约为10万元，系统的维护与数据库的维护费用约为5万元/月，合计约为70万元。

（3）非一次性支出

非一次性支出主要是本浏览器系统开发人员的工资与奖金。

本项目开发周期预计为1年，预计招聘开发人员5人，年薪约为25万元（具体薪资根据员工的能力进行上下调整）。合计约为125万元。

综上开支合计约为245万元，并预留55万元用作流动自由支配资金，合计开发投入300万。

（4）合理降低支出的方法

① 开支的缩减：本浏览器系统应尽可能减少不必要的功能，以减少浏览器系统的能源损耗，并改进数据的进入、存储和恢复技术，提高运行效率。例如有些浏览器自带的阅读器等，这并非

这款浏览器需要关注的重点。

② 价值的提升：降低本浏览器系统的出错率，并提高运行与处理效率，当系统发生意外崩溃时，可及时进行备份，并且可从备份中快速恢复数据。

5.2 收益

本节将说明在建立所建议的系统时能够带来的收益。这里所说的收益，表现为开支费用的减少或避免、出错率的降低、灵活性的增加、动作速度的提高和管理计划方面的改进等。

（1）广告收益。随着本产品的推广，用户数量不断增加，我们可以适当接受广告和其他的增值服务。

（2）新闻收益。我们可以通过发布新闻消息来收取费用。

（3）潜在收益。随着用户数量的增加，该产品的知名度、使用率会提高，随之我们可以投资其他产品、开发其他项目，从而获得收益。

（4）专利收益。我们可以将产品中的某些功能（如"用户兴趣分析"功能）申请专利，并销售给其他需要该功能的公司。

（5）合作收益。我们可以与开发搜索引擎的公司进行合作，根据浏览器的流量与对方进行分成。

（6）用户付费服务收益。除了广告收益之外，我们还可以提供一些高级或增值的付费服务，例如增加存储空间、定制化功能、数据分析报告等。这些付费服务可以为用户提供更好的体验和个性化的功能。

（7）数据分析和市场调研收益。通过用户使用浏览器的数据分析和市场调研，可以提供有关用户行为、兴趣偏好、市场趋势等方面的数据分析报告给相关的企业或机构，从而获得数据分析和市场调研方面的收益。

总而言之，前期该项目的投入较多，而收益较少。不过随着产品的推广，收益会越来越多。

5.3 投资回收期

计划在项目成功开发之后的半年内持续投入，进行广告宣传等活动，在半年后开始获得收益，力争将投资回收期控制在3年以内，最终在5年内使实际收益投资比达到2.0。此处还无法计算获得的虚拟收益，如公司知名度的提升、品牌形象的提升、合作机会的增加等。可见，本项目的性价比十分可观，收益可以得到保证。

成本估计：基本建设投资50万元、其他一次性支出70万元、非一次性支出125万元、流动自由支配资金55万元，共计300万元。

通常以利率的形式表示货币的时间价值。查得目前年利率为i，如果现在存入P元，则n年后可以得到的价值为：

$$F=P(1+i)^n$$

F就是P元在n年以后的价值，反之，如果n年后能收入F元，那么这些钱的现在价值就是：

$$P=F/(1+i)^n$$

假设5年期年利率为2.5%，本项目预计未来5年收益分别为130万元、160万元、200万元、230万元、250万元。利用上述计算货币现在价值的公式，可以计算出开发完全功能的通用型网络浏览器后，每年预计收益的现在价值，如表1所示。

表1 现在价值折算统计

第几年	将来价值/万元	$(1+i)^n$	现在价值/万元	累计现在价值/万元
1	130	1.025	126.83	126.83
2	160	1.051	152.24	279.07
3	200	1.077	185.70	464.77
4	230	1.104	208.33	673.10
5	250	1.131	221.04	894.14

设计的全功能通用型网络浏览器在设计开发3年之后的收益折算现在价值为464.77万元，能够完全回收初始投资（300万元），投资回收期为3年内。第5年后总收益达到894.14万元，实际收益投资比达到2.98，显然该项目具有良好的开发前景。

5.4　敏感度分析

按照5.2节所述，浏览器的主要收益来源是广告收益、新闻收益、潜在收益、专利收益、合作收益、用户付费服务收益、数据分析和市场调研收益。而这些收益，主要由浏览器的使用率、知名度来决定，其次由浏览器的发展前景来决定。根据对周围人的调查可以得出，最影响用户体验的是浏览器速度、浏览器简约性、浏览器安全性、浏览器兼容性、浏览器知名度。

这里很难做出数据分析，只能提供一个大概的敏感度排行，由高到低分别是：浏览器知名度、浏览器速度、浏览器安全性、浏览器兼容性、浏览器简约性。

6.　社会因素方面的可行性

6.1　法律方面的可行性

法律方面存在的可行性的问题有很多，包括合同责任、侵犯专利权、侵犯版权等方面的陷阱，然而在这些方面软件开发人员通常是不熟悉的，容易落入这些方面的陷阱。因此，项目配备了法律顾问，他们可以与开发团队合作，确保软件开发过程中的合规性。与法律顾问进行沟通可以帮助开发人员避免可能的法律陷阱，从而避免软件开发在法律方面受到阻碍。

本系统开发所使用的软件、开发文档均来自正版软件和开源代码网站，因此不会涉及侵权与违反法律的相关内容。

对于用户信息的保护，本系统会提示用户是否愿意分享相关的信息，保证用户在知情的情况下进行所有的操作，采取适当的技术和组织措施来保护用户的信息安全，以符合隐私保护的相关法规。

6.2　使用方面的可行性

作为一家专业的软件开发企业，公司拥有足够的技术人员，这些技术人员拥有足够的技术力量和开发能力，这已经在之前的软件开发过程中有所体现，所以开发的技术能力是毋庸置疑的。对于管理层面，管理人员具备系统的管理技术，并且善于与团队沟通，因而能满足此浏览器系统的开发需求。就硬件条件而言，各种外围设备、计算机设备的性能能够满足系统的开发需求，并充分发挥其效果。就软件条件而言，公司的技术人员精通浏览器开发所需的各种软件。因此，公司具备开发全功能的通用型网络浏览器所需的必要条件。

此外，本产品与目前市场上的浏览器的使用方法类似，所以用户能够快速入门。同时本产品还具有离线浏览、快速加载、脱机浏览等功能，能给用户提供更优质的体验与服务，所以能够在用户快速入门的基础上展示自己的特色，吸引用户。

7.　结论

通过对此软件系统进行的各方面的可行性研究，可以得出以下结论。

（1）针对目前网速较慢、网费较高的情况，离线浏览的功能是有用户群体的。

（2）由于宽带网正在普及，对那些使用宽带网的用户来说，利用浏览网页时的闲置带宽能够自动获取对用户可能有帮助的信息，因此，对于那些希望获取网站某一方面网页内容的用户是有帮助的。

（3）全功能的通用型网络浏览器所能获取的效益是可观的。

（4）无论是在技术基础、收益投资比还是在法律方面，此浏览器系统的开发都具有较高的可行性。

综上所述，全功能的通用型网络浏览器是一款能够提高用户浏览体验的软件系统，该项目的市场还有很大的投资空间，现在正是开发该系统的良好时机，可以立即进行此软件系统的开发。

3.5　制定项目开发计划

在进行可行性研究之后，就可得知一个项目是否值得开发。如果值得开发，则应制定相应的项目开发计划。开发人员应当对所要开发的软件制定开发计划。项目开发计划涉及所要开发项目的各个环节。计划的合理性和准确性往往关系着项目的成败。计划应考虑周全，要考虑到一些未知因素和不确定因素，以及要考虑到可能的修改。计划应尽量准确，尽可能提高数据的可靠性。项目开发计划是软件工程中的一种管理性文档，主要是对所要开发软件的人员、进度、费用、软件开发环境和运行环境的配置及硬件设备的配置等进行说明和规划，是项目管理人员对项目进行管理的依据，据此对项目的费用、进度和资源进行控制和管理。

项目开发计划的主要内容如下。

（1）项目概述：说明项目的各项任务；说明软件的功能和性能；说明完成项目应具备的条件；说明甲方和乙方应承担的工作、完成期限和其他限制条件；说明应交付的软件名称、所使用的开发语言及存储形式；说明应交付的文档等。

（2）实施计划：说明各项任务的划分、各项任务的责任人；说明项目开发进度、按阶段应完成的任务，用图表说明每项任务的开始时间和完成时间；说明项目的预算、各阶段的费用支出预算等。

（3）人员组织及分工：说明开发该项目所需人员的类型、组成结构和数量等。

（4）交付期限：说明项目应交付的日期等。

制订项目开发计划所涉及的一些内容，将在第11章进行讲解。

3.6 案例："'墨韵'读书会图书共享平台"的软件开发计划书

"墨韵"读书会
图书共享平台
软件开发计划书

本章小结

本章主要介绍了软件工程中与可行性研究和项目开发计划相关的内容。可行性研究是指在项目开发之前，对它的必要性和可能性进行探讨，通过对软件产品能否解决存在的问题以及能否带来预期的价值做出评估，从而避免盲目的软件开发。

可行性研究的内容主要包括技术可行性研究、操作可行性研究和经济可行性研究等方面。典型的可行性研究的步骤为明确系统目标，分析并研究现行系统，设计新系统的高层逻辑模型，提出可行的方案并对其进行评估和比较，从中选择合适的方案，撰写可行性研究报告。

习题

1. 选择题

（1）可行性研究也称为（　　）。

    A. 技术可行性研究　　　　　　　　　　B. 操作可行性研究

  C．经济可行性研究　　　　　　　　D．项目论证

（2）（　　）研究往往是系统开发过程中难度最大的工作，也是可行性研究的关键。

  A．技术可行性　　　B．操作可行性　　　C．经济可行性　　　D．风险可行性

（3）研究软硬件资源的有效性是进行（　　）研究的一方面。

  A．技术可行性　　　B．经济可行性　　　C．社会可行性　　　D．操作可行性

（4）软件开发计划是软件工程中的一种（　　）性文档。

  A．技术　　　　　　B．管理　　　　　　C．检索　　　　　　D．文献

2．判断题

（1）软件开发计划是软件工程中的一种技术性文档。　　　　　　　　　　（　　）

（2）可行性研究过程也称为项目论证过程。　　　　　　　　　　　　　　（　　）

（3）投资回收期越长，获得利润就越快，项目就越值得开发。　　　　　　（　　）

（4）代码行技术是成本估算技术的一种。　　　　　　　　　　　　　　　（　　）

3．填空题

（1）可行性研究的结论有3种：_____、_____、_____。

（2）经济可行性研究主要研究开发和运行需要的_____和得到的_____。

（3）计划可行性研究主要是估计项目完成所需要的_____并评估项目预留的时间是否足够。

（4）可行性研究主要包括战略可行性、操作可行性、计划可行性、技术可行性、_____、市场可行性、经济可行性、_____。

（5）_____研究是系统开发过程中难度最大的工作，也是可行性研究的关键。

（6）技术可行性研究主要关注待开发的系统的_____、性能和限制条件。

（7）成本效益分析的第一步是估算开发成本、运行费用和新系统带来的_____。

（8）任务分解技术最常用的方法是按_____划分任务。

（9）_____是软件生命周期中软件系统的累计经济效益与投资之差。

4．简答题

（1）可行性研究的任务有哪些？

（2）请简述技术可行性研究。

（3）请简述操作可行性研究。

（4）请简述经济可行性研究。

（5）如何进行软件的成本估算？

（6）请简述可行性研究的步骤。

（7）经过可行性研究之后，确定一个项目值得开发，为什么要继续制定项目开发计划？

5．应用题

（1）设计一个软件的开发成本为5万元，寿命为3年，未来3年每年的收益预计为22000元、24000元、26620元，假定银行年利率为10%。试对此项目进行成本效益分析，以研究其经济可行性。

（2）假设开发某个计算机应用系统的投资额为3000元，该计算机应用系统投入使用后，每年可以节约1000元，5年内节约5000元。3000元是现在投资的钱，假定年利率为12%，请计算该系统的纯收入和投资回收期。

可行性研究的
应用题（1）

可行性研究的
应用题（2）

第三部分　结构化分析与设计

第4章
结构化分析

本章将首先概述需求分析（广义上可称为需求工程）；然后介绍结构化分析的方法与建模，包括功能建模、数据建模、行为建模、数据字典和加工规格说明；接着描述结构化分析的图形工具，包括层次方框图、Warnier图和IPO图；最后列举了一个结构化分析实例。

本章目标
- ❑ 了解需求分析的任务。
- ❑ 熟悉进行需求分析的步骤和常用方法。
- ❑ 了解需求管理。
- ❑ 掌握需求分析的原则。
- ❑ 熟悉结构化分析的常用方法。
- ❑ 掌握结构化分析的几种常用建模方法。
- ❑ 掌握结构化分析的几种图形工具。

4.1 需求分析

本节将讲述需求分析的任务和原则、需求分析的步骤、需求管理和需求分析的常用方法。

需求分析补充知识

4.1.1 需求分析的任务和原则

需求分析的任务和原则介绍如下。

1. 任务
（1）理解需求

为了开发出真正满足用户需求的软件产品，明确地了解用户需求是关键。虽然在可行性研究中，已经对用户需求有了初步的了解，但是很多细节还没有考虑到。可行性研究的目的是评估系统是否值得去开发、问题是否能够解决，而不是对需求进行定义。如果说可行性分析是要决定"做还是不做"，那么需求分析就是要回答"系统必须做什么"这个问题。

在需求中会存在大量的错误，这些错误若未及时发现和更正，会导致软件开发成本增加、软件质量降低；严重时，会造成软件开发的失败。在对以往失败的软件工程项目进行失败原因分析和统计的过程中发现，需求不完整而导致失败的项目占约13.1%，缺少用户参与而导致失败的项目占约12.5%，需求和需求规格说明书更改而导致失败的项目占约8.7%。可见约1/3的项目失败都与需求有关。要尽量避免需求中出现的错误，就要进行详细而深入的需求分析。由此可见，需求分析是一个非常重要的过程，它完成的好坏直接影响了后续软件开发的质量。

（2）确定系统的运行环境要求

系统运行时的硬件环境要求包括对计算机的中央处理器（Central Processing Unit，CPU）、内存、存储器、输入输出方式、通信接口和外围设备等的要求；软件环境要求包括操作系统、数据库管理系统和编程语言等的要求。

（3）确定系统的功能性需求和非功能性需求

需求可以分为两大类：功能性需求和非功能性需求。前者定义了系统做什么，后者定义了系统工作时的特性。

① 功能性需求是软件系统的最基本的需求表述，包括对系统应该提供的服务、如何对输入做出反应，以及系统在特定条件下的行为描述。在某些情况下，功能性需求还必须明确系统不应该做什么，这取决于开发的软件类型、软件未来的用户，以及开发的系统类型。所以功能性的系统需求需要详细地描述系统功能特征、输入输出接口、异常处理方法等。

② 非功能性需求包括对系统提出的性能需求（可靠性和可用性需求）、系统安全以及系统对开发过程、时间、资源等方面的约束和标准等。性能需求指定系统必须满足定时约束或容量约束，一般包括速度（响应时间）、信息量速率（吞吐量、处理时间）和存储容量等方面的需求。

（4）进行有效的需求分析

一般情况下，用户并不熟悉计算机的相关知识，而软件开发人员对相关的业务领域也不甚了解，用户与开发人员之间对同一问题理解的差异和习惯用语的不同往往会为需求分析带来很大的困难。所以开发人员和用户之间充分和有效地沟通在需求分析的过程中至关重要。

有效的需求分析通常都具有一定的难度，一方面是由于存在交流障碍，另一方面是由于用户通常对需求的陈述不完备、不准确和不全面，并且还可能在不断地变化。所以开发人员不仅需要在用户的帮助下抽象现有的需求，还需要挖掘隐藏的需求。此外，把各项需求抽象为目标系统的高层逻辑模型对日后的开发工作也至关重要。合理的高层逻辑模型是系统设计的前提。

（5）确定需求分析的两个阶段

首先，需要确定需求分析的建模阶段，即在充分了解需求的基础上，建立起系统的分析模型。

其次，需要确定需求分析的描述阶段，即把需求文档化，用软件需求规格说明书的方式把需求表达出来。

（6）撰写软件需求规格说明书

软件需求规格说明书是需求分析阶段的输出，它全面、清晰地描述了用户需求，因此是开发人员进行后续软件设计的重要依据。软件需求规格说明书应该具有清晰性、无二义性、一致性和准确性等特点。同时，它还需要通过严格的需求验证、反复修改的过程才能最终确定。

2. 原则

首先，需求分析是一个过程，它应该贯穿于系统的整个生命周期中，而不是仅仅属于软件生命周期早期的一项工作。

其次，需求分析的过程应该是一个迭代的过程。由于市场环境的易变性以及用户本身对于新系统要求的模糊性，因此需求往往很难一步到位。通常情况下，需求是随着项目的深入而不断变化的。所以需求分析的过程还应该是一个迭代的过程。

此外，为了方便评审和后续的设计，需求的表述应该具体、清晰，并且是可测量的、可实现的。最好能够对需求进行适当的量化。例如，系统的响应时间应该低于0.5s；系统在同一时刻最多能支持30000个用户。

4.1.2 需求分析的步骤

为了准确获取需求，需求分析必须遵循一系列的步骤。只有采取合理的需求分析的步骤，开发人员才能更有效地获取需求。一般来说，需求分析分为需求获取、分析建模、需求描述和需求验证与评审4步，如图4-1所示。以下将分步进行介绍。

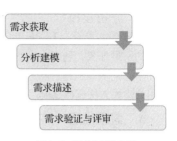

图4-1　需求分析的步骤

1. 需求获取

需求获取就是收集并明确用户需求的过程。系统开发人员通过调查研究，要理解当前系统的工作模型、用户对新系统的设想与要求。在需求获取的初期，用户提出的需求一般是模糊且凌乱的，这就需要开发人员能够选取较好的需求分析方法，提炼出逻辑性强的需求。例如，没有经验或只是偶尔使用系统的用户关心的是系统操作的易学性，他们喜欢具有菜单、图形界面、整齐有序的屏幕显示、详细的提示以及使用向导的系统；而对于熟悉系统的用户，他们就会更关心使用的方便性与效率，并看重快捷键、宏、自定义选项、工具栏、脚本功能等。而且不同用户的需求有可能发生冲突，例如，对于同样一个人力资源管理系统，某些用户希望系统反应速度快一些，查找准确；但另一些用户希望做到安全性第一，而对反应速度要求不高。因此，对于发生冲突的需求，开发人员必须仔细考虑并做出选择。

需求获取补充知识

需求获取的方法有多种，例如问卷调查、访谈、实地操作、建立原型系统等。

（1）问卷调查是采用让用户填写问卷的形式来了解用户对系统的看法。问题应该是循序渐进的，并且可选答案不能太局限，以免限制了用户的思维。回收问卷后，开发人员要对其进行汇总、统计，从而分析出有用信息。

（2）访谈是指开发人员与特定的用户代表进行座谈的需求获取方法。在进行访谈之前，访谈人员应该准备好问题。一般情况下问题涉及的方面主要是When、Where、What、Who、Why、How。问题可以分为开放性问题和封闭式问题。开放性问题是指答案比较自由的问题，例如，对于这个项目，你的看法是什么？而封闭式问题是指答案受限制的问题，例如，对于这个项目，你是赞成还是反对？在访谈中，访谈人员应该多提一些开放性问题，这样更容易捕捉到用户的真实想法。由于被访谈的用户的身份多种多样，所以在访谈的过程中，访谈人员要根据用户的身份，提出不同的问题，这样访谈才能更有效。

（3）如果开发人员能够以用户的身份参与到现有系统的使用过程中，那么在亲身实践的基础上，观察用户的工作过程、发现问题并及时提问，开发人员就能直接地体会到现有系统的弊端以及新系统应该解决的问题。这种亲身实践的需求获取方法就是实地操作。这种方法可以帮助开发人员获得真实的信息。

（4）为了进一步挖掘需求，了解用户对目标系统的想法，开发人员有时还采用建立原型系统的方法。在原型系统中，用户更容易表达自己的需求。所谓原型，就是目标系统的一个可操作的模型。原型化分析方法要求在获得一组基本需求说明后，能够快速地使某些重要方面"实现"，通过原型反馈加深对系统的理解，并对需求说明进行补充和优化。利用原型的需求获取过程可以用图4-2来表示。

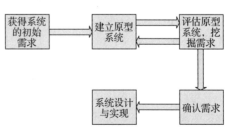

图4-2　利用原型的需求获取过程

要针对上述所获取的需求进行归纳并形成软件需求。软件需求包括功能性需求、性能需求、系统运行环境需求、用户界面需求、软件成本消耗与开发进度需求、资源使用需求、可靠性需求、安全保密需求等。

2. 分析建模

获取到需求后，下一步就应该对开发的系统建立分析模型。模型就是为了理解事物而对事物做出的一种抽象，通常由一组符号和组织这些符号的规则组成。对开发系统建立各种角度的模型有助于人们更好地理解问题。通常，从不同角度描述或理解软件系统，就需要使用不同的模型。常用的建模方法有数据流图、实体-联系图、状态转换图、控制流图、用例图、类图、对象图等。

3. 需求描述

需求描述就是指编制需求分析阶段的文档。一般情况下，对于复杂的软件系统，需求分析阶段会产生3个文档：系统定义文档（用户需求报告）、系统需求文档（系统需求规格说明书）、软件需求文档（软件需求规格说明书）。用户需求报告是关于软件的一系列想法的集中体现，涉及软件的功能、操作方式、界面风格、报表格式，用户机构的业务范围、工作流程，以及用户对软件应用的期望等，是提供给用户阅读的。系统需求规格说明书是比用户需求报告更具有技术特性的需求陈述，是提供给开发者或用户方技术人员阅读的，并将作为软件开发人员设计系统的起点与基本依据；系统需求规格说明书需要对系统的功能、性能、数据等方面进行规格定义。软件需求规格说明书主要描述软件部分的需求，简称SRS（Software Requirement Specification），它站在开发者的角度，对开发系统的业务模型、功能模型、数据模型、行为模型等内容进行描述。经过严格的评审后，它将作为概要设计和详细设计的基础。

对于大型和超大型软件项目，需求分析阶段要完成多项文档，包括可行性研究报告、项目开发计划、软件需求说明、数据要求说明和测试计划。对于中型的软件项目，可行性研究报告和项目开发计划可以合并为项目开发计划，软件需求说明和数据要求说明可以合并为软件需求说明。而对于小型的软件项目，一般只需完成软件需求与开发计划就可以了。文档与软件项目规模的对应关系如图4-3所示。

小型软件项目	中型软件项目	大型软件项目	超大型软件项目
	项目开发计划 {	可行性研究报告 项目开发计划	对应大型软件 所规定的文件可
软件需求与开发计划 {	软件需求说明 { 测试计划——	软件需求说明 数据要求说明 测试计划	进一步细分

图4-3　文档与软件项目规模的对应关系

4. 需求验证与评审

需求分析的第四步是验证与评审以上需求分析的成果。需求分析阶段的工作成果是后续软件开发的重要基础。为了提高软件开发的质量，降低软件开发的成本，必须对需求的正确性进行严格的验证，确保需求的一致性、完整性、现实性、有效性。确保设计与实现过程中需求的可回溯性，并进行需求变更管理。

需求评审就是通过将需求规约文档发布给利益相关者进行检查，发现需求规约中是否存在缺陷（如错误、不完整性、二义性等）的过程。对工作产品的评审方式有两类：一类是正式的技术评审，也称同行评审；另一类是非正式的技术评审。对于任何重要的工作产品，都应该至少执行一次正式的技术评审。在进行正式评审前，需要有人员对要进行评审的工作产品进行把关，确认其是否具备进入评审的初步条件。

需求评审的规程与其他重要工作产品（如系统设计文档、源代码）的评审规程非常相似，主要区别在于评审人员的组成不同。前者由开发方和客户方的代表共同组成，而后者通常来源于开发方内部。

4.1.3　需求管理

为了更好地进行需求分析并记录需求结果，需要进行需求管理。需求管理是一种用于查找、记录、组织和跟踪系统需求变更的系统化方法，可用于：

如何应对需求
变更

- 获取、组织和记录系统需求；
- 使客户和项目团队在系统变更需求上达成并保持一致。

有效需求管理的关键在于维护需求的明确阐述、每种需求类型所适用的属性，以及与其他需求和其他项目工件之间的可追踪性。

软件需求的变更往往会贯穿软件的整个生命周期中。需求管理是一组活动，用于在软件开发的过程中标识需求、控制需求、跟踪需求，并对需求变更进行管理（需求变更管理活动的部分内容与"11.6 软件配置管理"中所述的基本相同，因此，这部分内容可参见11.6节）。

需求管理实际上是项目管理的一部分，它涉及以下3个主要问题：

- 识别、分类、组织需求，并为需求建立文档；
- 需求变化，即带有建立对需求不可避免的变化是如何提出、如何协商、如何验证以及如何形成文档的过程；
- 需求与其来源、后继制品及其他相关需求之间可相互查引的程度。

4.1.4 需求分析的常用方法

需求分析的常用方法有多种，下面只简单介绍功能分解方法、结构化分析方法、信息建模方法、面向对象的分析方法和原型设计。

（1）功能分解方法

功能分解方法将一个系统看成由若干功能模块组成，每个功能又可分解为若干子功能及功能接口，子功能再继续分解，即功能、子功能和功能接口为功能分解方法的3个要素。功能分解方法采用的是自顶向下、逐步求精的理念。

（2）结构化分析方法

结构化分析方法是一种从问题空间到某种表示的映射方法，其逻辑模型由数据流图和数据词典构成并表示。它是一种面向数据流的需求分析方法，主要适用于数据处理方面。本章将详细介绍这种方法。

（3）信息建模方法

模型是用某种媒介来表现相同媒介或其他媒介里的一些事物的一种形式。建模（建立模型的过程）就是要抓住事物的最重要方面而简化或忽略其他方面。简而言之，模型就是对现实的简化。

帮助开发人员理解正在开发的系统，这是需要建模的一个基本理由。并且，人对复杂问题的理解能力是有限的。建模可以帮助开发者缩小问题的范围，每次着重研究一个方面，进而对整个系统产生更加深刻的理解。可以明确地说，越大、越复杂的系统，建模的重要性也越高。

信息建模方法常用的基本工具是实体-联系图，其基本要素包括实体、属性和关系。它的核心概念是实体和关系，它的基本策略是从现实中找出实体，再用属性对其进行描述。

（4）面向对象的分析方法

面向对象的分析方法的关键是识别问题域内的对象，分析它们之间的关系，并建立3类模型，分别是描述系统静态结构的对象模型、描述系统控制结构的动态模型，以及描述系统计算结构的功能模型。其中，对象模型是最基本、最核心、最重要的。第7章将详细介绍这种方法。

（5）原型设计

原型设计是指在项目开发的前期，系统分析人员根据对客户需求的理解和客户希望实现的结果，快速地给出一个翔实的产品雏形，然后与客户反复协商修改。原型设计是项目需求的部分实现或者可能的实现，可以是工作模型或者静态设计、详细的屏幕草图或者简单草图，最终可以据此形成实际的系统。原型设计的重点在于直观体现产品的主要界面风格及结构，并展示出主要功能模块以及它们之间的相互关系，不断澄清模糊部分，为后期的设计和代码编写提供准确的产品信息。原型设计可以明确并完善需求，降低风险，优化系统的易用性，研究设计选择方案，为最终的产品提供基础。原型设计是软件人员与客户沟通的最好工具，主流的原型设计工具有Axure、Balsamiq Mockups、墨刀、Justinmind、iClap和Dreamweaver等。

图4-4所示是用原型设计工具Axure制作的界面。

4.1.5 大语言模型赋能软件需求分析

4.2 结构化分析方法

图4-4 用原型设计工具Axure制作的界面

一种面向数据流的需求分析方法被称作结构化分析（Structured Analysis，SA）方法，20世纪70年代由约当（Yourdon）、康斯坦丁（Constantine）、德马科（DeMarco）等人提出并不断发展，最终得到广泛的应用。它基于"分解"和"抽象"的基本思想，逐步建立目标系统的逻辑模型，进而描绘出满足用户要求的软件系统。

"分解"是指对于一个复杂的系统，为了将复杂性降低到可掌握的程度，可以把大问题分解为若干个小问题，再分别解决。图4-5演示了对目标系统X进行自顶向下、逐层分解的过程。

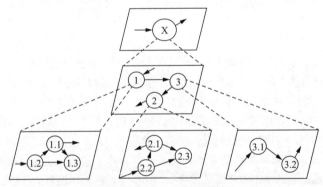

图4-5 自顶向下、逐层分解的过程

在图4-5中，顶层描述了整个目标系统X，中间层将目标系统划分为若干个模块，每个模块完成一定的功能，而底层是对每个模块实现方法的细节性描述。由此可见，在逐层分解的过程中，起初并不考虑细节性的问题，而是先关注问题最本质的属性，随着分解自顶向下地进行，才会逐渐考虑到越来越具体的细节。这种用最本质的属性表示一个软件系统的方法就是"抽象"。

结构化分析方法是一种面向数据流的需求分析方法，其中数据作为独立实体转换，数据建模定义了数据的属性和关系，数据变换建模表明当数据在系统中流动时，系统是如何对数据进行加工或处理的。

结构化分析的具体步骤如下。

（1）建立当前系统的"具体模型"：系统的"具体模型"就是现实环境的真实写照，这样的表达与当前系统完全对应，因此用户容易理解。

（2）抽象出当前系统的"逻辑模型"：分析系统的"具体模型"，抽象出其本质的因素，排除次要因素，获得当前系统的"逻辑模型"。

（3）建立目标系统的"逻辑模型"：分析目标系统与当前系统逻辑上的差别，从而进一步明确目标系统"做什么"，建立目标系统的"逻辑模型"。

（4）为了对目标系统进行完整的描述，还需要考虑人机界面和其他一些问题。

4.3 结构化分析建模

结构化分析方法实质上是一种创建模型的方法，它建立的分析模型如图4-6所示。

图4-6所示模型的核心是"数据字典"，它描述软件使用或产生的所有数据对象。围绕着这个核心有3种图：数据流图（Dataflow Diagram，DFD）指出当数据在软件系统中移动时怎样被变换，以及描绘变换数据流的功能和子功能，用于功能建模；实体-联系（Entity-Relationship，E-R）图描绘数据对象之间的关系，用于数据建模；状态转换图指明了作为外部事件结果的系统行为，用于行为建模。

每种建模方法对应其各自的表达方式和规约，来描述系统某一方面的需求属性。它们基于同一份数据描述，即数据字典。

图4-6　结构化分析模型

结构化分析建模必须遵守下述准则。

- 必须定义软件应完成的功能，这条准则要求建立功能模型。
- 必须理解和表示问题的信息域，这条准则要求建立数据模型。
- 必须表示作为外部事件结果的软件行为，这条准则要求建立行为模型。
- 必须对描述功能、信息和行为的模型进行分解，用层次的方式展示细节。
- 分析过程应该从要素信息移向实现细节。

需求分析中的建模过程使用一些抽象的图形和符号来描述系统的业务过程、问题和整个系统，这种描述较之自然语言的描述更易于理解。对模型的描述是系统分析与设计过程之间的重要"桥梁"。

不同的模型往往描述系统需求的某一方面，而模型之间又相互关联，相互补充。除了用分析模型表示软件需求之外，还要写出准确的软件需求规格说明书。模型既是软件设计的基础，也是编写软件需求规格说明书的基础。

4.3.1 功能建模

功能建模的思想就是用抽象模型的概念，按照软件内部数据传递和变换的关系，自顶向下、逐层分解，直到找到满足功能要求的可实现的软件为止。功能模型可用数据流图来描述。

数据流图采用图形方式来表达系统的逻辑功能、数据在系统内部的逻辑流向和逻辑变换过程，是结构化分析方法的主要表达工具及用于表示软件模型的一种图示方法。

1. 数据流图的表示符号

在数据流图中，存在以下4种表示符号。

（1）外部实体：表示数据的源点或终点，它是系统之外的实体，可以是人、物或者其他系统。

（2）数据流：表示数据流的流动方向。数据流可以从加工流向加工，从加工流向文件，从文件流向加工。加工是对数据进行处理的单元，接收一定的数据输入，然后对其进行处理，再进行输出。

（3）数据变换：表示对数据进行加工或处理，例如对数据的算法分析和科学计算。

（4）数据存储：表示输入或输出文件。这些文件可以是计算机系统中的外部或者内部文件，也可以是表、账单等。

数据流图主要分为Yourdon和Gane两种表示方法。其表示符号如图4-7所示。

以Yourdon表示方法为例：

（1）矩形表示数据的外部实体；

（2）箭头表示数据流；

（3）圆形泡泡表示数据变换的处理逻辑；

（4）两条平行线表示数据的存储。

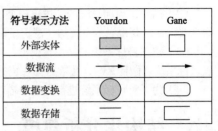

符号表示方法	Yourdon	Gane
外部实体		
数据流	→	→
数据变换		
数据存储		

图4-7　数据流图表示符号

2．环境图

环境图也称为系统顶层数据流图（或0层数据流图），如图4-8所示，它仅包括一个数据处理过程。环境图的作用是确定要开发的目标系统在其环境中的位置，通过确定系统的输入和输出信息与外部实体的关系确定其边界。

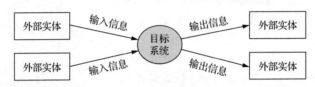

图4-8　环境图

根据结构化分析采用的"自顶向下、由外到内、逐层分解"思想，开发人员要先画出系统顶层的数据流图，然后逐层画出底层的数据流图。顶层的数据流图要定义系统范围，并描述系统与外部实体的数据联系，它是对系统架构的高度概括和抽象。底层的数据流图是对系统某个部分的精细描述。

可以说，数据流图的导出是一个逐步求精的过程。其中要遵守一些原则：

（1）第0层的数据流图应将软件描述为一个泡泡；

（2）主要的输入和输出应该被仔细地标记；

（3）通过把在下一层表示的候选处理过程、数据对象和数据存储分离，开始逐步求精的过程；

（4）应使用有意义的名称标记所有的箭头和泡泡；

（5）当从一个层转移到另一个层时要保持信息流的连续性；

（6）一次精化一个泡泡。

图4-9所示是某考务处理系统0层数据流图。其中只用一个数据变换表示软件，即考务处理系统；包含所有相关外部实体，即考生、考试中心和阅卷站；包含外部实体与软件中间的数据流，但是不含数据存储。0层数据流图应该是唯一的。

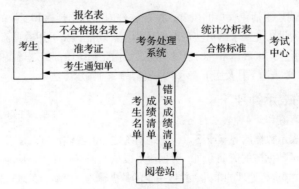

图4-9　某考务处理系统0层数据流图

3．数据流图的分解

对0层数据流图（见图4-9）进行细化，得到1层数据流图（见图4-10），细化时要遵守上文所介绍的各项原则。软件被细分为两个数据变换，分别为"登记报名表"和"统计成绩"，即两个"泡泡"；同时引入了数据存储，即"考生名册"。

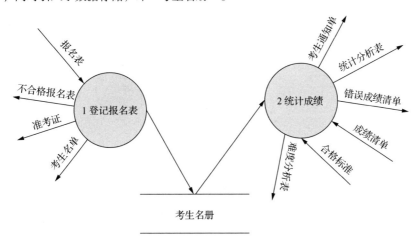

图4-10 某考务处理系统1层数据流图

同理，可以对"登记报名表"和"统计成绩"分别再细化，得到该系统两张2层数据流图，如图4-11和图4-12所示。

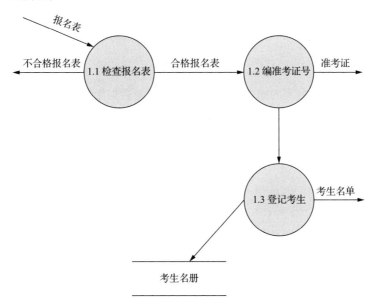

图4-11 "登记报名表"2层数据流图

在绘制数据流图的过程中，要注意以下几点。

（1）数据的处理不一定是一个程序或一个模块，也可以是一个连贯的处理过程。

（2）数据存储是指输入或输出文件，但它不仅可以是文件，还可以是数据项或用来组织数据的中间数据。

（3）数据流和数据存储是不同状态的数据。数据流是指处于流动状态的数据，而数据存储是指处于静止状态的数据。

（4）当目标系统的规模较大时，为了描述得清晰和易于理解，通常采用自顶向下、逐层分解的方法，画出分层的数据流图。在分解时，要考虑到自然性、均匀性和分解度几个方面。

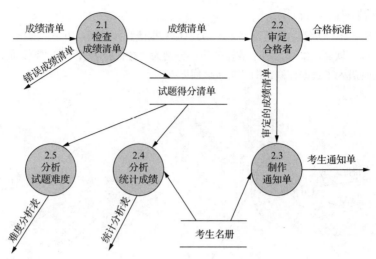

图4-12 "统计成绩"2层数据流图

- 自然性是指概念上要合理和清晰。
- 均匀性是指尽量将一个大问题分解为规模均匀的若干部分。
- 分解度是指分解的维度，一般每一个加工每次分解最多不宜超过7个子加工，应分解到基本的加工为止。

（5）数据流图分层细化时必须保持信息的连续性，即细化前后对应功能的输入和输出数据必须相同。

关于数据流图的绘制方法，本章的实例部分将会详细介绍。

4.3.2 数据建模

数据建模的思想是在较高的抽象层次（概念层）上对数据库结构进行建模。数据模型用实体-联系图来描述。

实体-联系图可以明确描述待开发系统的概念结构模型。对于较复杂的系统，通常要先构造出各部分的E-R图，然后将各部分E-R图集合成总的E-R图，并对E-R图进行优化，以得到整个系统的概念结构模型。

在建模的过程中，E-R图以实体、关系和属性3个基本概念概括数据的基本结构。实体就是现实世界中的事物，多用矩形框来表示，框内含有相应的实体名称。属性多用椭圆形来表示，并用无向边与相应的实体联系起来，表示该属性归某实体所有。可以说，实体是由若干个属性组成的，每个属性都代表了实体的某些特征。例如，在某教务管理系统中，"学生"实体及其属性如图4-13所示。

关系用菱形来表示，并用无向边分别与有关实体连接起来，以此描述实体之间的关系。实体之间存在着3种关系类型，分别是一对一、一对多、多对多，它们分别反映了实体间不同的对应关系。如图4-14所示，"人员"与"车位"之间是一对一的关系，即一个人员只能分配一个车位，且一个车位只能属于一个人员。"订单"与"订单行"之间是一对多的关

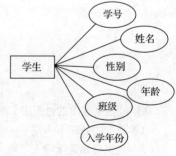

图4-13 "学生"实体及其属性

系，即一个订单包含若干个订单行，而一个订单行只属于一个订单。"学生"与"课程"之间是多对多的关系，即一个学生能登记若干门课程，且一门课程能被多个学生登记。

图4-15所示是某教务系统中课程、学生与教师之间的E-R图。其中，矩形框表示实体，有学生、教师和课程3个实体；椭圆形表示实体的属性，如学生实体的属性有学号、姓名、性别和专业；菱形表示关系，学生与课程之间是选课关系，且是多对多关系，教师与课程之间是任教关系，且是一对多关系；实体与属性、实体与关系之间用实线进行连接。

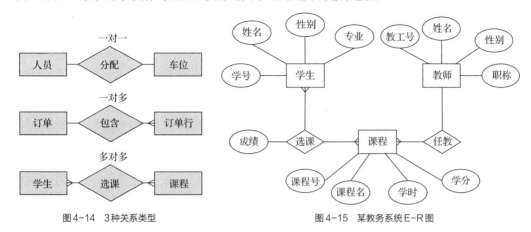

图4-14　3种关系类型　　　　　　图4-15　某教务系统E-R图

另外，关系本身也可能有属性，这在多对多的关系中尤其常见。如图4-15所示，成绩就是选课这个关系的一个属性。

运用E-R图，概念结构设计建立在调查用户需求的基础上，对现实世界中的数据及其关系进行分析、整理和优化。需要指出的是，E-R图并不具有唯一性，也就是说，对于同一个系统，可能有多个E-R图，这是由于不同的分析人员看问题的角度不同而造成的。

4.3.3　行为建模

状态转换图是一种描述系统对内部或外部事件响应的行为模型。它用于描述系统状态和事件（事件会引发系统在状态间的转换），而不是描述系统中数据的流动。这种模型尤其适合用来描述实时系统，因为这类系统多是由外部环境的激励而驱动的。

使用状态转换图具有以下优点：
- 状态之间的关系能够直观地捕捉到；
- 由于状态转换图的单纯性，我们能够按部就班地分析许多情况，很容易地建立分析工具；
- 状态转换图能够很方便地对应状态转换表等其他描述工具。

有时系统中的某些数据对象在不同状态下会呈现不同的行为方式，此时应分析数据对象的状态，画出其状态转换图，才可正确地认识数据对象的行为，并定义其行为。对这些行为规则较复杂的数据对象需要进行如下的分析。
- 找出数据对象的所有状态。
- 分析在不同的状态下，数据对象的行为规则是否不同，若无不同则可将其合并成一种状态。
- 分析数据对象从一种状态可以转换成哪几种状态，是数据对象的什么行为导致这种状态的转换的。

1. 状态及状态转换

状态是任何可以被观察到的系统行为模式，一个状态代表系统的一种行为模式。状态规定了系统对事件的响应方式。系统对事件的响应，既可以是做一个（或一系列）动作，也可以是仅仅改变系统本身的状态，还可以是既改变状态又做动作。

在状态转换图中定义的状态主要有：初态（初始状态）、终态（最终状态）和中间状态。初态用一个黑圆点表示，终态用黑圆点外加一个圆表示（很像一只牛眼睛），状态转换图中的中间状态用一个圆角四边形表示（可以用两条横线把它分成上、中、下3个部分。上面部分为状态的名称，这部分是必须有的；中间部分为状态变量的名字和值，这部分是可选的；下面部分是活动表，这部分也是可选的），状态之间为状态转换，用一条带箭头的线表示。带箭头的线上的事件发生时，状态转换开始（有时也称之为转换"点火"或转换被"触发"）。在一张状态转换图中只能有一个初态，而终态可以没有，也可以有多个。状态转换图中使用的主要符号如图4-16所示。

图4-16　状态转换图中使用的主要符号

中间状态中的活动表的语法格式如下：

事件名（参数表）/ 动作表达式

其中，"事件名"可以是任何事件的名称，需要时可以为事件指定参数表，活动表中的"动作表达式"描述应做的具体动作。

2. 事件

事件是在某个特定时刻发生的事情，它是对引起系统做动作或（和）从一个状态转换到另一个状态的外界事件的抽象。例如，观众使用电视遥控器，用户移动鼠标、单击鼠标等都是事件。简而言之，事件就是引起系统做动作或（和）转换状态的控制信息。

状态转换通常是由事件触发的，在这种情况下应在表示状态转换的箭头线上标出触发转换的事件表达式。

如果在箭头线上未标明事件，则表示在源状态的内部活动执行完之后自动触发转换。事件表达式的语法格式如下：

事件说明［守卫条件］/动作表达式

事件说明的语法格式如下：

事件名（参数表）

守卫条件是一个布尔表达式。如果同时使用事件说明和守卫条件，则当且仅当事件发生且守卫条件为真时，状态转换才发生。如果只有守卫条件没有事件说明，则只要守卫条件为真，状态转换就发生。

动作表达式是一个过程表达式，当状态转换开始时执行该表达式。

3. 例子

为了具体说明怎样用状态转换图建立系统的行为模型，下面举一个例子。

图书馆管理系统的图书：图书可分类、借阅、归还、续借，图书也可能破损和遗失。

根据以上情况画出图书馆管理系统图书的状态转换图，如图4-17所示。

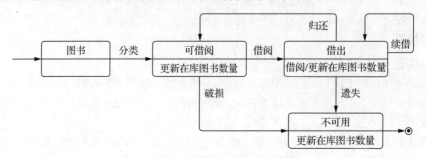

图4-17　图书馆管理系统图书的状态转换图

图书在初始时需要进行分类并更新在库数量。如果图书被借阅，则执行借阅操作，并对在库图书数量进行更新。在借阅期间，如果发生图书续借操作，则对该图书重新执行借阅操作并更新在库图书数量。如果借阅的图书被归还，则需要对在库图书数量进行更新。此外，如果在库图书破损或者借阅图书遗失，则对在库图书数量进行更新。

4.3.4 数据字典

如前所述，分析模型包括功能模型、数据模型和行为模型。数据字典以一种系统化的方式定义在分析模型中出现的数据对象及控制信息的特性，并给出它们的准确定义，包括数据流、数据存储、数据项、数据加工，以及数据源点、数据汇点等。数据字典成为将分析模型中的3种模型黏合在一起的"黏合剂"，是分析模型的"核心"。

数据字典符号如表4-1所示。

表 4-1　数据字典符号

符号	含义	示例
=	被定义为	$X=a$表示X由a组成
+	与	$X=a+b$表示X由a和b组成
[…│…]	或	$X=[a\mid b]$表示X由a或b组成
$m\{\cdots\}n$或$\{\cdots\}_m^n$	重复	$X=2\{a\}6$或$\{a\}_2^6$表示重复2～6次a
$\{\cdots\}$	重复	$X=\{a\}$表示X由0个或多个a组成
$(\cdots)$	可选	$X=(a)$表示a在X中可能出现，也可能不出现
"…"	基本数据元素	$X="a"$表示X是取值为字符a的数据元素
..	连接符	$X=1..9$表示X可取1到9中的任意一个值

如果数据流"应聘者名单"由若干应聘者姓名、性别、年龄、专业和联系电话等信息组成，那么"应聘者名单"可以表示为：应聘者名单={应聘者姓名+性别+年龄+专业+联系电话}。数据项"考试成绩"可以表示为：考试成绩=0..100。再如，某教务系统的学生成绩库文件的数据字典描述可以表示为以下形式。

文件名：学生成绩库。

记录定义：学生成绩 = 学号+姓名+{课程代码+成绩+[必修|选修]}。

学号=6{数字}6。

姓名=2{汉字}4。

课程代码：8{字符}8。

成绩 = 1…100。

4.3.5 加工规格说明

在对数据流图的分解中，位于底层数据流图的数据处理，也称为基本加工或原子加工，对每一个基本加工都需要进一步说明，这称为加工规格说明，也称为处理规格说明。在编写加工规格说明时，主要目的是表达"做什么"，而不是"怎样做"。加工规格说明一般用结构化语言、判定表和判定树来表述。

1. 结构化语言

结构化语言又称为设计程序语言（Program Design Language，PDL），也称为伪代码，在某些情况下，在加工规格说明中会用到。但一般说来，最好将用PDL来描述加工规格说明的工作推迟到过程设计阶段进行。PDL的介绍可参见5.8.4小节。

2. 判定表

在某些数据处理中，某个数据处理（即加工）的执行可能需要依赖于多个逻辑条件的取值，此时可用判定表。判定表能够清晰地表示复杂的条件组合与应做的动作之间的对应关系。

一张判定表由4部分组成，左上部列出所有条件，左下部是所有可能做的动作，右上部是表示各种条件组合的一个矩阵，右下部是与每种条件组合相对应的动作。判定表右半部的每一列实质上是一条规则，规定了与特定的条件组合相对应的动作。

下面以某工厂生产的奖励的算法为例说明判定表的组织方法。某工厂生产两种产品A和B。每月的实际生产量超过计划指标者均有奖励。奖励政策如下。

对于产品A的生产者，超产数N小于或等于100件时，每超产1件奖励2元；N大于100件且小于或等于150件时，超过100件的部分每件奖励2.5元，其余的每件奖励金额按超产100件以内的方案处理；N大于150件时，超过150件的部分每件奖励3元，其余的每件奖励金额按超产150件以内的方案处理。

对于产品B的生产者，超产数N小于或等于50时，每超产1件奖励3元；N大于50且小于或等于100时，超过50件的部分每件奖励4元，其余的每件奖励金额按超产50件以内的方案处理；N大于100时，超过100件的部分每件奖励5元，其余的每件奖励金额按超产100件以内的方案处理。

此处理功能的判定表如表4-2所示。

表 4-2 此处理功能的判定表

	决策规则号	1	2	3	4	5	6
条件	产品A	Y	Y	Y	N	N	N
	产品B	N	N	N	Y	Y	Y
	$N \leqslant 50$	Y	N	N	Y	N	N
	$50 < N \leqslant 100$	Y	N	N	N	Y	N
	$100 < N \leqslant 150$	N	Y	N	N	N	Y
	$N > 150$	N	N	Y	N	N	Y
奖励政策	$2 \times N$	√					
	$2.5 \times (N-100)+200$		√				
	$3 \times (N-150)+325$			√			
	$3 \times N$				√		
	$4 \times (N-50)+150$					√	
	$5 \times (N-100)+350$						√

从上面这个例子可以看出，判定表能够简洁而又无歧义地描述处理规则。当把判定表和布尔代数或卡诺图结合起来使用时，可以对判定表进行校验或化简。判定表并不适合作为一种通用的工具，因为没有一种简单的方法使它能同时清晰地表示顺序和重复等处理特性。

判定表也可用在结构化设计中。

3. 判定树

判定表虽然能清晰地表示复杂的条件组合与应做的动作之间的对应关系，但其含义却不是一眼就能看出来的，初次接触这种工具的人理解它需要有一个简短的学习过程。此外，当数据元素的值多于两个时，判定表的简洁程度也将下降。

判定树是判定表的变种，也能清晰地表示复杂的条件组合与应做的动作之间的对应关系。判定树也是用来表述加工规格说明的一种工具。判定树的优点在于，它的形式简单到不需要任何说明,一眼就可以看出其含义,因此易于掌握和使用。多年来,判定树一直受到人们的重视,是一种比较常用的系统分析和设计的工具。图4-18所示为与表4-2等价的判定树。从图4-18可以看出,虽然判定树比判定表更直观,但简洁性却不如判定表,数据元素的同一个值往往要重复写多遍,而且越接近树的叶端重复次数越多。此外还可以看出,画判定树时分枝的次序可能对最终画出的判定树的简洁程度有较大影响。显然判定表并不存在这样的问题。

判定树也可用在结构化设计中。

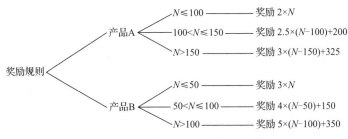

图4-18 用判定树表示此处理功能的算法

4.4 结构化分析的图形工具

除了前述所用的数据流图、E-R图、状态转换图、数据字典和加工规格说明(结构化语言、判定表和判定树)外,在结构化分析中,有时还会用到层次方框图、Warnier图和IPO图3种图形工具。

4.4.1 层次方框图

层次方框图由树状结构的一系列多层次的矩形框组成,用来描述数据的层次结构。树状结构的顶层是一个单独的矩形框,它表示数据结构的整体。下面的各层矩形框表示这个数据的子集,底层的各个框表示这个数据的不能再分割的元素。这里需要提醒的是,层次方框图不是功能模块图,矩形框之间的关系是组成关系,而不是调用关系。

电子相册管理系统结构的层次方框图如图4-19所示。

4.4.2 Warnier 图

Warnier图是表示数据层次结构的另一种图形工具,它与层次方框图相似,也用树状结构来描绘数据结构。Warnier图比层次方框图提供了更详细的描绘手段,能指出某一类数据或某一数据元素重复出现的次数,并能指明某一特定数据在某一类数据中是否有条件地出现。

Warnier图使用如下的几种符号。

(1)花括号内的信息条目构成顺序关系,花括号从左至右排列表示树状层次结构。

(2)异或符号⊕表示不可兼具的选择关系。

(3)"–"表示"非"。

(4)圆括号内的数字表示重复次数:(1, n)表示重复结构,(1)或不标次数表示顺序结构,(0, 1)表示选择结构。

报纸的组成就可用Warnier图来描述,如图4-20所示。

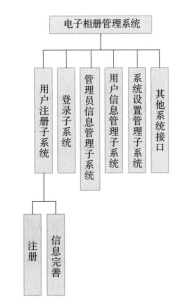

图4-19 电子相册管理系统结构的层次方框图

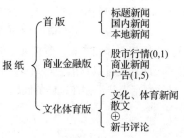

图4-20 报纸组成的 Warnier 图

4.4.3 IPO图

　　IPO（Input-Process-Output）图是输入-处理-输出图的简称，它是美国IBM公司提出的一种图形工具，能够方便地描绘输入数据、处理数据和输出数据的关系。

　　IPO图使用的基本符号少而简单，因此很容易掌握使用这种工具的方法。它的基本形式是在左边的框中列出有关的输入数据，在中间的框中列出主要的处理，在右边的框中列出产生的输出数据。处理框中列出了处理的顺序，但是用这些基本符号还不足以精确描述执行处理的详细情况。在IPO图中用空心大箭头指出数据通信的情况。图4-21所示为一个主文件更新的IPO图。

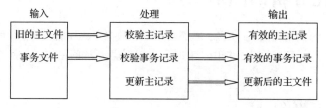

图4-21 主文件更新的 IPO 图

　　一种改进的模块IPO图的形式如图4-22所示。这种图除了描述输入、处理、输出过程外，还包括某些附加的信息，这些附加的信息非常有利于展示系统及对该模块的实现，它们包括系统名称、模块名称、模块编号、设计人、设计日期、模块描述、被调用模块、调用模块，以及变量说明等。

系统模块IPO图设计样式	
系统名称：	
模块名称：	模块编号：
设计人：	设计日期：
模块描述：	
被调用模块：	调用模块：
输入参数：	输入说明：
输出参数：	输出说明：
变量说明：	
处理说明：	
备注：	

图4-22 一种改进的模块 IPO 图的形式

　　IPO图也可用在结构化设计中。

　　尽管使用结构化方法建模具有一定的优势，但它还有以下的局限性：

- 不提供对非功能性需求的有效理解和建模；
- 不提供对用户选择合适方法的指导，也没有对方法适用的特殊环境的忠告；
- 往往会产生大量文档，系统需求的要素被隐藏在一大堆具体细节的描述中；
- 产生的模型不注意细节，用户总觉得难以理解，因而很难验证模型的真实性。

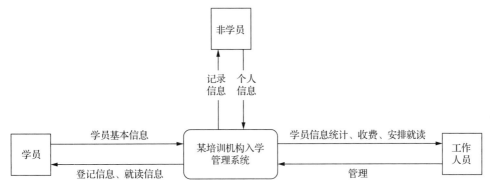

4.5 结构化分析实例

【例4-1】某培训机构入学管理系统有报名、收费、就读等多项功能，并有课程表(课程号,课程名,收费标准)、学员登记表(学员号,姓名,电话)、学员选课表(学员号,课程号,班级号)、账目表(学员号,收费金额)等诸多数据表。

某培训机构入学管理系统的结构化分析

下面是对其各项功能的说明。

（1）报名：由报名处负责，需要在学员登记表上进行报名登记，需要查询课程表让学员选报课程，学员所报课程将记录到学员选课表中。

（2）收费：由收费处负责，需要根据学员所报课程的收费标准进行收费，然后在账目表上记账，并打印缴费凭证给办理缴费的学员。

（3）就读：由培训处负责，其在验证学员缴费凭证后，根据学员所报课程将学员安排到合适班级就读。

请用结构化方法画出该培训机构入学管理系统的0层和1层数据流图，并写出其数据字典。

【解析】

（1）对于一个培训机构，外部用户主要有非学员、学员、工作人员。非学员通过报名成为学员。学员只有缴费，才可上课。工作人员需要登记学员信息、收费以及安排学员就读。根据以上分析得到0层数据流图，如图4-23所示。

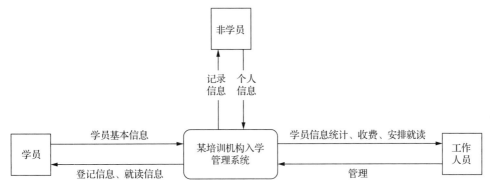

图4-23 "某培训机构入学管理系统"0层数据流图

（2）一个非学员通过报名成为学员。他/她需要将个人信息提供给报名处，报名处负责记录信息，并通过查询课程表提供给学员课程信息，之后学员进行选课，并将学员选课信息记录在学员选课表中，将已选课程信息反馈给学员。报名1层数据流图如图4-24所示。

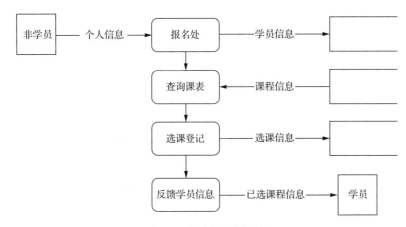

图4-24 "报名"1层数据流图

（3）学员将学员号提供给收费处。收费处通过查询学员选课表获取课程号。通过课程号查询收费金额，并将信息记录在账目表中，最后向学员收费并打印缴费凭证。收费1层数据流图如图4-25所示。

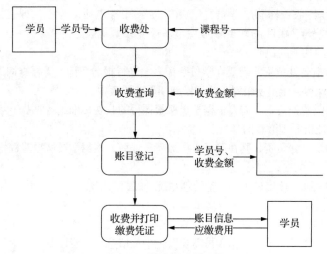

图4-25 "收费"1层数据流图

（4）学员向培训处提供缴费凭证。培训处验证学员缴费凭证后，应通过查询学员选课表提供给学员班级号，分配其到指定班级上课。就读1层数据流图如图4-26所示。

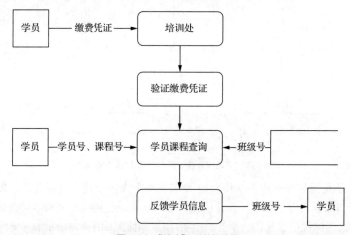

图4-26 "就读"1层数据流图

该培训机构入学管理系统的0层数据流图的部分数据字典如下。

非学员=姓名+电话

学员=学员号+姓名+电话

个人信息=姓名+电话

学员基本信息=学员号+姓名+电话

工作人员=姓名+工作人员代号

学员号=6{数字}6

姓名=2{汉字}4

电话=11{数字}11

工作人员代号=4{数字}4

登记信息=学员号+姓名+电话

就读信息=学员号+课程号+班级号

本章小结

本章介绍了需求分析的任务和原则、需求分析的步骤、需求管理、需求分析的常用方法。本章还介绍了结构化分析方法。结构化分析方法基于"分解"和"抽象"的基本思想，逐步建立目标系统的逻辑模型，进而描绘出满足用户要求的软件系统。常用的结构化分析建模方法有数据流图、E-R图、状态转换图和数据字典等。

习题

1. 选择题

（1）在需求分析之前有必要进行（　　）工作。

    A. 程序设计　　　　B. 可行性研究　　　C. E-R分析　　　　D. 行为建模

（2）需求分析是一个（　　），它应该贯穿于系统的整个生命周期中，而不是仅仅属于软件生命周期早期的一项工作。

    A. 概念　　　　　　B. 工具　　　　　　C. 方法　　　　　　D. 过程

（3）软件需求规格说明书的内容不应该包括（　　）。

    A. 对重要功能的描述　　　　　　　　B. 对算法的详细过程描述

    C. 对数据的要求　　　　　　　　　　D. 软件的性能

（4）软件需求分析阶段的工作可以分为以下5个方面：对问题的识别、分析、综合、编写需求分析文档以及（　　）。

    A. 总结　　　　　　B. 阶段性报告　　　C. 需求分析评审　　D. 以上答案都不正确

（5）进行需求分析可使用多种工具，但（　　）是不适用的。

    A. 数据流图　　　　B. PAD　　　　　　C. 状态转换图　　　D. 数据字典

（6）结构化分析方法的基本思想是（　　）。

    A. 自底向上、逐步分解　　　　　　　B. 自顶向下、逐步分解

    C. 自底向上、逐步抽象　　　　　　　D. 自顶向下、逐步抽象

（7）在E-R图中，包含以下基本要素（　　）。

    A. 数据、对象、实体　　　　　　　　B. 控制、关系、对象

    C. 实体、关系、控制　　　　　　　　D. 实体、属性、关系

2. 判断题

（1）用于需求分析的软件工具，应该能够保证需求的正确性，即验证需求的一致性、完整性、现实性和有效性。　　　　　　　　　　　　　　　　　　　　　　　　（　　）

（2）需求分析是开发方的工作，用户的参与度不大。　　　　　　　　　　　（　　）

（3）需求规格说明书在软件开发中具有重要的作用，它也可以作为软件可行性研究的依据。

（　　）

（4）需求分析的主要目的是制订软件开发的具体方案。　　　　　　　　　　（　　）

（5）需求规格说明书描述了系统每个功能的具体实现。　　　　　　　　　　（　　）

（6）非功能性需求是从各个角度对系统的约束和限制，反映了应用对软件系统质量和特性的额外要求。　　　　　　　　　　　　　　　　　　　　　　　　　　　　（　　）

（7）需求分析阶段的成果主要是需求规格说明书，但该成果与软件设计、编码、测试以及维

护关系不大。　　　　　　　　　　　　　　　　　　　　　　　　　　（　　）

（8）分层的DFD可以用于可行性研究阶段，描述系统的物理结构。　　　　（　　）

（9）信息建模方法是从数据的角度来建立信息模型的，最常用的描述信息模型的方法是E-R图。　　　　　　　　　　　　　　　　　　　　　　　　　　　　　（　　）

（10）在需求分析阶段主要采用图形工具来描述的原因是图形的信息量大，便于描述规模大的软件系统。　　　　　　　　　　　　　　　　　　　　　　　　　　（　　）

（11）设计数据流图时只需考虑系统必须完成的基本逻辑功能，完全不需考虑怎样具体地实现这些功能。　　　　　　　　　　　　　　　　　　　　　　　　　　　（　　）

3．填空题

（1）需求分析的步骤为＿＿＿＿＿＿、分析建模、需求描述和＿＿＿＿＿＿。

（2）需求可以分为两大类：＿＿＿＿和＿＿＿＿＿。

（3）需求管理是一种用于＿＿＿＿＿＿＿＿、记录、组织和跟踪系统需求变更的系统化方法。

（4）功能分解方法将一个系统看成由若干功能＿＿＿＿＿＿组成。

（5）面向对象的分析方法的关键是识别问题域内的＿＿＿＿＿＿。

（6）数据流图主要分为＿＿＿＿＿＿和＿＿＿＿＿＿两种表示方法。

（7）状态转换图是一种描述系统对内部或外部事件响应的＿＿＿＿＿＿模型。

（8）结构化分析方法通常强调＿＿＿＿＿＿＿、逐层分解的方法。

（9）分析模型应该包括功能模型、＿＿＿＿＿＿＿和行为模型。

（10）＿＿＿＿＿＿数据流图是对0层数据流图的细化。

4．简答题

（1）如何理解需求分析的作用和重要性。

（2）常用的需求获取的方法有哪些？

（3）如何理解结构化分析方法的基本思想？

（4）请简述数据流图的作用。

（5）请简述数据字典的作用。

（6）请简述E-R图的作用。

（7）请简述状态转换图的作用。

5．应用题

（1）某图书管理系统有以下功能。

① 借书：输入读者借书证编号。系统首先检查借书证编号是否有效，若有效，对于第一次借书的读者，在借书文件上建立档案，否则，查阅借书文件，检查该读者所借图书是否超过10本，若已达10本，则拒借；未达10本，则办理借书（检查该读者借书目录并将借书情况登入借书文件）。

② 还书：从借书文件中查询与读者有关的记录，查阅所借日期，如果超期（3个月）作罚款处理，否则，修改库存目录与借书文件。

③ 查询：可通过借书文件、库存目录文件查询读者情况、图书借阅情况及库存情况，打印各种统计表。

用结构化分析方法画出系统0层数据流图，并写出数据字典。（注：假设这里的读者都是学生）

（2）根据以下描述画出相应的状态转换图。

到ATM前插入磁卡后输入密码，如果密码不正确则系统会要求再次输入密码，如3次输入不正确则退出服务。密码正确后，系统会提示选择服务类型，如选择存款则进行存款操作，存款完毕后可选择继续服务，也可以选择退出服务；如选择取款则进行取款操作，取款完毕后可选择继续服务，也可以选择退出服务。

（3）某企业集团有若干工厂，每个工厂生产多种产品，且每种产品可以在多个工厂生产，每个工厂按照固定的计划数量生产产品，计划数量不低于300；每个工厂聘用多名职工，且每名职工只能在一个工厂工作，工厂聘用职工有聘期和工资。工厂的属性有工厂编号、厂名、地址，产品的属性有产品编号、产品名、规格，职工的属性有职工号、姓名、技术等级。请画出相应的E-R图。

第5章
结构化设计

本章将首先讲述软件设计的意义和目标；然后阐述软件设计的原则和分类；接着讲述软件体系结构。针对结构化设计，首先概述结构化设计；然后引出结构化设计与结构化分析的关系；接着介绍结构化软件设计方法，包括表示软件结构的图形工具（层次图和HIPO图、结构图）、面向数据流和面向数据结构的设计方法；之后对接口设计和数据设计进行阐述；再介绍过程设计的工具和方法，包括程序流程图、N-S图、PAD和过程设计语言；最后介绍软件设计评审。

本章目标

- ❑ 了解软件设计的意义和目标。
- ❑ 掌握软件设计的原则。
- ❑ 了解软件设计的分类。
- ❑ 了解软件体系结构。
- ❑ 了解结构化设计与结构化分析的关系。
- ❑ 熟悉表示软件结构的图形工具。
- ❑ 掌握面向数据流的设计方法。
- ❑ 熟悉面向数据结构的设计方法。
- ❑ 熟悉接口设计和数据设计。
- ❑ 掌握过程设计的工具和方法。
- ❑ 了解软件设计评审。

5.1 软件设计的基本概念

完成了需求分析，回答了软件系统能"做什么"的问题，软件的生命周期就进入了设计阶段。软件设计是软件开发过程中的重要阶段。在此阶段中，开发人员将集中研究如何把需求规格说明书里归纳的分析模型转换为可行的设计模型，并将解决方案记录到相关的设计文档中。实际上，软件设计的目标就是回答"怎么做"才能实现软件系统的问题，也可以把设计阶段的任务理解为把软件系统能"做什么"的逻辑模型转换为"怎么做"的物理模型。

5.1.1 软件设计的意义和目标

软件设计在软件开发过程中处于核心地位，它是保证质量的关键步骤。设计为我们提供了可以用于质量评估的软件表示，设计是我们能够将用户需求准确地转换为软件产品或系统的唯一方法。软件设计是所有软件工程活动和随后的软件支持活动的基础。

软件设计是一个迭代的过程，通过设计过程，需求被变换为用于构建软件的"蓝图"。麦克拉夫林（McLaughlin）提出了以下可以指导、评价良好设计演化的3个特征。

（1）设计必须实现所有包含在分析模型中的明确需求，而且必须满足用户期望的所有隐含需求。

（2）对于程序员、测试人员和维护人员而言，设计必须是可读的、可理解的指南。

（3）设计必须提供软件的全貌，从实现的角度说明数据域、功能域和行为域。

以上每一个特征实际上都是设计过程应该达到的目标。

5.1.2 软件设计的原则

为了提高软件开发的效率及软件产品的质量，人们在长期的软件开发实践中总结出一些软件设计的原则，其基本内容如下。

模块设计启发
规则

模块分割
方法

1. 模块化

模块是数据说明、可执行语句等程序对象的集合，是构成程序的基本组件，可以被单独命名并通过名字来访问。在面向过程的设计中，过程、函数、子程序、宏等都可以作为模块；在面向对象的设计中，对象是模块，对象中的方法也是模块。模块的公共属性有如下几点：

- 每个模块都有输入输出的接口，且输入输出的接口都指向相同的调用者；
- 每个模块都具有特定的逻辑功能，可以完成一定的任务；
- 模块的逻辑功能由一段可运行的程序来实现；
- 模块还应有属于自己的内部数据。

模块化就是把系统或程序划分为独立命名且可以独立访问的模块，每个模块完成一个特定的子功能。模块集成起来可以构成一个整体，完成特定的功能，进而满足用户需求。

在模块化的过程中，要注意以下几点。

（1）模块的规模要适中。模块的规模可以用模块中所含语句的数量来衡量。如果模块的规模过小，那么势必模块的数量会较多，增大了模块之间相互调用的复杂度，同时也增大了投入在模块调用上的开销。如果模块的规模过大，那么模块内部的复杂度就会较大，也就加大了日后测试和维护工作的难度。如图5-1所示，每个程序都相应地有一个最适当的模块数量M，使得系统的开发成本最小。虽然并没有统一的标准来规范模块的规模，但是一般认为，一个模块规模应当由它的功能和用途来决定，一个模块代码的行数在50～100比较合适。

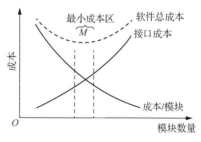

图5-1 模块化和软件成本

（2）提高模块的独立性，降低模块间的耦合程度。模块的独立性是指软件系统中的每个模块只完成特定的单一的功能，而与其他模块没有太多的联系。提高模块的独立性有助于系统维护以及软件的复用。

模块的独立性与耦合程度密切相关。耦合程度是对各个模块之间互连程度的度量。耦合程度的高低取决于接口的复杂性，即与信息传递的方式、接口参数的个数、接口参数的数据类型相关。不同模块之间依赖得越紧密则耦合程度越高。

为了提高模块的独立性，应该尽量降低模块之间的耦合程度。这是因为：

- 模块之间的耦合程度越低，相互影响就越小，发生异常后产生连锁反应的概率就越低；
- 在修改一个模块时，低耦合的系统可以把修改尽量控制在最小的范围内；
- 对一个模块进行维护时，其他模块的内部程序的正常运行不会受到较大的影响。

为了降低模块间的耦合度，可行的举措有：

- 采用简单的数据传递方式；
- 尽量使用整型等基本数据类型作为接口参数的数据类型；
- 限制接口参数的个数等。

耦合的等级划分如图5-2所示。

无直接耦合、数据耦合和标记（特征）耦合属于低耦合。无直接耦合是指调用模块和被调用模块之间不存在直接的数据联系。若调用模块与被调用模块之间存在数据联系，对于简单变量这样的数据传递针对的是数据耦合，对于数组、结构、对象等复杂数据结构的数据传递针对的是标记耦合。当模块之间的联系不是数据信息，而是控制信息时，这样的耦合是控制耦合。控制耦合是中耦合。较高耦合包括外部耦合和公共耦合。外部耦合是指系统允许多个模块同时访问同一个全局变量。公共耦合是指允许多个模块同时访问一个全局性的数据结构。内容耦合是高耦合，它允许一个模块直接调用另一个模块中的数据。

在软件设计时，开发人员应该尽量使用数据耦合，较少地使用控制耦合，限制公共耦合的使用范围，同时坚决避免使用内容耦合。

（3）提高模块的内聚程度。模块的内聚程度是指模块内部各个元素之间彼此结合的紧密程度。内聚和耦合往往密切相关，模块的高内聚通常意味着低耦合。在软件设计时，应该尽量提高模块的内聚程度，使模块内部的各个组成部分都相互关联，使其为了完成一个特定的功能而结合在一起。内聚的等级划分如图5-3所示。

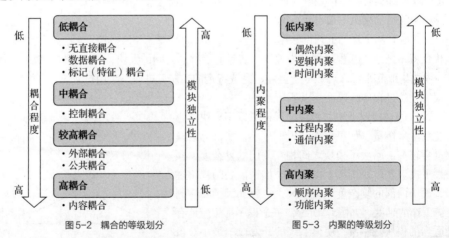

图5-2　耦合的等级划分　　　　图5-3　内聚的等级划分

偶然内聚、逻辑内聚和时间内聚属于低内聚。偶然内聚是指模块内各元素之间无实质性的联系，只是偶然地组合在一起。逻辑内聚是指模块内部各组成部分的处理动作在逻辑上相似，但是功能却彼此不同。时间内聚是指将在同一时间段内进行却彼此不相关的若干工作集中在一个模块中。中内聚包括过程内聚和通信内聚。过程内聚是指模块内部各个部分按照确定的顺序进行并无相关联系的工作。通信内聚是指模块内部各个部分的输入数据和输出数据都相同。顺序内聚和功能内聚属于高内聚。顺序内聚是指模块内的各个组成部分都按照顺序执行，前一个部分的输出就是后一个部分的输入。功能内聚是指模块内的各个组成部分都为完成同一个功能而存在，在这里强调完成且只完成单一的功能。

在软件系统中，要避免使用低内聚的模块，多使用高内聚，尤其是功能内聚的模块。如果能做到一个模块完成一个功能，就达到了模块独立性的较高标准。

（4）加强模块的保护性。保护性是指当一个模块内部出现异常时，它的负面影响应该尽量局限在该模块内部，从而保护其他模块不受影响，降低错误的影响范围。

2. 抽象

抽象是人们认识复杂的客观世界时所使用的一种思维工具。在客观世界中，一定的事物、现象、状态或过程之间总存在着一些相似性，如果能忽略它们之间非本质的差异，而把其相似性进行概括或集中，那么这种求同存异的思维方式就可以被看作抽象。例如，将一辆银色的女式自行车抽象为一辆交通工具，只保留一般交通工具的属性和行为；把小学生、中学生、大学生、研究生的共同本质抽象出来之后，形成一个概念"学生"，这个概念就是抽象的结果。抽象主要是为了降低问题的复杂度，以得到问题领域中较为简单的概念，好让人们能够控制其过程或以宏观的角度来了解许多特定的事态。

抽象在软件开发过程中起着非常重要的作用。一个庞大、复杂的系统可以先用一些宏观的概念进行构造和理解，然后逐层地用一些微观的概念去解释上层的宏观概念，直到达底层的元素。

此外，在软件的生命周期中，从可行性研究到系统实现，每一步的进展也可以看作一种抽象，这种抽象是对解决方案在抽象层次上的逐步求精。在可行性研究阶段，目标系统被看成一个完整的元素。在需求分析阶段，人们通常用特定问题环境下的常用术语来描述目标系统中不同方面、不同模块的需求。在概要设计（总体设计）到详细设计的过渡过程中，抽象化的程度也逐渐降低。而当编码完全实现后，就到达了抽象的底层。

3. 逐步求精

在面对一个新问题时，开发人员可暂时忽略问题非本质的细节，而关注与本质相关的宏观概念，集中精力解决主要问题，这种认识事物的方法就是逐步求精。逐步求精是抽象的逆过程。开发人员不断深入认识问题是逐步求精的过程，同时也是抽象程度逐渐降低的过程，逐步求精与抽象的关系如图5-4所示。

图5-4　逐步求精与抽象的关系

按照逐步求精的思想，程序的体系结构是按照层次结构，逐步精化过程细节而开发出来的。可见，求精就是细化，它与抽象是互补的概念。

4. 信息隐藏

信息隐藏与模块化的概念相关。当一个系统被分解为若干个模块时，为了避免某个模块的行为干扰同一系统中的其他模块，应该让模块仅公开必须让外界知道的信息，而将其他信息隐藏起来，这样模块的具体实现细节相对于其他不相关的模块而言就是不可见的，这种机制就叫作信息隐藏。

信息隐藏提高了模块的独立性，加强了外部对模块内部信息进行访问的限制，它使得模块的局部错误尽量不影响其他模块。信息隐藏有利于软件的测试和维护工作。

通常，模块的信息隐藏可以通过接口来实现。模块通过接口与外部进行通信，而把模块的具体实现细节（如数据结构、算法等内部信息）隐藏起来。一般来说，一个模块具有有限个接口，外部模块通过调用相应的接口来实现对目标模块的操作。

5. 复用性设计

软件复用（重用）就是将已有的软件成分用于构造新的软件系统。可以被复用的软件成分一般称为可复用组件，无论对可复用组件原封不动地使用还是进行适当的修改后再使用，只要是用来构造新软件，就都可称作复用。软件复用不仅仅是对程序的复用，还包括对软件开发过程中任何活动所产生的成品的复用，如软件开发计划、可行性研究报告、分析模型、设计模型、源程序、测试用例等。如果是在一个系统中多次使用一个相同的软件成分，则不称作复用，而称作共享；对一个软件进行修改，使它运行于新的软硬件平台也不称作复用，而称作软件移植。

复用设计结果比源程序的抽象级别更高，因此它的复用受实现环境的影响较少，从而使可复用组件被复用的机会更多，并且所需的修改更少。这种复用有3种途径，第一种途径是从现有系统的设计结果中提取一些可复用的设计组件，并把这些组件应用于新系统的设计上；第二种途径是把一个现有系统的全部设计文档在新的软硬件平台上重新实现，也就是把一个设计运用于多个具体的实现；第三种途径是独立于任何具体的应用，有计划地开发一些可复用的设计组件。

6. 灵活性设计

灵活性设计，简而言之就是软件在面对需求修改时的随机应变能力，可以体现在修改程序代码的工程量等方面。抽象是软件设计的关键因素。设计模式、软件架构等都可以用来实现更高抽象层次的编程，以达到软件的灵活性。在设计（尤其是面向对象的设计）中引入灵活性的方法如下。

（1）降低耦合并提高内聚：降低耦合并提高内聚的主要目的之一就是在修改一部分代码时尽可能避免牵一发而动全身，也就是提升软件灵活性。

（2）建立抽象：就是创建有多态操作的接口和父类，主要的目的就是通过继承实现代码的复用，尽可能避免编写冗余代码。由于编写这些冗余代码会增加修改软件程序时的工作量，因此节约了这部分的工作量，也就是提升了软件的灵活性。

（3）不要将代码"写死"：就是消除代码中的常量，即一些静态数据。假如我们定义了一组错误码约定，每一种错误对应一个错误码。然后在代码里每次判断或设置这个错误码时，都要用常量来判断。如果扩写软件，这样的判断就会成百上千地出现。在这个时候，如果忽然要修改某个错误码的值，那么修改代码就会非常麻烦。

（4）抛出异常：就是由操作的调用者处理异常。如果一旦出现异常，便由程序自行处理，那么异常处理的工作会被杂糅在整个软件程序的各个部分，这样修改起来很难找到异常，容易出现疏漏，给修改软件带来了许多麻烦，所以一般要抛出异常。

（5）使用并创建可复用的代码：如果一段可复用的代码在一个软件中重复出现多次，那么针对这段代码的修改将需要在每一个它出现的地方进行，而如果能够高度复用同一段代码，例如只对它定义一次，其他的部分都是对这段代码的调用，那么修改的时候就只需要修改一次。

5.1.3　软件设计的分类

软件设计可以从活动任务角度和工程管理角度分别对其进行分类。

从活动任务角度来看，软件设计是对软件需求进行数据设计、体系结构设计、接口设计、组件设计和部署设计。

（1）数据设计可创建基于高抽象级别表示的数据模型和信息模型。然后，这些数据模型会被精化为越来越多和实现相关的特定表示，即计算机的系统能够处理的表示。

（2）体系结构设计提供软件的整体视图，定义了软件系统各主要成分之间的关系。

（3）接口设计告诉我们信息如何流入和流出系统以及被定义为体系结构的一部分的组件之间是如何通信的。接口设计有3个重要元素：用户界面；其他系统、设备、网络或其他信息生产者或使用者的外部接口；各种设计组件之间的内部接口。

（4）组件设计完整地描述了每个软件组件的内部细节，为所有本地数据对象定义数据结构，为所有在组件内发生的处理操作定义算法细节，并定义允许访问所有组件操作的接口。

（5）部署设计指明软件功能和子系统如何在支持软件的物理计算环境内分布。

从工程管理角度来看，软件设计分为概要设计和详细设计。前期进行概要设计，得到软件系统的基本框架。后期进行详细设计，明确系统内部的实现细节。

（1）概要设计确定软件的结构以及各组成部分之间的相互关系。它以需求规格说明书为基础，概要地说明软件系统的实现方案，包括：

- 目标系统的总体架构；
- 每个模块的功能描述、数据接口描述以及模块之间的调用关系；
- 数据库、数据定义和数据结构等。

其中，目标系统的总体架构为软件系统提供了一个结构、行为和属性的高级抽象，由构成系统的元素的描述、这些元素之间的相互作用、指导元素集成的模式以及这些模式的约束组成。

（2）详细设计确定模块内部的算法和数据结构，产生描述各模块程序过程的详细文档。它对每个模块的功能和架构都进行细化，明确要完成相应模块的预定功能所需要的数据结构和算法，并将其用某种形式描述出来。详细设计的目标是得到实现系统的最详细的解决方案，明确对目标系统的精确描述，从而在编码阶段可以方便地把这个描述直接翻译为用某种程序设计语言书写的程序。在进行详细设计的过程中，设计人员的工作涉及的内容有过程设计、数据设计和接口设计等。

- 过程设计主要是指描述系统中每个模块的实现算法和细节。
- 数据设计是对各模块所用到的数据结构的进一步细化。
- 接口设计针对的是软件系统各模块之间的关系或通信方式以及目标系统与外部系统之间的联系。

详细设计针对的对象与概要设计针对的对象具有共享性，但是二者在粒度上会有所差异。详细设计更具体、更关注细节、更注重底层的实现方案。此外，详细设计要在逻辑上保证实现每个模块功能的解决方案的正确性，同时还要将实现细节表述得清晰、易懂，从而方便编程人员的后续编码工作。

5.2 软件体系结构

本节将讲述软件体系结构。

5.2.1 软件体系结构概述

体系结构是研究系统各部分组成及相互关系的技术学科。每一个建筑物都有体系结构，体系结构就相当于一个系统的整体框架的草图，用于描述系统组成的骨架。同样，软件系统也具有自己的体系结构。软件体系结构对于一个软件系统具有至关重要的作用，它的好坏直接决定软件系统是否能合理、高效地运行。可以说，软件体系结构既决定系统的框架和主体结构，又决定系统的基本功能及某些细节特征。软件体系结构是构建计算机软件实践的基础。

具体来说，软件体系结构是系统的一个或多个结构，如图5-5所示。

软件体系结构包括：

（1）软件的组件（组成元素）；

（2）组件的外部可见性；

（3）组件之间的相互关系。

软件体系结构不仅指定了系统的组织结构和拓扑结构，也显示了系统需求与构成系统的元素之间的对应关系，提供了一些设计决策的基本原理。

软件体系结构描述的对象是直接构成系统的抽象组件。它由功能各异、相互作用的组件按照层次构成，包含系统的基础构成单元、单元之间的相互作用关系、在构成系统时它们的合成方法以及对合成约束的描述。

图5-5 软件体系结构

具体来说，组件包括客户端、服务器、数据库、程序包、过程、子程序等一切软件的组成部分。相互作用的关系可以是过程调用、消息传递、共享内存变量、客户端/服务器的访问协议、数据库的访问协议等。

5.2.2　软件体系结构的作用

软件体系结构在设计阶段非常重要。软件体系结构就好比软件系统的骨骼，如果骨骼确定了，那么软件系统的框架就确定了。在设计软件体系结构的过程中，应当完成的工作至少包括以下几项。

（1）定义软件系统的基本组件、组件的打包方式以及相互作用的方式。

（2）明确系统如何实现功能、性能、可靠性、安全性等各个方面的需求。

（3）尽量使用已有的组件，提高软件的可复用性。

软件体系结构在软件开发过程中的作用如下。

（1）规范软件开发的基本架构

体系结构一般来说与需求是密切相关的。明确的需求可以确定明确的软件规格，越明确的软件规格设计出来的软件架构越清晰。需求的变更也是必须考虑的，有明确的变更趋势也可以更早地在设计中体现出来。在制定软件规格时也要考虑一些核心的技术是否可用。

几乎所有的软件开发都需要借鉴别人或组织中其他项目所拥有的经验。一个良好的软件体系结构可以给开发者很多的帮助和参考。良好的软件体系结构可以规范软件开发过程，使软件开发少走弯路，事半功倍。

（2）便于开发人员与客户的沟通

开发人员与系统设计人员、客户以及其他有关人员之间进行有效的沟通和交流，可以对某些事物达成一致。如果有明确的需求和规格，就应该进行详细的结构设计，从用例图、类图，到关键部分的顺序图、活动图等，越详细越好。尽可能多地进行交流，尽量让更多的人了解项目的需求与现实环境，并为设计提出建议。结构设计注重体系的灵活性，更多地考虑各种变更的可能性，这是最关键的阶段。但这通常是理想状态，一般来说客户不会给出太明确的需求。应用软件体系结构的思想和方法可以较好地划分范围、确定时间、规划成本、保证质量。

（3）模块化、层次化设计有利于减少返工、提高效率

设计结构时要注意模块的划分，模块越独立越好。尽量把有明确需求的应用划分为独立的模块，模块与模块之间减少交集，如果某个模块出现问题就不会影响其他的模块。

层次化设计就是一层一层地进行分割，使处理方式一目了然。层次体系结构利用分层的处理方式来处理复杂的功能。层次系统由于是上层子系统使用下层子系统的功能，而下层子系统不能够使用上层子系统的功能，下层子系统中每个程序接口执行当前一个简单的功能，而上层通过调用不同的下层子程序接口，并按不同的顺序来执行这些下层程序，有效地杜绝了不同层次之间不该有的交集，减少了错误的发生，也便于检验错误。

（4）便于系统开发前、后期的筹备与服务

利用体系结构的思想开发产品不仅可以规范流程、节省时间，而且能留下大量的开发文档、产品类型框架、软件开发标准流程等资料。为今后的售前咨询和售后服务提供参考和依据。

两种常用的软件体系结构如图5-6和图5-7所示。

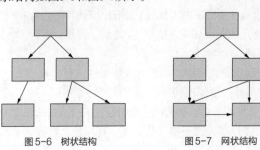

图5-6　树状结构　　　　　　图5-7　网状结构

5.2.3 典型的软件体系结构风格

所谓软件体系结构风格，是描述某一特定应用领域中系统组织方式的惯用模式，其特点如下。

（1）软件体系结构风格反映了领域中众多系统所共有的结构和语义特性，并指导如何将各个模块和子系统有效地组织成一个完整的系统。

（2）软件体系结构风格定义了用于描述系统的术语表和指导组件系统的规则。

软件体系结构风格包含以下4个关键要素：

（1）提供一个词汇表；

（2）定义一套配置规则；

（3）定义一套语义解释规则；

（4）定义对基于这种风格的系统所进行的分析。

根据以上4个关键要素，Garlan和Shaw对通用软件体系结构风格进行了如下分类，每种软件体系结构风格有各自的应用领域和优缺点。

1. 数据流风格

数据到达时立即被激活工作，无数据时不执行任何工作。一般来说，数据的流向是有序的。在纯数据流系统中，处理之间除了数据交换，没有任何其他的交互。数据流风格主要研究近似线性的数据流或在限度内的循环数据流，其中包括批处理序列、管道/过滤器。数据流风格示意如图5-8所示。

2. 调用/返回风格

各个组件通过调用其他组件和获得返回参数来进行交互，并配合完成功能。调用/返回风格包括主程序/子程序、面向对象风格、层次结构。调用/返回风格示意如图5-9所示。

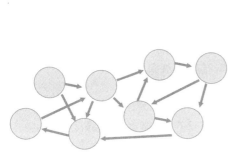

图5-8 数据流风格示意

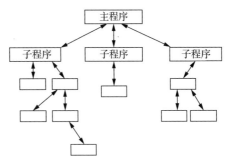

图5-9 调用/返回风格示意

3. 独立组件风格

独立组件风格的主要特点是：事件的触发者并不知道哪些组件会被这些事件影响，组件之间相互保持独立，因此不能假定组件的处理顺序，甚至不知道哪些过程会被调用；各个组件之间彼此无连接关系，它们各自独立存在，通过对事件的发布和注册来实现关联，其中包括进程通信、事件系统。独立组件风格示意如图5-10所示。

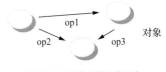

图5-10 独立组件风格示意

4. 虚拟机风格

虚拟机风格创建了一种虚拟的环境，将用户与底层平台隔离开来，或者将高层抽象和底层实现隔离开来。其中包括解释器、基于规则的系统。虚拟机风格示意如图5-11所示。

5. 仓库风格

仓库是存储和维护数据的中心场所。在仓库风格中存在两类组件，分别是表示当前数据状态的中心数据结构和一组对中心数据进行操作的独立组件。仓库风格示意如图5-12所示。

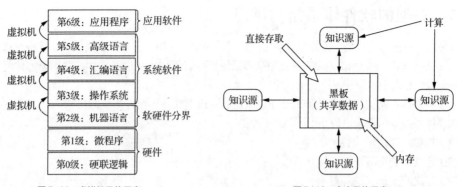

图5-11 虚拟机风格示意　　　　　　图5-12 仓库风格示意

除此之外，常见的软件体系结构风格还包括C/S风格、B/S风格、模型-视图-控制器（Model-View-Controller，MVC）风格、点对点（Peer-To-Peer，P2P）风格、网格（Grid）风格等。

5.2.4　客户端/服务器模式的分布式体系结构

客户端/服务器（Client/Server，C/S）体系结构是为了共享不对等的资源而提出来的，是20世纪90年代成熟起来的技术。C/S体系结构定义了客户端如何与服务器连接，以将数据和应用系统分布到多个处理机上。

C/S体系结构有以下3个主要的组成部分。

- 服务器：负责给其子系统提供服务，如数据库服务器提供数据存储和管理服务、文件服务器提供文件管理服务、搜索服务器提供数据检索等。
- 客户端：通常是独立的子系统，通过向服务器请求约定的资源获取数据。一台服务器可以同时为许多客户端提供服务。
- 网络：连接服务器和客户端。有时客户端和服务器位于同一台物理主机上，但多数情况下它们分布在不同主机上。网络可以有各种形式，包括有线和无线等。

在C/S体系结构中，客户端可以通过远程调用获取服务器提供的服务，因此，客户端必须知道服务器的地址和它们提供的服务。

C/S系统的设计必须考虑应用系统的逻辑结构。在逻辑上，通常将应用系统划分为3层，分别为数据管理层、应用逻辑层和表示层。数据管理层主要处理数据存储和管理操作，一般由成熟的关系数据库来承担这部分工作。应用逻辑层处理与业务相关的逻辑。表示层处理用户界面以及与用户的交互。在集中式系统中，不需要将逻辑层清楚地分离，但在分布式系统中，不同逻辑层常常被部署在不同的主机上，因此必须严格地分离不同逻辑层。

图5-13所示是典型的C/S分布式体系结构，各类客户端设备通过有线或无线的互联网（Internet）或内联网（Intranet）连接到服务器，而服务器则通过以太网连接数据库服务器和文件服务器以及其他外设。

C/S体系结构通常有两层或三层，也可根据需要划分为更多层。

两层C/S体系结构一般有以下两种形态。

（1）瘦客户端模型。在瘦客户端模型中，数据管理和应用逻辑都在服务器端执行，客户端只负责表示部分。瘦客户端模型的优点是业务核心逻辑都在服务器端执行，安全性相对较高，但缺点是所有的负荷都放在了

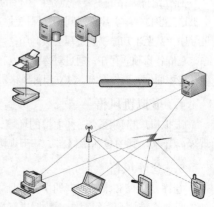

图5-13 C/S分布式体系结构

服务器端，无疑加重了服务器端的负担，而且增大了通信的网络流量，也不能发挥客户端的计算能力。最初的浏览器其实就是瘦客户端的变种（当然，JavaScript等应用也正在将越来越多的计算处理转移到客户端）。

（2）胖客户端模型。在这种模型中，服务器只负责对数据的管理。客户端上的软件实现应用逻辑以及与系统的交互。胖客户端模型能够充分利用客户端的处理能力，在分布处理上比瘦客户端模型高效得多。但随着企业应用规模的日益增大，软件的复杂度在不断提高，胖客户端模型逐渐暴露出以下缺点。

① 开发成本高。C/S体系结构对客户端的软硬件配置要求较高，尤其是随着软件的不断升级，对硬件处理能力要求也不断提高，增加了整个系统的成本，同时使得客户端越来越臃肿。

② 用户界面风格不一，使用繁杂，不利于推广、使用。

③ 软件移植困难。采用不同开发工具和平台开发的软件之间一般不兼容，所以难以移植到其他平台上运行。有时不得不因此开发针对另一平台的版本。

④ 软件维护和升级困难。由于应用程序安装在客户端上，因此在需要维护时，必须升级和维护所有的客户端。

两层C/S体系结构中，一个需要考虑的重要问题是如何将3个逻辑层（数据管理层、应用逻辑层和表示层）映射到两个系统中。如果使用瘦客户端模型，则存在伸缩性和性能问题；如果使用胖客户端模型，则可能存在系统管理上的问题。

三层C/S体系结构就避免了这个问题，将数据管理层和应用逻辑层分别放在两个物理层或物理主机上，表示层仍然保留在客户端上。对于三层C/S体系结构，各层的功能或职责如下。

- 表示层。表示层是应用系统的用户界面部分，担负着用户与应用程序之间的对话功能，例如检查用户的输入、显示应用的输出等，通常采用图形界面的方式呈现。
- 应用逻辑层。应用逻辑层为应用系统的主体，包含全部的业务逻辑，例如数据处理、用户管理、与其他系统交互，以及记录系统日志等。通常是应用服务器。
- 数据管理层。数据管理层一般只负责数据的存取、管理和维护（如备份等），通常是关系数据库服务器。

三层C/S体系结构的优点如下。

- 通过合理地划分三层结构，使之在逻辑上保持相对独立性，提高系统的可维护性和可扩展性。
- 能更灵活地选用相应的平台和应用系统，使之在处理负荷能力上与处理特性上分别适应各层的要求；并且这些平台和组成部分具有良好的可升级性和开放性。
- 应用的各层可以独立地并行开发，每层可以根据自己的特点选用合适的开发语言。
- 安全性相对较高，因为应用逻辑层限制了客户直接访问数据库的权利，使得未授权用户或黑客难以绕过应用逻辑层直接获取敏感数据，为数据的安全管理提供了系统结构级的支持。

但三层C/S体系结构必须细心地设计通信模块（通信方法、通信频度、数据流量等），一旦通信成为瓶颈，那么应用服务器和数据库服务器的性能再高也无法发挥出来。这与如何提高各层的独立性一样，也是三层C/S体系结构设计的核心问题。

浏览器/服务器（Browser/Server，B/S）体系结构是三层体系结构的一种实现，其具体结构为浏览器/Web服务器/数据库服务器。B/S体系结构利用不断成熟的WWW浏览器技术，结合多种脚本语言，使得用通用的浏览器就可以实现原来需要复杂的专用软件才能实现的强大功能，尤其是近年来流行的JavaScript以及基于其上的AJAX等技术。而且，越来越多的浏览器开始支持HTML5标准，B/S体系结构能实现的功能越来越接近C/S体系结构，甚至可以跟C/S体系结构相媲美。

但B/S体系结构有一些C/S体系结构所无法企及的优势，主要包括以下几点。

- 基于B/S体系结构的软件，系统安装、修改和维护全部在服务器端进行。用户使用时，仅仅需要一个浏览器（而且浏览器如今已成为各类操作系统标配的一部分）即可使用全部功能，实现了"零客户端"，升级、维护也十分容易。

- B/S体系结构提供异种机、异种网、异种应用服务的联机、联网和统一服务的最现实的开放性基础。

5.2.5 MVC 模型

MVC模型由特里格弗·里恩斯考（Trygve Reenskaug）博士在20世纪70年代提出，并最早在面向对象编程语言Smalltalk-80中实现。

MVC模型强调将用户的输入、数据模型和数据表示方式分开设计，一个交互式应用系统由模型、视图、控制器3部分组成，分别对应内部数据、数据表示和输入输出控制部分，其处理流程如图5-14所示。

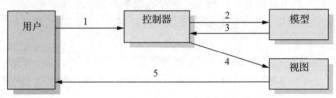

图5-14　MVC 模型的处理流程

- 模型。模型对象代表应用领域中的业务实体和业务逻辑规则，是整个MVC模型的核心，独立于外在的显示内容和显示形式。模型对象的变化通过事件通知视图和控制器对象。MVC模型采用了发布者/订阅者方式，模型是发布者，视图和控制器是订阅者。对于模型来说，并不知道自己对应的视图和控制器；但控制器可以通过模型对象提供的接口改变模型对象，接口内封装了业务数据和行为。
- 视图。视图对象代表图形用户界面（Graphical User Interface，GUI）对象，以用户熟悉和需要的格式来表现模型信息，是系统与外界的交互接口。视图订阅模型可以感知模型的数据变化，并更新自己的显示。视图对象也可以包含子视图，用于显示模型的不同部分。在多数的MVC实现技术中，视图和控制器常常是一一对应的。
- 控制器。控制器对象处理用户的输入，并给模型发送业务事件，再将业务事件解析为模型应执行的动作；同时，模型的更新与修改也将通过控制器来通知视图，保持视图与模型的一致。

MVC的整个处理流程为：系统拦截到用户请求，根据相应规则（多数采用路由技术），将用户请求交给控制器，控制器决定哪个模型来处理用户的请求；模型根据业务逻辑处理完毕后将结果返回给控制器；控制器将数据提交给视图；视图把数据组装之后，呈现给用户。其中，模型处理所有的业务逻辑和规则，视图只负责显示数据，控制器负责处理用户的请求，这样可以将业务逻辑和视图分离，以便业务代码可以被用于任何相似的业务中；视图代码也可以根据需要随意替换。相比于将业务逻辑和视图混合在一起的传统实现方式，MVC可以最大化地复用代码，且灵活性极高。

MVC和三层体系结构的区别在于，首先，MVC的目标是将系统的模型、视图和控制器强制性地完全分离，从而使同一个模型可以使用不同的视图来表现，计算模型也可以独立于用户界面；而三层体系结构的目标是将系统按照任务类型划分成不同的层次，从而可以将计算任务分布到不同的进程中执行，以提高系统的处理能力。其次，在MVC中，模型包含业务逻辑和数据访问逻辑，而在三层体系结构中它们分别属于两个层的任务。

自1979年以后，MVC模式逐渐发展成为计算机科学中最受欢迎的应用程序模式之一。其具有降低复杂度以及分割应用程序责任的能力，能够极大地支持开发人员构建可维护性更高的应用程序。

MVC模式应用非常广泛，既可以应用于本地系统，也可以应用于分布式系统，但MVC模式的最大用武之处在如今的Web应用上。尤其是自从2004年美国人David（戴维）使用Ruby语言构建并使用了MVC模式的Rails开发框架以来，越来越多的基于MVC的框架开始涌现。

如今，主流的MVC框架有基于Ruby的Rails，基于Python的Django，基于Java的Structs、Spring和JSF，基于PHP的Zend，基于.NET的MonoRail等。

5.3 结构化设计概述

结构化设计的任务是从软件需求规格说明书出发，设计软件系统的整体结构、确定每个模块的实现算法以及如何编写具体的代码，形成软件的具体设计方案，并解决"怎么做"的问题。

结构化软件
设计的任务

在结构化设计中，概要设计阶段将软件需求转换为数据结构和软件的系统结构。概要设计阶段要完成体系结构设计、数据设计及接口设计（数据设计和接口设计可在概要设计中完成，也可在详细设计中完成，取决于需求）。详细设计阶段要完成过程设计，因此详细设计一般也称为过程设计，通过详细地设计每个模块，确定完成每个模块功能所需要的算法和数据结构。

在软件设计期间所做出的决策，将最终决定软件开发能否成功，更重要的是，这些设计决策将决定软件维护的难易程度。软件设计之所以如此重要，是因为设计是软件开发过程中决定软件产品质量的关键阶段。

5.4 结构化设计与结构化分析的关系

要进行结构化的设计，必须依据结构化分析的结果，结构化设计与结构化分析的关系如图5-15所示。图5-15的左边是用结构化分析方法所建立的模型，图5-15的右边是用结构化设计方法所建立的设计模型。

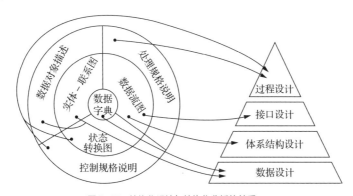

图5-15 结构化设计与结构化分析的关系

由数据模型、功能模型和行为模型表示的软件需求被传递给软件设计人员，软件设计人员使用适当的设计方法完成数据设计、体系结构设计、接口设计和过程设计。

结构化设计软件的具体步骤如下所示。

（1）从需求分析阶段的数据流图出发，制定几个方案，并从中选择最合理的方案。

（2）采用某种设计方法，将一个复杂的系统按功能划分成模块化的层次结构。

（3）确定每个模块的功能、模块间的调用关系，建立与已确定的软件需求的对应关系。

（4）设计系统接口，确定模块间的接口信息。

（5）设计数据结构及数据库，确定实现软件的数据结构和数据库模式。

（6）基于以上步骤，并依据分析模型中的处理（加工）规格说明、状态转换图及控制规格说明进行过程设计。

（7）制定测试计划。

（8）撰写软件设计文档。

5.5　结构化设计方法

相对于面向对象的方法而言，结构化设计方法更关注系统的功能，采用自顶向下、逐步求精的设计过程，以模块为中心来解决问题。采用结构化设计方法设计出来的软件系统可以看成一组函数或过程的集合。结构化设计方法从系统的功能开始，按照工程标准和严格的规范将目标系统划分为若干功能模块。

结构化设计方法可以划分为面向数据流的设计方法和面向数据结构的设计方法。

5.5.1　表示软件结构的图形工具

1. 层次图和 HIPO 图

通常使用层次图描述软件的层次结构。在层次图中一个矩形框代表一个模块，矩形框间的连线表示调用关系（位于上方的矩形框所代表的模块调用位于下方的矩形框所代表的模块）。层次图与层次方框图类似，但层次方框图的矩形框之间的关系是组成关系，而不是调用关系。

HIPO是Hierarchy Plus Input-Processing-Output的缩写，表示层次加上输入、处理、输出。HIPO图是IBM公司在20世纪70年代发展起来的一种用于表示软件系统结构的工具。它既可以描述软件总的模块层次结构——H图（层次图），又可以描述每个模块的输入输出数据、处理功能及模块调用的详细情况——IPO图。HIPO图是以模块分解的层次性以及模块内部输入、处理、输出三大基本部分为基础建立的。为了使HIPO图具有可追踪性，在HIPO图中除了顶层的矩形框之外，每个矩形框都可以有编号。

每张IPO图的编号需要与HIPO图中的编号一一对应，以便确定该模块在软件结构中的位置，文字处理系统的HIPO图如图5-16所示。

2. 结构图

结构图是进行软件结构设计的另一个工具。结构图与层次图类似，也是表示软件结构的图形工具。结构图中一个矩形框代表一个模块，框内注明模块的名字或主

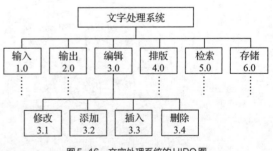

图5-16　文字处理系统的HIPO图

要功能；矩形框之间的箭头（或直线）表示模块间的调用关系。通常来说，图中总是位于上方的矩形框所代表的模块调用位于下方的矩形框所代表的模块，即使不用箭头也不会产生二义性。为了方便起见，我们可以只用直线而不用箭头表示模块间的调用关系。在结构图中通常还用带注释的箭头表示模块调用过程中来回传递的信息，尾部附有空心圆表示传递的是数据，附有实心圆表示传递的是控制信息。图5-17所示为结构图的一个例子。

有时还会用一些附加的符号，如用菱形表示选择或者条件调用，如图5-18所示；用弧形箭头表示循环调用，如图5-19所示。

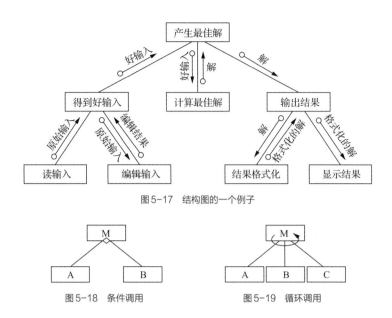

图 5-17　结构图的一个例子

图 5-18　条件调用　　　　　　　　　　图 5-19　循环调用

5.5.2　面向数据流的设计方法

面向数据流的设计方法是常用的结构化设计方法，多在概要设计阶段使用。它主要是指依据一定的映射规则，将需求分析阶段得到的数据描述、从系统的输入端到输出端所经历的一系列变换或处理的数据流图转换为目标系统的结构描述。

在数据流图中，数据流分为变换型数据流（简称变换流）和事务型数据流（简称事务流）两种。所谓变换，是指把输入的数据处理后转变成另外的输出数据。信息沿输入路径流入系统，在系统中经过加工处理后又离开系统，当数据流具备这种特征时就是变换流。

所谓事务，是指非数据变换的处理，它将输入的数据流分散成许多数据流，形成若干加工路径，然后选择其中一个路径来执行。例如，对于一个邮件分发中心，把收进的邮件根据地址进行分发，有的用飞机邮送，有的用汽车邮送。信息沿输入路径流入系统，到达一个事务中心，这个事务中心根据输入数据的特征和类型在若干个动作序列中选择一个执行方式，这种情况下的数据流称为事务流，它是以事务为中心的。变换型数据流和事务型数据流分别如图5-20和图5-21所示。

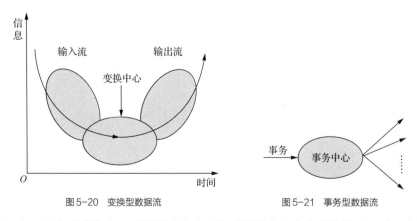

图 5-20　变换型数据流　　　　　　　图 5-21　事务型数据流

通常，在一个大型系统中，可能同时存在变换型数据流和事务型数据流。对于变换型数据流，设计人员应该重点区分其输入和输出分支，通过变换分析将数据流图映射为变换结构，从而构造出目标系统的结构图。针对变换型数据流的设计可以分为以下几个步骤。

（1）区分变换型数据流中的输入数据、变换中心和输出数据，并在数据流图上用虚线标明分界线。

（2）分析得到系统的初始结构图。

（3）对系统的初始结构图进行优化。

下面以某个"学生档案管理系统"为例，对其进行面向数据流的系统设计。已知该系统的数据流图如图5-22所示。

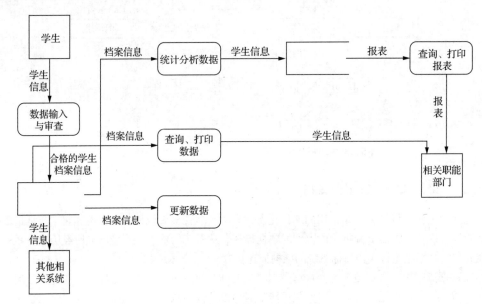

图5-22　学生档案管理系统的数据流图

学生档案管理系统的数据流都属于变换型数据流，其数据流图中并不存在事务中心。区分数据流图中的输入数据、变换中心和输出数据，得到该系统具有边界的数据流图，如图5-23所示。

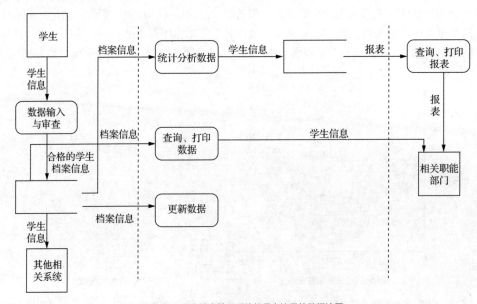

图5-23　学生档案管理系统的具有边界的数据流图

经分析，得到学生档案管理系统的初始结构图，如图5-24所示。

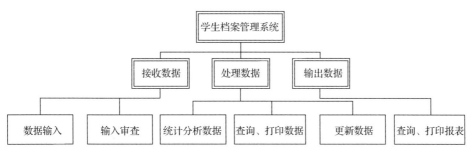

图 5-24 学生档案管理系统的初始结构图

由于使用系统时需要对用户的身份进行验证，因此可对"统计分析数据"等模块进行进一步的细分。对得到的初始结构图进行优化，可以进一步得到该系统优化的系统结构图，如图 5-25 所示。

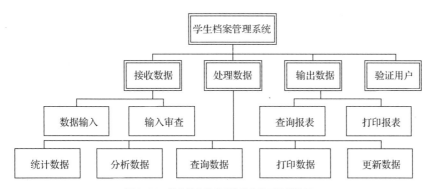

图 5-25 学生档案管理系统优化的系统结构图

对于事务型数据流，设计人员应该重点区分事务中心和数据接收通路，通过事务分析将数据流图映射为事务结构。针对事务型数据流的设计可以分为以下几个步骤。

（1）确定以事务为中心的结构，找出事务中心、输入数据、输出数据3个部分。

（2）将数据流图转换为系统的初始结构图。

（3）分解和细化接收分支和处理分支。

例如，对于一个"产品管理系统"，其数据流如图 5-26 所示。

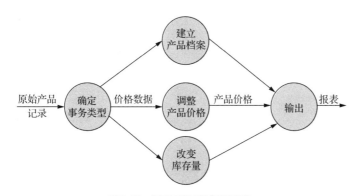

图 5-26 "产品管理系统"的数据流

该系统的数据流中以事务型数据流为中心，"确定事务类型"是它的事务中心。经分析可以得到该系统的初始结构图，如图 5-27 所示。

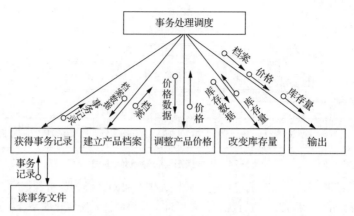

图5-27 "产品管理系统"的初始结构图

5.5.3 面向数据结构的设计方法

顾名思义，面向数据结构的设计方法就是根据数据结构设计程序处理过程的方法，具体地说，面向数据结构的设计方法按输入、输出以及计算机内部存储信息的数据结构进行软件结构设计，从而把对数据结构的描述转换为对软件结构的描述。使用面向数据结构的设计方法时，分析目标系统的数据结构是关键。

面向数据结构的设计方法通常在详细设计阶段使用。比较流行的面向数据结构的设计方法包括Jackson方法和Warnier方法。在这里，主要介绍Jackson方法。

Jackson方法把数据结构分为3种基本类型：顺序型结构、选择型结构和循环型结构。它的基本思想是：在充分理解问题的基础上，找出输入数据、输出数据的层次结构的对应关系，将数据结构的层次关系映射为软件控制层次结构，然后对问题的细节进行过程性描述。Jackson图是Jackson方法的描述工具，Jackson图的基本逻辑符号如图5-28所示。

在顺序型结构中，数据由一个或多个元素组成，每个元素按照确定的次序出现一次。在图5-28所示的顺序型结构中，数据A由B、C和D这3个元素按顺序组成。在选择型结构中，数据包含两个或多个元素，每次使用该数据时，按照一定的条件从罗列的多个数据元素中选择一个。在图5-28所示的选择型结构中，数据A根据条件从B、C、D中选择一个，元素右上方的符号"。"表示从中选择一个。在循环型结构中，数据根据使用时的条件由一个数据元素出现零次或多次构成。在图5-28所示的循环型结构中，数据A根据条件由元素B出现零次或多次构成，元素B后加符号"*"表示重复。

运用Jackson图表示选择型或循环型结构时，选择条件或循环结束条件不能在图上直接表现出来，并且框间连线为斜线，不易在打印机上输出，所以产生了改进的Jackson图，其基本逻辑符号如图5-29所示。

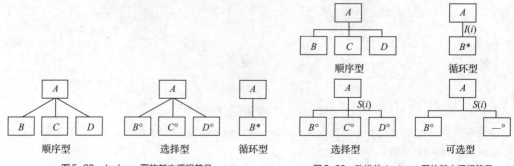

图5-28 Jackson图的基本逻辑符号   图5-29 改进的Jackson图的基本逻辑符号

选择型结构中S右边括号中的i代表分支条件的编号。在可选型结构图中，A可根据i的值，或选择B，或什么都不选。在循环型结构中，i代表循环结束条件的编号。

运用Jackson图进行程序设计的优点如下。

- 可以清晰地表示层次结构，易于对自顶向下的结构进行描述。
- 结构易懂、易用，并且比较直观、形象。
- 不仅可以表示数据结构，还可以表示程序结构。

运用Jackson方法进行程序设计的步骤可以归纳为以下几点。

（1）分析并确定输入数据和输出数据的逻辑结构，并用Jackson图来表示这些数据结构。

（2）找出输入数据结构和输出数据结构中有对应关系的数据单元。

（3）按照一定的规则，从描述数据结构的Jackson图导出描述程序结构的Jackson图。

（4）列出基本操作与条件，并把它们分配到程序结构图的适当位置。

（5）用伪代码表示程序。

下面举一个用Jackson方法解决问题的例子。

零件库房管理中有一张"零件表"，用于记录零件信息，如零件编号、零件名称、零件规格，其中的零件编号是零件的唯一标识；有一张"零件进库表"，用于记录零件进库信息，如零件编号、数量。现需要按零件编号对零件进库情况进行汇总，要求使用 Jackson 方法设计解决该问题的算法。

（1）分析并确定输入数据和输出数据的逻辑结构，并用Jackson图来表示这些数据结构。

① 输入数据：根据问题陈述，并假定零件进库表中的记录按不同零件进行分组，每组零件进库记录与对应零件的零件记录共同组成一个零件组，零件组按零件编号排序。如此一来，输入文件是许多零件组组成的文件，每个零件组中包括零件记录和相应的进库信息，其中零件记录中包含零件具体信息，而进库信息中则包含许多该零件的进库记录，其中包含进库的数量。因此输入数据结构的Jackson图如图5-30（a）中的输入数据结构部分所示。

② 输出数据：根据问题陈述，输出数据是一张图5-31所示的进库汇总表，它由表头和表体两部分组成，表体中有许多行，一个零件的基本信息和它的总进库数量占一行，其输出数据结构的Jackson 图如图5-30（a）中的输出数据结构部分所示。

（2）找出输入数据结构和输出数据结构中有对应关系的数据单元。

进库汇总表由输入文件产生，有直接的因果关系，因此顶层的数据单元是对应的。表体的每一行数据由输入文件的每一个"零件组"计算而来，行数与组数相同，且行的排列次序与组的排列次序一致，都按零件编号排序。因此"零件组"与"行"两个单元对应，以下再无对应的单元，如图5-30（a）所示。

但是，如果输入数据不是按照零件分组，而是分为零件表和零件进库表，每个表中又包含许多记录，如图5-30（b）所示，那么输入数据结构与输出数据结构之间就找不到对应的数据单元，出现了"数据冲突"。在该例子中，通过引入"零件组"这个中间数据结构，将零件表和零件进库表按照零件编号进行了关联，使得可以依据零件编号处理每一种零件的进库情况，建立输入数据结构与输出数据结构之间的对应关系，消除数据冲突。

（3）按照一定的规则，从描述数据结构的Jackson 图导出描述程序结构的Jackson图。

找出对应关系后，以输出数据结构为基础确定程序结构，可以根据以下规则导出程序结构。

① 有对应关系的数据单元：按照每对有对应关系的数据单元在数据结构中所在的层次，在程序结构图中的对应位置画一个程序框。

② 仅在输入数据结构中有的数据单元：在程序结构图中的适当位置画一个程序框。

③ 仅在输出数据结构中有的数据单元：在程序结构图中的适当位置画一个程序框。

按照以上规则，画出的程序结构图如图5-32所示。

在图5-32的程序结构的第5层增加了一个"计算零件总进库数量"的矩形框，使每步之间的逻辑联系更加紧密，增强了结构图的规范性与易读性。

(1): 没有更多零件组
(2): 该零件没有更多进库记录
(3): 表体结束

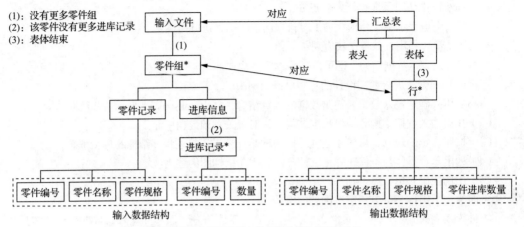

（a）零件库房管理的输入数据结构和输出数据结构

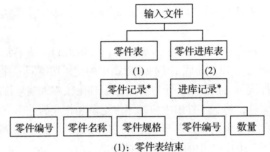

(1): 零件表结束
(2): 零件进库表结束
（b）有"数据冲突"的输入数据结构

图5-30　零件库房管理

进库汇总表			
零件编号	零件名称	零件规格	零件进库数量
P1	螺钉	xxx	300
P2	铁钉	yyy	150
......	......	......	......

图5-31　进库汇总表

(1): 没有更多零件组
(2): 该零件没有更多进库记录

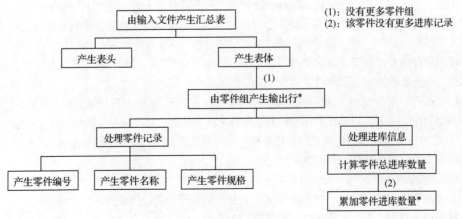

图5-32　程序结构图

（4）列出基本操作与条件，并把它们分配到程序结构图的适当位置。

为了对程序结构做补充，要列出求解问题的所有基本操作和条件，然后将其分配到程序结构图的适当位置就可得到完整的程序结构图。

① 求解本问题的基本操作如下。

A：终止。

B：打开文件。

C：关闭文件。

D：将表头写入输出文件。

E：读取输入文件内容。

F：产生行结束符。

G：将行信息写入输出文件。

H：置零件组开始标志。

② 求解本问题的条件如下。

I（1）：没有更多零件组。

I（2）：该零件没有更多进库记录。

将基本操作与条件分配到适当位置的程序结构图如图5-33所示。

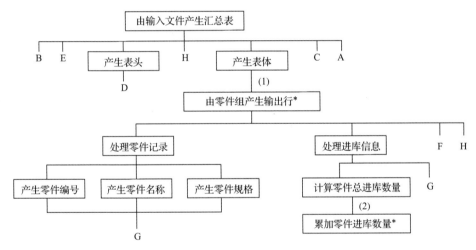

图5-33 分配操作后的程序结构图

在本例中，我们选择将文件一次性读入。如果想以零件组为单位读入，在分配操作时需要注意：为了能获得重复和选择的条件，建议至少提前读入一个零件组，以便使得程序不论在什么时候判定，总有数据已经读入，并做好使用准备。

（5）用伪代码表示程序。

```
打开文件
读取输入文件内容
产生表头 seq
    将表头写入输出文件
产生表头 end
置零件组开始标志
产生表体 iter until 没有更多零件组
    由零件组产生输出行 seq
        处理零件记录 seq
            产生零件编号 seq
                将行信息写入输出文件
```

```
            产生零件编号 end
            产生零件名称 seq
                将行信息写入输出文件
            产生零件名称 end
            产生零件规格 seq
                将行信息写入输出文件
            产生零件规格 end
        处理零件记录 end
        处理进库信息 seq
            计算零件总进库数量 iter until该零件没有更多进库记录
                累加零件进库数量
            计算零件总进库数量end
            将行信息写入输出文件
        处理进库信息 end
        产生行结束符
        置零件组开始标志
      由零件组产生输出行 end
产生表体end
关闭文件
终止
```

5.6　接口设计

本节将对接口设计进行概述，并讲述界面设计。

5.6.1　接口设计概述

软件系统结合业务、功能、部署等因素将软件系统逐步分解到模块，那么模块与模块之间就必须根据各模块的功能定义对应的接口。概要设计中的接口设计主要用于子系统（或模块）之间或内部系统与外部系统进行各种交互。接口设计的内容应包括功能描述、接口的输入输出定义、错误处理等。软件系统接口的种类以及规范有很多，如API、服务接口、文件、数据库等，所以设计的方法也有很大的差异。但是总体来说，接口设计的内容应包括通信方法、协议、接口调用方法、功能内容、输入输出参数、错误/例外机制等。从成果上来看，接口一览表以及详细设计资料是必需的资料。

接口设计一般包括如下的3个方面。

（1）用户接口：用来说明将向用户提供的命令、它们的语法结构以及软件回答信息。

（2）外部接口：用来说明本系统同外界的所有接口的安排，包括软件与硬件之间的接口、本系统与各支持软件之间的接口。

（3）内部接口：用来说明本系统之内的各个系统元素之间的接口的安排。

5.6.2　界面设计

界面设计是接口设计中的重要组成部分。用户界面的设计要求在研究技术问题的同时对用户加以研究。西奥·曼德尔（Theo Mandel）在其关于界面设计的著作中提出以下3条"黄金原则"。

（1）置用户于控制之下：以不强迫用户进入不必要的或不希望的动作的方式来定义交互模式；提供灵活的交互；允许用户交互被中断和撤销；当技能级别增长时可以使交互流水线化并允许定制交互；使用户隔离内部技术细节；设计应允许用户和出现在屏幕上的对象直接交互。

（2）减少用户的记忆负担：减少对短期记忆的要求；建立有意义的默认设置；定义直觉性的

捷径；界面的视觉布局应该基于真实世界的隐喻；以不断进展的方式揭示信息。

（3）保持界面一致：允许用户将当前任务放入有意义的语境；在应用系列内保持一致性；如果过去的交互模式已经建立起了用户期望，不要改变它，除非有不得已的理由。

这些黄金原则实际上构成了指导用户界面设计活动的基本原则。

界面设计是一个迭代的过程，包括以下6个核心活动。

（1）创建系统功能的外部模型。

（2）确定为实现此系统功能的人和计算机应分别完成的任务。

（3）考虑界面设计中的典型问题。

（4）借助CASE工具构造界面原型。

（5）实现设计模型。

（6）评估界面质量。

在界面设计过程中先后涉及以下4个模型。

（1）由软件工程师创建的设计模型（Design Model）。

（2）由人机工程师（或软件工程师）创建的用户模型（User Model）。

（3）终端用户对未来系统的假想（System Perception）。

（4）系统实现后得到的系统映像（System Image）。

一般来说，这4个模型之间差别很大，界面设计时要充分平衡它们之间的差异，设计协调、一致的界面。

在界面设计中，应该考虑以下4个问题。

（1）系统响应时间：当用户执行了某个控制动作后（如单击鼠标等），系统做出反应的时间（指输出信息或执行对应的动作）。如果系统响应时间过长或不同命令在响应时间上的差别过于悬殊，用户将难以接受。

（2）用户求助机制：用户都希望得到联机帮助，联机帮助系统有两类，分别为集成式和叠加式。此外，还要考虑诸如帮助范围（仅考虑部分还是全部功能）、用户求助的途径、帮助信息的显示、用户如何返回正常交互工作及帮助信息本身如何组织等一系列问题。

（3）出错信息：应选用用户明了、含义准确的术语描述，同时还应尽可能提供一些有关错误恢复的建议。此外，显示出错信息时，若辅以听觉（如铃声）、视觉（专用颜色）刺激，则效果更佳。

（4）命令方式：键盘命令一度是用户与软件系统之间最通用的交互方式，随着面向窗口的点选界面的出现，键盘命令虽不再是唯一的交互形式，但许多有经验的、熟练的软件人员仍喜爱这一方式，更多的情形是点选界面与键盘命令并存，供用户自由选用。

5.7 数据设计

数据设计就是将需求分析阶段定义的数据对象（E-R图、数据字典）转换为设计阶段的数据结构和数据库，包括以下两个方面。

（1）程序级的数据结构设计：采用（伪）代码的方式定义数据结构（数据的组成、类型、默认值等信息）。

（2）应用级的数据库设计：采用物理级的E-R图表示。

数据库是存储在一起的相关数据的集合，这些数据是结构化的（这里不考虑非结构化的数据），无有害或不必要的冗余，并为多种应用提供服务；数据的存储独立于使用它的程序；对数据库插入新数据、修改和检索原有数据均能按一种公用的和可控制的方式进行。

数据库有以下6个主要特点。

（1）实现数据共享。

（2）减少数据的冗余度。

（3）数据具有独立性。

（4）数据实现集中控制。

（5）数据具有一致性和可维护性，以确保数据的安全性和可靠性。

（6）故障恢复。

数据库的基本结构分为3个层次，反映了数据库的3种观察角度，如图5-34所示。

（1）物理数据层：它是数据库的最内层，是物理存储设备上实际存储的数据的集合。这些数据是原始数据，是用户加工的对象，由内部模式描述的指令操作处理的位串、字符和字组成。

图5-34　数据库的基本结构

（2）概念数据层：它是数据库的中间一层，是数据库的整体逻辑表示。它指出了每个数据的逻辑定义及数据之间的逻辑联系，是存储记录的集合。它所涉及的是数据库中所有对象的逻辑关系，而不是它们的物理情况，是数据库管理员概念下的数据库。

（3）逻辑数据层：它是用户所看到和使用的数据库，表示了一个或一些特定用户使用的数据集合，即逻辑记录的集合。

数据库不同层次之间的联系是通过映射进行转换的。

数据库设计是指根据用户的需求，在某一具体的数据库管理系统上，设计数据库的结构和建立数据库的过程。数据库的设计过程大致可分为以下5个步骤。

（1）需求分析：调查和分析用户的业务活动和数据的使用情况，弄清所用数据的种类、范围、数量以及它们在业务活动中交流的情况，确定用户对数据库系统的使用要求和各种约束条件等，形成用户需求规约。

（2）概念设计：对用户要求描述的现实世界（可能是一个工厂、一个商场或者一个学校等），通过对其中信息的分类、聚集和概括，建立抽象的概念数据模型。这个概念数据模型应反映现实世界各部门的信息结构、信息流动情况、信息之间的相互制约关系以及各部门对信息存储、查询和加工的要求等。所建立的模型应避开数据库在计算机上的具体实现细节，用一种抽象的形式表示出来。以扩充的实体-关系模型（E-R模型）方法为例，第一步先明确现实世界各部门所含的各种实体及其属性、实体之间的关系以及对信息的制约条件等，从而给出各部门内所用信息的局部描述（在数据库中称为用户的局部视图）；第二步将前面得到的多个用户的局部视图集成为一个全局视图，即用户要描述的现实世界的概念数据模型。

（3）逻辑设计：主要工作是将现实世界的概念数据模型设计成数据库的一种逻辑模式，即适用于某种特定数据库管理系统的逻辑数据模式。与此同时，可能还需为各种数据处理应用领域产生相应的逻辑子模式。这一步设计的结果就是所谓的"逻辑数据库"。

（4）物理设计：根据特定数据库管理系统所提供的多种存储结构和存取方法等依赖于具体计算机结构的各项物理设计措施，为具体的应用任务选定最合适的物理存储结构（包括文件类型、索引结构和数据的存放次序与位逻辑等）、存取方法和存取路径等。这一步设计的结果就是所谓的"物理数据库"。

（5）验证设计：在上述设计的基础上，收集数据并具体建立一个数据库，运行一些典型的应用任务来验证数据库设计的正确性和合理性。

一般来说，一个大型数据库的设计过程往往需要经过多次循环反复。当在设计的某步发现问题时，可能就需要返回到前面的步骤去进行修改。因此，在进行上述数据库设计时就应考虑到今后修改设计的可能性和便捷性。

在进行概念设计时，经常使用的建模工具是之前介绍的E-R图。通过对需求分析中数据部分的分析，可以建立实体、属性和关系之间的模型。因此，数据库设计的前两个部分经常在需求分析阶段完成，得到的E-R图既是需求分析阶段的重要模型，也是在设计过程中数据库设计的基础。

在逻辑设计中，需要把E-R模型转换成逻辑模型，经常使用到的逻辑模型是关系模型。关系模型于1970年由IBM公司San Jose研究室的研究员E.F.科德（E.F.Codd）提出，是目前主要采用的数据模型。

在用户观点下，关系模型中数据的逻辑结构是一张二维表，它由行和列组成，包含如下一些基本概念。

- 关系：一个关系对应通常说的一张表。
- 元组：表中的一行为一个元组，也称为记录。
- 属性：表中的一列为一个属性，给每一个属性起的名称即属性名。
- 主键：表中的某个属性组，它可以用来唯一确定一个元组。
- 域：属性的类型和取值范围。
- 分量：元组中的一个属性值。
- 关系模式：对关系的描述。

E-R模型向关系模型转换，实际上就是把E-R图转换成关系模式的集合，需要用到如下两条规则。

规则1（实体类型的转换）：将每个实体类型转换成一个关系模式，实体的属性即关系模式的属性，实体标识符即关系模式的主键。

规则2（二元关系类型的转换）：

- 若实体间的关系是一对一（1:1），隐含在实体对应的关系中；
- 若实体间的关系是一对多（1:N），隐含在实体对应的关系中；
- 若实体间的关系是多对多（M:N），直接用关系表示。

图5-35所示为某系统的E-R模型。

根据规则1，建立"学生"实体，属性分别为"学号""姓名""年龄"和"性别"，其中属性"学号"为主键。

根据规则1，建立"课程"实体，属性分别为"课程号""课程名"和"教师名"，其中属性"课程号"为主键。

根据规则2，"学生""课程"为多对多关系，建立"选课"关系，属性为"学号""课程号"和"成绩"，其中"学号"和"课程号"共同作为主键，分别对应"学生"实体和"课程"实体。

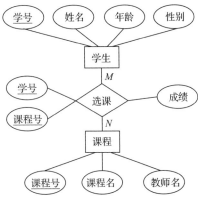

图5-35 某系统的E-R模型

为一个给定的逻辑数据模型选取一个最适合应用环境的物理结构的过程，就是数据库的物理设计。它包括设计关系表、日志等数据库文件的物理存储结构、为关系模式选择存取方法等。

数据库常用的存取方法包括：

- 索引方法；
- 聚簇索引方法；
- 散列方法。

在物理设计过程中，要熟悉应用环境，了解所设计的应用系统中各部分的重要程度、处理频率、对响应时间的要求，并把它们作为物理设计过程中平衡时间和空间效率时的依据；要了解外存设备的特性，如分块原则、块因子大小的规定、设备的I/O特性等；要考虑存取时间、空间效率与维护代价之间的平衡。

5.8 过程设计

本节将讲述程序流程图、N-S图、PAD，以及过程设计语言。

5.8.1 程序流程图

流程图是对过程、算法、流程的一种图形表示，它对某个问题的定义、分析或解法进行描述，用定义完善的符号来表示操作、数据、流向等概念。

根据国家标准GB/T 1525—2006《制图纸》的规定，流程图分为数据流程图、程序流程图、系统流程图、程序网络图和系统资源图5种。这里主要介绍程序流程图。

程序流程图也称为程序框图，是一种比较直观、形象的描述过程的控制流程的图形工具。它包含5种基本的控制结构：顺序型、选择型、先判定型循环（WHILE-DO）、后判定型循环（DO-WHILE）和多分支选择型。

程序流程图中使用的基本符号如图5-36所示。程序流程图的5种基本控制结构如图5-37所示。

利用基本符号和基本控制结构，就可以画出简单的程序流程图了。某程序片段的程序流程图如图5-38所示。

程序流程图的主要优点是：

- 采用简单规范的符号，画法简单；
- 结构清晰，逻辑性强；
- 便于描述，容易理解。

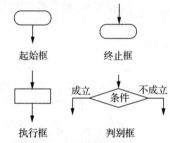

图5-36 程序流程图中使用的基本符号

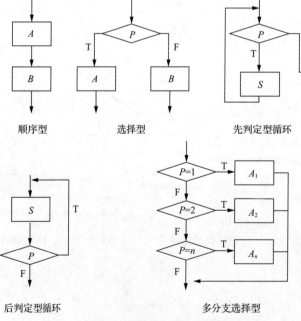

顺序型　　　　　选择型　　　　　先判定型循环

后判定型循环　　　　　　　多分支选择型

图5-37 程序流程图的基本控制结构

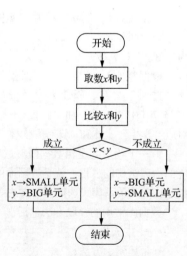

图5-38 某程序片段的程序流程图

程序流程图的主要缺点是：

- 不利于逐步求精的设计；
- 图中可用箭头随意地对控制进行转移，与结构化设计精神相悖；
- 不易于表示系统中所含的数据结构；
- 当目标系统比较复杂时，流程图会变得很繁杂、不清晰。

5.8.2 N-S图

N-S图是由纳西（Nassi）和施奈德曼（Shneiderman）提出的，又被称为盒图，是一种符合结构化设计原则的图形工具。N-S图的基本符号如图5-39所示。

可见，N-S图用类似盒子的矩形以及矩形之间的嵌套来表示语句或语句序列。N-S图内部没有箭头，因此，它所表示的控制流程不能随便进行转移。N-S图的主要特点可以归纳如下：

- 不允许随意地控制转移，有利于严格的结构化设计；
- 可以很方便地确定一个特定控制结构的作用域，以及局部数据和全局数据的作用域；
- 可以很方便地表示嵌套关系以及模块之间的层次关系。

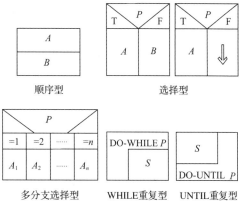

图5-39 N-S图的基本符号

用N-S图表示算法，思路清晰，结构良好，容易设计，因而可有效地提高程序设计的质量和效率。例如，求一组数组中的最大数，数组表示为A(I)，I = 1,2,…,n的自然数，其算法用程序流程图转换为N-S图的示例如图5-40所示。

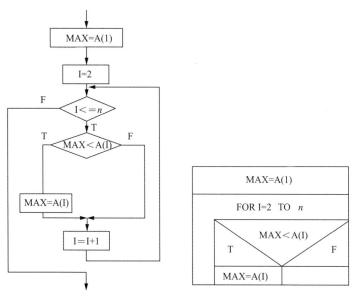

图5-40 程序流程图转换为N-S图的示例

5.8.3 PAD

问题分析图（Problem Analysis Diagram，PAD）是由日立公司于1973年发明的。PAD基于结构化设计思想，用二维树状结构的图来表示程序的控制流程及逻辑结构。

在PAD中，一条竖线代表一个层次，最左边的竖线是第一层控制结构，随着层次的加深，图形不断地向右展开。PAD的基本控制符号如图5-41所示。

PAD为常用的高级程序设计语言的各种控制语句提供了对应的图形符号，它的主要特点如下。

- PAD表示的程序结构的执行顺序是自最左边的竖线的上端开始，自上而下，自左而右。

- 用PAD表示的程序片段结构清晰、层次分明。
- 支持自顶向下、逐步求精的设计方法。
- 只能用于结构化的程序设计。
- PAD不仅可以表示程序逻辑，还能表示数据结构。

图5-40中的流程图可转换成PAD，如图5-42所示。

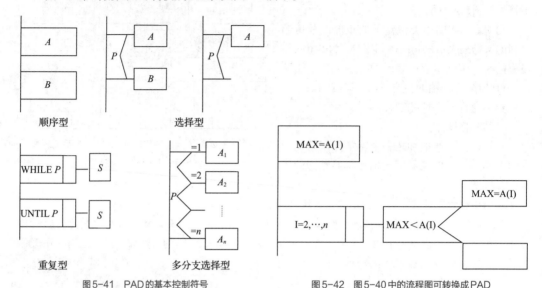

图5-41　PAD的基本控制符号　　　　图5-42　图5-40中的流程图可转换成PAD

5.8.4　过程设计语言

过程设计语言，也称程序描述语言（Program Description Language），又称结构化语言或伪代码，是一种用于描述模块算法设计和处理细节的语言。它采用英语的词汇和结构化程序设计语言的语法，描述具体处理过程，类似于编程语言。

一方面，PDL具有严格的关键字外部语法，用于定义控制结构和数据结构；另一方面，PDL表示实际操作和条件的内部语法比较灵活、自由，以适应各种软件项目的需求。因此，PDL是一种"混杂"语言，它使用一种语言（通常是某种自然语言）的词汇的同时又使用另一种语言（某种结构化的程序设计语言）的语法。PDL与实际的编程语言的区别是，PDL内嵌自然语言语句，所以PDL是不能进行编译的。

PDL具有如下4个特点。

（1）所有关键字都有固定的语法，以提供结构化控制结构、数据说明和模块化的特征。为了使结构清晰和可读性好，一般在所有可能嵌套使用的控制结构的头和尾都有关键字。

（2）描述处理过程的自然语言没有严格的语法限制。

（3）数据说明的机制既包括简单的数据结构（例如纯量和数组），又包括复杂的数据结构（如链表或有层次的数据结构）。

（4）具有模块定义和调用机制，以表示过程设计语言的程序结构。

PDL作为一种设计工具有如下一些优点。

（1）可以作为注释直接插在源程序中作为程序的文档，并可以同编程语言一样进行编辑和修改等，有助于程序的维护并保证程序和文档的一致性，提高了文档的质量。

（2）提供的机制比图形要全面，有助于软件详细设计与编码的质量。

（3）可自动生成代码，提高了效率。

PDL的缺点是不如图形工具形象、直观，描述复杂的条件组合与动作之间的对应关系时，不如判定表清晰、简单。

下面的例子使用PDL描述了在数组A(1)～A(10)中找最大数的算法。

```
N=1
WHILE N<=9 DO
IF A(N)<=A(N+1)MAX=A(N+1);
ELSE MAX=A(N)ENDIF;
N=N+1;
END WHILE;
```

5.9　软件设计评审

一旦所有模块的设计文档完成之后，就可以对软件设计进行评审。在评审中，应着重评审软件需求是否得到满足、软件结构的质量、接口说明、数据结构说明、实现和测试的可行性与可维护性等。此外，还应确认该设计是否覆盖了所有已确定的软件需求，软件设计成果的每一组成部分是否可追踪到某项需求，即满足需求的可追踪性。

5.10　软件设计实例

【例5-1】请设计小型网上书店系统。

【解析】

1. 概述

小型网上书店系统软件设计

小型网上书店系统的软件设计说明书

网上书店，顾名思义，是网站式的书店，是一种高质量、更快捷、更方便的购书渠道。网上书店用于图书的在线销售，而且对图书的管理更加合理化、信息化。本实例的"小型网上书店系统"包括登录注册、浏览图书、会员购书、订单管理、图书管理等功能。

小型网上书店系统的0层数据流图，如图5-43所示。

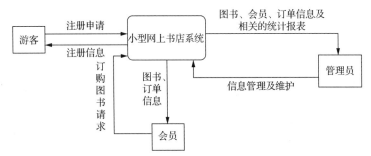

图5-43　小型网上书店系统的0层数据流图

2. 总体设计

（1）硬件运行环境

① 服务器

处理器型号：AMD或Intel 3.0 GHz以上。

内存容量：16GB以上。

网络配置：1000Mbit/s网卡。

② Web浏览PC

处理器型号：AMD或Intel 3.0 GHz以上。

内存要求：4GB以上。

网络配置：100Mbit/s网卡。

（2）软件运行环境

① 服务器

操作系统：CentOS 7、Ubuntu 18.04、Windows 7 或 Windows Server 2012 R2及以上版本系统。

数据库：MySQL 5.1及以上版本。

Web服务器：Nginx 1.17及以上版本。

② 客户机

操作系统：Windows 7或OS X 10.10及以上版本系统。

浏览器：Chrome、Microsoft Edge、Firefox等版本较新的浏览器。

（3）开发环境

① 前端：采用 Vue 3 进行开发。

② 后端：采用 Flask或 Django 进行开发，Python 3.7及以上。

③ 编辑器：Visual Studio Code。

（4）子系统清单

子系统清单如表5-1所示。

表 5-1   子系统清单

子系统编号	子系统名称	子系统功能简述
SS1	登录注册	1. 会员登录系统时，对其身份进行检验和识别； 2. 游客（新用户）可以进行注册； 3. 已注册的用户可以修改个人信息、找回密码、注销账号等
SS2	浏览图书	用户可以浏览图书的目录或图书
SS3	会员购书	会员可以向购物车中添加或删除图书，可以查看购物车的信息，还可以清空购物车
SS4	订单管理	会员可以提交订单，并查看个人订单信息，必要时还能取消已有订单
SS5	图书管理	管理员能够对与图书相关的各种信息进行添加、删除、查询等操作

（5）功能模块清单

功能模块清单如表5-2所示。

表 5-2   功能模块清单

功能模块编号	名称	功能描述
SS1-1	用户注册	游客注册，成为会员
SS1-2	会员登录	会员登录系统
SS1-3	找回密码	会员将个人密码丢失后，经过审核可以重新获得密码
SS1-4	修改个人信息	会员登录后进行资料管理，如修改联系方式等
SS1-5	用户注销	会员离开系统时，进行注销
SS2-1	浏览图书目录	用户根据图书类别浏览图书列表
SS2-2	浏览图书	用户浏览某本图书的详细信息
SS3-1	添加图书	会员向购物车中添加待购买的图书的信息
SS3-2	查看购物车	会员查看购物车信息
SS3-3	删除图书	会员删除购物车中要购买的图书的信息
SS3-4	修改图书数量	会员修改购物车中某本图书的数量
SS3-5	清空购物车	会员清空购物车中的信息
SS4-1	提交订单	会员提交订单
SS4-2	查看所有订单信息	会员查看所有订单信息
SS4-3	查看订单信息	会员根据条件查看部分或单个订单信息

续表

功能模块编号	名称	功能描述
SS4-4	取消订单	会员取消订单
SS5-1	查询图书	管理员对图书进行查询
SS5-2	添加图书	管理员对新增加的图书的信息进行录入
SS5-3	删除图书	管理员对特定的订单进行删除
SS5-4	修改图书	管理员对图书信息进行修改
SS5-5	会员查询	管理员查看会员的信息
SS5-6	订单查询	管理员对以往订单进行查询
SS5-7	订单删除	管理员对特定的订单进行删除
SS5-8	添加新折扣	管理员添加某本图书的折扣信息

3．数据库设计

（1）数据库中表名及表功能说明

数据库中表名及表功能说明如表5-3所示。

表 5-3　数据库中表名及表功能说明

编号	表名	表功能说明	编号	表名	表功能说明
1	Book	"小型网上书店系统"中图书的表	4	OrderItem	订单明细表
2	Customer	会员信息表	5	Publisher	出版社表
3	Order	订单表	6	Category	书的种类表

（2）数据库表之间的关系

数据库表之间的关系如图5-44所示。

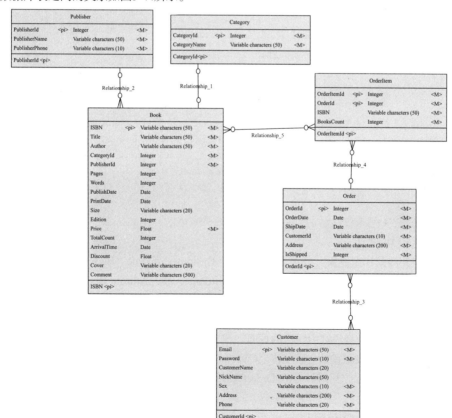

图5-44　数据库表之间的关系

实用软件工程（附微课视频 第3版）

（3）数据库表的详细清单

Book表如表5-4所示（由于篇幅有限，这里只列出Book表）。

表 5-4　Book表

序号	英文字段名	中文字段名	数据类型	是否允许为空	主键/外键
1	ISBN	书号	varchar(50)	否	主键
2	Title	书名	varchar(50)	否	
3	Author	作者	varchar(50)	否	
4	CategoryId	类别标号	int	否	外键
5	PublisherId	出版社编号	int	否	外键
6	Pages	页数	int	是	
7	Words	字数	int	是	
8	PublishDate	出版日期	datetime	是	
9	PrintDate	印刷日期	datetime	是	
10	Size	开本	varchar(20)	是	
11	Edition	版次	int	是	
12	Price	价格	float	否	
13	TotalCount	书的数量	int	是	
14	ArrivalTime	到货时间	datetime	是	
15	Discount	折扣	float	是	
16	Cover	包装	varchar(20)	是	
17	Comment	备注	varchar(500)	是	

（4）数据库的视图设计

由于篇幅有限，这里只列出BookDetailsViewForAdmin。

功能：为管理员显示图书的详细信息。

脚本：

```
CREATE VIEW BookDetailsViewForAdmin
AS
SELECT Book.ISBN, Publisher.PublisherName, Book.Title, Book.CategoryId, Book.
Author, Book.Edition, Book.Size, Book.Price, Book.Pages, Book.Words, Book.
PublishDate, Book.PrintDate, Book.TotalCount, Book.ArrivalTime, Book.Discount,
Book.Cover, Book.Comment, Category.CategoryName
FROM Book INNER JOIN Publisher ON Book.PublisherId = Publisher.PublisherId
INNER JOIN
Category ON Book.CategoryId = Category.CategoryId ;
```

4．功能模块设计

此实例中共涉及10个页面，分别是Login.vue、CustomerInfo.vue、BookList.vue、BookDetails.vue、MyShoppingCart.vue、MyOrders.vue、AdminPage.vue、Admin_BooksManagement.vue、Admin_BookDetailsMan.vue和Admin_OrdersManagement.vue。

由于篇幅有限，这里只列出登录页面：Login.vue。

参数：type=?，指定登录之后跳转的页面。

type=CustomerInfo表明登录之后跳转至CustomerInfo(?type=buy&CustomerId=?)页面。

type=Orders表明登录之后跳转至MyOrders?CustomerId=?页面。

调用背景如下。

（1）当"我的订单"项被单击时，跳转至此页面。

（2）在MyShoppingCart.vue页面中单击"结账"时，跳转至此页面。

（3）若是在后台进行登录，输入用户名、密码，选择"管理员"选项后再单击"登录"按钮。若成功，跳转至AdminPage.vue页面，否则，显示出错信息。

页面组成：由一个登录框组成。登录框包含用户名和密码两个文本框、一组单项选择按钮、一个"登录"按钮、一个"注册"按钮。

调用描述如下。

（1）当前用户没有登录，在填入用户名和密码后，单击"登录"按钮。在数据库中进行查询，若存在此记录，根据type参数跳转至相应的页面：若type=CustomerInfo，则跳转至CustomerInfo(?type=buy&CustomerId=?)页面进行用户信息的核对，以便书店的送货人员按照这些信息进行联系；若type=Orders，则跳转至MyOrders?CustomerId=?页面，浏览订单信息。若没有此记录，则在登录框中提示登录失败。

（2）单击"注册"按钮，则页面跳转至CustomerInfo(?type=register)页面，游客进行注册。若注册成功，则弹出对话框提示注册成功，之后，跳转至MyShoppingCart(?CustomerId=?)页面进行结账。

（3）若为管理员，在选择"管理员"选项之后，登录到AdminPage.vue页面中。

5. 存储过程设计

由于篇幅有限，关于Book表的存储过程，这里只列出GetAllBooks()。

功能描述：得到所有图书的信息记录集。

入口参数：无。

出口参数：图书的信息记录集。

伪代码实现：

```
CREATE PROCEDURE GetAllBooks()
AS
SELECT * FROM Book;
RETURN;
```

6. 接口设计

（1）用户接口

用Flask或者Django搭建后端，提供清晰、简洁、易用的用户接口。

（2）外部接口

① 数据存储：本系统在后端涉及大量数据的存储和处理，前端通过Axios与后端进行交互。

② 邮件发送：本系统采用SMTP模块发送邮件，利用网易服务器进行邮件发送。

（3）内部接口

本系统以数据为中心，网站各模块均通过Axios与后端进行交互。页面跳转时，通过session及query string传递参数。

7. 角色授权设计

角色授权如表5-5所示。

表 5-5　角色授权

模块	游客	会员	管理员
图书管理模块			●
登录注册模块	●	●	●
会员购书模块		●	●
浏览图书模块	●	●	●
订单管理模块		●	●

8. 系统错误处理

（1）出错信息

① 对会员输入的各项内容均进行有效性、安全性检查，减小错误发生的概率。

② 对程序运行中的异常均进行捕获，按统一的方式将出错信息提供给会员。

③ 当会员访问自身权限以外的信息时，将其导航到统一的出错提示页面。

（2）故障预防与补救

以统一的机制进行网站权限的控制。对程序中用到的数据尽量进行加密，以防止黑客攻击。定期对数据库中的数据进行海量备份及增量备份。

（3）系统维护设计

① 编码实现时应采用模块化和分层的思想，提高模块内部的内聚，减少模块间的耦合，使系统逻辑结构清晰，从而增强可读性和可维护性。

② 在编码过程中注意标识符命名的意义，添加适量注释。

本章小结

本章主要介绍软件设计的相关内容，重点是软件设计的基本原则和软件设计的常用方法。软件设计在软件开发中处于核心地位，一般分为概要设计和详细设计两个阶段。

在软件设计的过程中，开发人员最好遵循一些既定的原则。这些原则是人们在长期的软件开发实践中总结出来的，有利于提高软件开发的效率和质量。软件设计的原则有模块化、抽象、逐步求精、信息隐藏等。

本章还介绍了结构化设计方法。结构化设计方法更关注系统的功能，采用自顶向下、逐步求精的设计过程，以模块为中心来解决问题。按照工程标准和严格的规范，目标系统可划分为若干功能模块。面向数据流的设计方法和面向数据结构的设计方法是两种常用的结构化软件设计方法。面向数据流的设计方法多在概要设计阶段使用，它借助于数据流图来进行设计工作。

合适的工具对于我们的软件设计工作非常有帮助。常用的结构化软件设计工具有程序流程图、N-S图、PAD和PDL等。

习题

1. 选择题

（1）面向数据流的软件设计方法可将（　　）映射成软件结构。

    A. 控制结构　　　　B. 模块　　　　C. 数据流　　　　D. 事务流

（2）模块的独立性是由内聚性和耦合性来度量的，其中内聚性表示的是（　　）。

    A. 模块间的联系程度　　　　　　　　B. 信息隐藏程度

    C. 模块的功能强度　　　　　　　　　D. 接口的复杂程度

（3）Jackson方法根据（　　）来导出程序结构。

    A. 数据流图　　　　　　　　　　　　B. 数据间的控制结构

    C. 数据结构　　　　　　　　　　　　D. IPO图

（4）为了提高模块的独立性，模块之间最好是（　　）。

    A. 公共耦合　　　　B. 控制耦合　　　　C. 数据耦合　　　　D. 特征耦合

（5）在面向数据流的软件设计方法中，一般将数据流分为（　　）。
  A. 数据流和控制流 　　　　　　B. 变换流和控制流
  C. 事务流和控制流 　　　　　　D. 变换流和事务流
（6）总体设计（概要设计）不包括（　　）。
  A. 体系结构设计 　B. 接口设计 　C. 数据设计 　　D. 数据结构设计
（7）一个模块把一个数值作为参数传递给另一个模块，这两个模块之间的耦合是（　　）。
  A. 公共耦合 　　B. 数据耦合 　C. 控制耦合 　　D. 内容耦合
（8）划分模块时，一个模块的（　　）。
  A. 作用范围应在其作用范围内 　B. 控制范围应在其作用范围内
  C. 作用范围和控制范围互不包含 D. 作用范围和控制范围不受任何限制
（9）详细设计的任务是定义每个模块的（　　）。
  A. 外部特征 　　　　　　　　　B. 内部特征
  C. 算法和数据格式 　　　　　　D. 功能和输入输出数据
（10）下面不是结构化方法的基本原理的是（　　）。
  A. 自底向上功能分解 　　　　　B. 数据抽象
  C. 功能抽象 　　　　　　　　　D. 模块化

2. 判断题

（1）判定表的优点是容易转换为计算机实现，缺点是不能描述组合条件。　　　　（　　）
（2）面向数据结构的设计方法一般都包括下列任务：确定数据结构特征；用顺序型、选择型和循环型3种基本形式表示数据。　　　　　　　　　　　　　　　　　　　　　　（　　）
（3）模块独立性要求高耦合、低内聚。　　　　　　　　　　　　　　　　　　（　　）
（4）软件设计说明书是软件概要设计的主要成果。　　　　　　　　　　　　　（　　）
（5）软件设计中设计详审和设计本身一样重要，其主要作用是避免后期付出高昂的代价。
　　　　　　　　　　　　　　　　　　　　　　　　　　　　　　　　　　　（　　）
（6）划分模块可以降低软件的复杂度和工作量，所以应该将模块分得越小越好。　（　　）
（7）结构化设计方法是一种面向数据结构的设计方法，强调程序结构与问题结构相对应。
　　　　　　　　　　　　　　　　　　　　　　　　　　　　　　　　　　　（　　）
（8）所有的数据流图都可以看作变换型数据流图。　　　　　　　　　　　　　（　　）
（9）数据耦合是高耦合。　　　　　　　　　　　　　　　　　　　　　　　　（　　）
（10）文件一般用于长期存储，数据库一般用于临时存储。　　　　　　　　　（　　）

3. 填空题

（1）模块化的基本原则是高内聚、_____。
（2）模块结构图之中如果两个模块之间有直线连接，表示它们之间存在_____关系。
（3）变换型DFD由_____、_____、_____组成。
（4）程序流程图的控制结构分为_____、_____、_____3种基本结构。
（5）伪代码的优点是不仅可以作为_____工具，还可以作为_____工具。
（6）流程图是对过程、算法、_____的一种图形表示。
（7）数据设计包括程序级的_____设计、应用级的_____设计两个方面。

4. 简答题

（1）请简述软件设计与需求分析的关系。
（2）请简述软件设计的目标和任务。
（3）请简述在软件设计的过程中需要遵循的原则。

（4）软件设计如何分类，分别有哪些活动？

（5）什么是模块、模块化？软件设计为什么要模块化？

（6）请简述结构化设计的优点。

（7）请简述面向数据流的设计方法的主要思想。

（8）请简述用户界面设计应该遵循的原则。

（9）改进的Jackson图与传统的Jackson图相比有哪些优点？

（10）为什么说"高内聚、低耦合"的设计有利于提高系统的独立性？

（11）请简述软件体系结构的作用。

（12）典型的软件体系结构风格有哪几个？

（13）客户端/服务器模式的分布式体系结构有什么特点？

（14）MVC模型有什么特点？

5．应用题

（1）请将图5-45（"查询图书"的事务中心）映射成系统结构图。

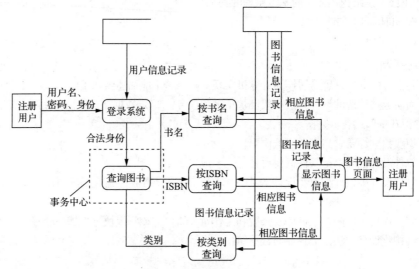

图5-45 "查询图书"的事务中心

（2）请将图5-46（二维表格）用Jackson图来表示。

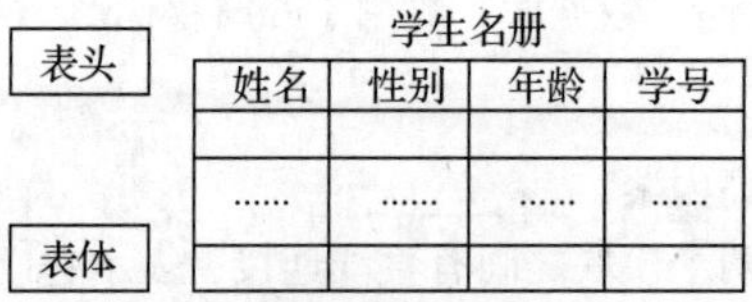

表头	学生名册			
	姓名	性别	年龄	学号
表体	……	……	……	……

图5-46 二维表格

（3）如果要求两个正整数的最小公倍数，请用程序流程图、N-S图和PAD分别表示出求解该问题的算法。

第四部分　面向对象分析与设计

第6章
面向对象方法与UML

本章将首先讲述面向对象的基本概念；然后引出面向对象的软件工程方法的特征与优势；接着讲述面向对象的实施步骤；最后介绍UML以及UML的9种图。

本章目标

❑ 理解面向对象的基本概念。

❑ 理解面向对象的软件工程方法的特征与优势。

❑ 掌握面向对象的实施步骤。

❑ 了解UML。

❑ 掌握UML的9种图。

6.1 面向对象的软件工程方法

本节将讲述面向对象的基本概念、面向对象的软件工程方法的特征与优势，以及面向对象的实施步骤。

6.1.1 面向对象的基本概念

哲学的观点认为，现实世界是由各种各样的实体所组成的，每种对象都有自己的内部状态和运动规律，不同对象间相互联系和相互作用就构成了各种系统，并进而构成整个客观世界。同时，人们为了更好地认识客观世界，把具有相似内部状态和运动规律的实体综合在一起，称为类。类是具有相似内部状态和运动

用 C++理解
类与对象

用 C++理解
继承与组合

用 C++理解
函数与多态

规律的实体的抽象，进而人们抽象地认为客观世界是由不同类的事物间相互联系和相互作用所构成的一个整体。计算机软件的目的就是模拟现实世界，使各种不同的现实世界系统在计算机中得以实现，进而为人们的工作、学习、生活提供帮助。这种思想，就是面向对象的思想。

以下是面向对象中的几个基本概念。

（1）面向对象：面向对象是指按人们认识客观世界的系统思维方式，采用基于对象的概念建立模型，模拟客观世界分析、设计、实现软件的办法。通过面向对象的理念，计算机软件系统能

与现实世界中的系统一一对应。

（2）对象：对象是指现实世界中各种各样的实体。它可以指具体的事物，也可以指抽象的事物。在面向对象概念中，我们把对象的内部状态称为属性，把运动规律称为操作或服务，如某架载客飞机作为一个具体事物，是一个对象，它的属性包括型号、运营公司、座位数量、航线、起飞时间、飞行状态等，而它的行为包括整修、滑跑、起飞、飞行、降落等。

（3）类：类是具有相似内部状态和运动规律的实体的抽象。类的概念来自人们认识自然、认识社会的过程。在这一过程中，人们主要使用两种方法：由特殊到一般的归纳法和由一般到特殊的演绎法。在归纳的过程中，我们从一个个具体的事物中把共同的特征抽取出来，形成一个一般的概念，这就是"归类"；在演绎的过程中我们又把同类的事物，根据不同的特征分成不同的小类，这就是"分类"；对于一个具体的类，它有许多具体的个体，我们称这些个体为"对象"。类的内部状态是指类集合中对象的共同状态；类的运动规律是指类集合中对象的共同行为规律。例如，所有的飞机可以归纳成一个类，它们共同的状态包括型号、飞行状态等，它们共同的行为包括起飞、飞行、降落等。

（4）消息：消息是指对象间相互联系和相互作用的方式。一条消息主要由5部分组成：发送消息的对象、接收消息的对象、消息传递方法、消息内容、反馈。

（5）类的特性：类的定义决定了类具有以下5个特性。

① 抽象。类的定义中明确指出类是一组具有共同内部状态和运动规律的实体的抽象，抽象是一种从一般的观点看待事物的方法，它要求我们集中于事物的本质特征，而非具体细节或具体实现。面向对象鼓励我们用抽象的观点来看待现实世界，也就是说，现实世界是由一组抽象的对象——类组成的。我们从各种飞机中寻找出它们共同的属性和行为，并定义飞机这个类的过程，就是抽象。

② 继承。继承是类不同抽象级别之间的关系。类的定义主要用两种方法：归纳和演绎。由一些特殊类归纳出的一般类称为这些特殊类的父类，特殊类称为一般类的子类，同样父类可以演绎出子类；父类是子类更高级别的抽象。子类可以继承父类的所有内部状态和运动规律。在计算机软件开发中采用继承性，提供了类的规范的等级结构；通过类的继承关系，公共的特性能够共享，提高了软件的复用性，如战斗机，就可以作为飞机的子类，它集成飞机所有的属性和行为，并具有自己的属性和行为。

③ 封装。对象之间的相互联系和相互作用过程主要通过消息机制实现。对象之间并不需要过多地了解对方内部的具体状态或运动规律。面向对象的类是封装良好的模块，类定义将其说明与实现显式地分开，其内部实现按其具体定义的作用域提供保护。类是封装的最基本单位。封装防止了程序相互依赖而带来的变动影响。在类中定义的接收对方消息的方法称为类的接口。

④ 多态。多态是指同名的方法在不同的类中具有不同的运动规律。在父类演绎为子类时，类的运动规律也同样可以演绎，演绎使子类的同名运动规律或运动形式更具体，甚至子类可以有不同于父类的运动规律或运动形式。不同的子类可以演绎出不同的运动规律，如同样是飞机父类的起飞行为，战斗机子类和直升机子类具有不同的实际表现。

⑤ 重写。重写是指子类对父类的允许访问的方法的实现过程进行重新编写，返回值和形参都不能改变，即外壳不变，核心重写。重写的好处在于子类可以根据需要，定义特定于自己的行为，也就是说子类能够根据需要实现父类的方法。发生方法重写的两个方法的返回值、方法名、参数列表必须完全一致（子类重写父类的方法）。注意：方法重写与方法重载不同，方法重载是方法的参数个数、种类或顺序不同，方法名相同。

（6）包：现实世界中不同对象之间相互联系和相互作用构成了各种系统，不同系统之间相互联系和相互作用构成了更庞大的系统，进而构成了整个世界，在面向对象的概念中把这些系统称为包。

（7）包的接口类：在系统之间相互作用时为了蕴藏系统内部的具体实现，系统通过设立接口界面类或对象来与其他系统进行交互；让其他系统只看到这个接口界面类或对象，这个类在面向对象中称为接口类。

6.1.2　面向对象的软件工程方法的特征与优势

1.　面向对象的软件工程方法的特征

面向对象的软件工程方法是当前最流行的软件工程方法之一，它主要有以下几个方面的特征。

- 将数据和操作封装在一起，形成对象。对象是构成软件系统的基本组件。
- 将特征相似的对象抽象为类。
- 类之间可以存在继承或被继承的关系，形成软件系统的层次结构。
- 对象之间通过发送消息进行通信。
- 将对象的私有信息封装起来。外界不能直接访问对象的内部信息，而必须是发送相应的消息后，通过有限的接口来访问。

面向对象的软件工程方法最重要的特点就是把事物的属性和操作组成一个整体，从问题域中客观存在的事物出发来识别对象，并建立由这些对象所构成的系统。

2.　面向对象的软件工程方法的优势

（1）符合人类的思维习惯。通常人类在认识客观世界的事物时，不仅会考虑到事物的属性，还会考虑到事物能完成的操作，也就是说静态的属性及动态的动作特征都是组成事物的一部分，它们组合起来才能完整地表达一个事物。而面向对象的软件工程方法最重要的特点就是把事物的属性和操作组成一个整体，以对象为核心，更符合人类的思维习惯。此外，面向对象的软件工程方法更加注重人类在认识客观世界时循序渐进、逐步深化的特点。用面向对象的软件工程方法进行软件开发的过程是一个主动的多次反复迭代的过程，而不是把整个过程划分为几个严格的顺序阶段。

（2）稳定性好。传统的软件工程方法基于功能分析和功能分解。当软件功能发生变化时，很容易引起软件结构的改变。而面向对象的软件工程方法则是基于对象的概念，用对象来表示与待解决的问题相关的实体，以对象之间的联系来表示实体之间的关系。当目标系统的需求发生变化时，只要实体及实体之间的关系不发生变化，就不会引起软件结构的变化，而只需要对部分对象进行局部修改（如从现有的类中派生出新的子类）就可以实现系统功能的扩充。因此，基于对象的软件系统稳定性比较好。

（3）可复用性好。面向对象技术采用了继承和多态的机制，极大地提高了代码的可复用性。从父类派生出子类，一方面复用了父类中定义的数据结构和代码，另一方面提高了代码的可扩展性。

（4）可维护性好。由于利用面向对象的软件工程方法开发的软件系统稳定性好和可复用性好，而且采用了封装和信息隐藏机制，易于对局部软件进行调整，因此系统的可维护性比较好。

基于以上这些优点，面向对象的软件工程方法越来越受到人们的青睐。

6.1.3　面向对象的实施步骤

在软件工程中，面向对象的具体实施步骤如下。

（1）面向对象分析

从问题陈述开始，分析和构造所关心的现实世界问题域的模型，并用相应的符号系统表示。模型需要简洁、明确地抽象目标系统必须做的事，而不是详细说明如何做。其具体分析步骤如下。

① 确定问题域，包括定义论域、选择论域，根据需要细化和增加论域。

② 区分类和对象，包括定义对象、定义类、命名。

③ 区分整体对象以及组成部分，确定类的关系以及结构。

④ 定义属性，包括确定属性、安排属性。

⑤ 定义服务，包括确定对象状态、确定所需服务、确定消息联结。

⑥ 确定附加的系统约束。

（2）面向对象设计

面向对象的设计与传统的以功能分解为主的设计有所不同。其具体设计步骤如下。

①基于面向对象分析，对用其他方法得到的系统分析的结果进行改进和完善。

②设计交互过程和用户接口。

③设计任务管理，根据前一步确定是否需要多重任务，确定并发性，确定以何种方式驱动任务，设计子系统以及任务之间的协调与通信方式，确定优先级。

④设计全局资源，确定边界条件，确定任务或子系统的软硬件分配。

⑤对象设计。

（3）面向对象实现

使用面向对象语言实现面向对象的设计相对比较容易。如果用非面向对象语言实现面向对象的设计，必须由程序员把面向对象概念映射到目标程序中。

（4）面向对象测试

对面向对象实现的程序进行测试，包括模型测试、类测试、交互测试、系统（子系统）测试、验收测试等。

6.2 UML

本节将对UML进行简述，讲述UML的应用范围，以及UML的图。

6.2.1 UML 简述

统一建模语言（Unified Modeling Language，UML）是一种通用的可视化建模语言，可以用来描述、可视化、构造和文档化软件密集型系统的各种工件。它是由信息系统和面向对象领域的3位方法学家格雷迪·布奇（Grady Booch）、詹姆斯·拉姆博（James Rumbaugh）和伊瓦·雅格布森（Ivar Jacobson）提出的。它能记录与被构建系统有关的决策和理解，可用于对系统的理解、设计、浏览、配置、维护以及控制系统的信息。这种建模语言已经得到了广泛的支持和应用，并且已被国际标准化组织（International Organization for Standardization，ISO）发布为国际标准。

（1）UML是一种标准的可视化建模语言，它是面向对象分析与设计的一种标准表示。它不是一种可视化的程序设计语言，而是一种可视化的建模语言；它不是工具或知识库的规格说明，而是一种建模语言规格说明，是一种表示的标准；它不是过程，也不是方法，但允许任何一种过程和方法使用它。

（2）UML用来捕获系统静态结构和动态行为的信息。其中静态结构定义了系统中对象的属性和方法，以及这些对象之间的关系。动态行为则定义了对象在不同时间、状态下的变化以及对象之间的通信方式。此外，UML可以将模型组织为包的结构组件，使得大型系统可分解成易于处理的单元。

（3）UML是独立于过程的，它适用于各种软件开发方法、软件生命周期的各个阶段、各种应用领域以及各种开发工具。UML规范没有定义一种标准的开发过程，但它更适用于迭代式的开发过程。它是为支持如今大部分面向对象的开发过程而设计的。

（4）UML不是一种程序设计语言，但用UML描述的模型可以与各种程序设计语言相联系。我们可以使用代码生成器将UML转换为多种程序设计语言，或者使用逆向工程将程序设计语言转换成UML。把正向代码生成与逆向工程这两种方式结合起来就可以产生双向工程，使得UML既可以在图形视图下工作，也可以在文本视图下工作。

6.2.2 UML 的应用范围

UML以面向对象的方式来描述系统。其最广泛的应用是对软件系统进行建模，但它同样适用于许多非软件系统领域的系统。理论上来说，任何具有静态结构和动态行为的系统都可

使用 UML 的准则

在统一软件开发过程中使用 UML

以使用UML进行建模。当UML应用于大多数软件系统的开发过程时，它从需求分析阶段到系统完成后的测试阶段都能起到重要作用。

在需求分析阶段，UML可以通过用例捕获需求；通过建立用例模型来描述系统的使用者对系统的功能要求。在分析和设计阶段，UML通过类和对象等主要概念及其关系建立静态模型，对类、用例等概念之间的协作进行动态建模，为开发工作提供详尽的规格说明。在开发阶段，UML将设计的模型转换为编程语言的实际代码，指导并减轻编码工作。在测试阶段，我们可以将UML图作为测试依据：用类图指导单元测试，用组件图和协作图指导集成测试，用用例图指导系统测试等。

6.2.3　UML 的图

UML主要用图来表达模型的内容，而图又由代表模型元素的图形符号组成。学会使用UML的图，是学习、使用UML的关键。

当采用面向对象技术设计系统时，首先要描述需求；其次要根据需求建立系统的静态模型，以构造系统的结构；最后要描述系统的行为。前两步所建立的模型都是静态的，包括用例图、类图、对象图、组件图和部署图等（5个）图，是UML的静态建模机制（包图事实上也是一种静态建模机制）。最后一步所建立的模型要么可以执行，要么表示执行时的时序状态或交互关系，它包括状态图、活动图、顺序图和协作图等（4个）图，是UML的动态建模机制。因此，UML的主要内容也可以归纳为静态建模机制和动态建模机制两大类。

本书中，我们将组件图和部署图从静态建模机制提取出来，组成描述物理架构的机制。

6.3　静态建模机制

任何建模语言都以静态建模机制为基础，UML也不例外。

6.3.1　用例图

用例图是从用户的角度来描述系统的功能，由用例（Use Case）、参与者（Actor）以及它们的关系连线组成。

用例是从用户角度来描述系统的行为的，它将系统的一个功能描述成一系列的事件，这些事件最终对参与者产生有价值的观测结果。参与者（也称为操作者或执行者）是与系统交互的外部实体，可能是使用者，也可能是与系统交互的外部系统、基础设备等。用例是一个类，它代表一类功能而不是使用该功能的某一具体实例。

在UML中，参与者使用人形符号表示，并且具有唯一的名称；用例使用椭圆表示，也具有唯一的名称。参与者与用例之间使用带箭头的实线连接，由参与者指向用例。如果参与者与用例之间的实线连接不带箭头，表示参与者为次参与者。

正确识别系统的参与者尤为重要，以图书

管理系统中学生借书事务为例，学生将书带到总借还台，由图书管理员录入图书信息，完成学生的借书事务。这个场景中，图书管理员是参与者，而学生不是，因为借书事务本身是由图书管理员来完成，而不是学生。但如果学生可以自助借书，或者可以在网上借书，那么学生也将是参与者，因为这两种场景中学生直接与图书管理系统进行了交互。

在分析系统的参与者时，除了要考虑参与者是否与系统交互之外，还要考虑参与者是否在系统的边界之外，只有在系统边界之外的参与者才能称为参与者，否则只能是系统的一部分。初学者常常把系统中的数据库识别为系统的参与者，而对于多数系统来说，数据库是用来存储系统数据的，是系统的一部分，不应该被识别为参与者。可能的例外是，一些遗留系统的数据库存储着新系统需要导入或者处理的历史数据，或者系统产生的数据需要导出到外部数据库中以供其他系统使用，这时的数据库应该被视为系统的参与者。

在分析用例名称是否合适时，一个简单有效的方法是将参与者与其用例连在一起读，看是否构成一个完整的场景或句子，如"用户查询航班""游客注册"，都是一个完整的场景。而"游客图书"就不是一个完整的场景或句子。

参与者之间可以存在泛化关系，类似的参与者可以组成一个层级结构。在"机票预订系统"的例子中，"用户"是"游客"和"注册用户"的泛化，"游客"有"注册"的用例，"注册用户"有"登录"的用例，而"用户"不仅包含"游客"和"注册用户"的全部用例，还具有自己特有的"查询航班"用例。"机票预订系统"的部分用例如图6-1所示（注：用例的名称可放在用例符号椭圆的内部，也可放在椭圆的外部；"信用评价系统"是次参与者，所以其指向用例的实线不带箭头）。

用例之间的关系包括"包含"（Include）、"扩展"（Extend）和"泛化"（Generalization）3种。

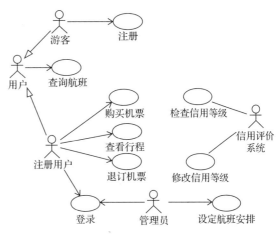

图6-1 "机票预订系统"的部分用例

根据3种用例关系，用例之间的连线也有3种，"包含"关系使用带箭头的虚线表示，虚线上标有"<<include>>"，方向由基用例指向包含用例；扩展关系也使用带箭头的虚线表示，虚线上标有"<<extend>>"，方向由扩展用例指向基用例；"泛化"关系使用带空心三角形箭头的实线表示，方向由子用例指向父用例。

（1）包含关系

如果系统用例较多，不同的用例之间存在共同行为，可以将这些共同行为提取出来，单独组成一个用例。当其他用例使用这个用例时，它们就构成了包含关系。例如，图6-2中，用例"借书"和"信息查询"之间就是包含关系。

（2）扩展关系

在用例的执行过程中，可能会出现一些异常行为，也可能会在不同的分支行为中选择执行，这时可将异常行为与可选分支抽象成一个单独的扩展用例，这样扩展用例与基用例之间就构成了扩展关系。一个用例可以有多个扩展用例。例如，图6-2中，用例"超期罚款"与"还书"之间就是扩展关系。

（3）泛化关系

用例之间的泛化关系描述用例的一般与特殊关系，不同的子用例代表了父用例的不同实现。用例之间的泛化关系往往令人困惑。由于在用例图中很难显式地表达子用例到底"继承"了父用例的哪些部分，并且子用例继承父用例的动作序列很有可能会导致高耦合的产生，因此本书建议读者尽量不使用用例的泛化关系，更不使用多层的泛化。图6-2展示了一个图书管理系统的用例图。从这个图中可以看到，用例"借书"和"还书"都具有"信息查询"的功能，所以"信息查询"是这两个用例的共同行为，我们可以将它单独组成一个用例"信息查询"（即包含用例）；用例"超期罚款"是用例"还书"的一种特殊情况（异常行为），所以这两种用例是扩展关系。

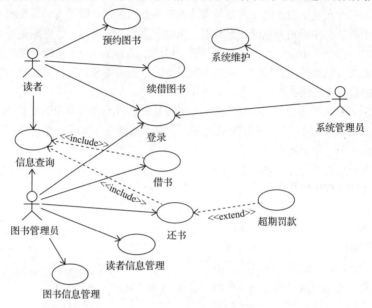

图6-2 图书管理系统的用例图

6.3.2 类图和对象图

类图使用类和对象来描述系统的结构，展示了系统中类的静态结构，即类与类之间的相互关系。类之间有多种联系方式，如关联（相互连接）、依赖（一个类依赖于或使用另一个类）、泛化（一个类是另一个类的特殊情况）。一个系统可以有多幅类图，一个类也可以出现在几幅类图中。

对象图是类图的实例，它展示了系统在某一时刻的快照。对象图使用与类图相同的符号，只是在对象名下面添加下画线。

在UML中，类图用具有两个分隔线的矩形表示。顶层表示类的名称，中间层表示属性，底层表示操作。对象通常只有名称和属性。通常情况下，类名称的开头字母为大写形式，对象名称的开头字母为小写形式，引用对象名时后面常常跟着类名。

超市购买商品系统类与对象的识别

类图的应用题（1）

类图的应用题（2）

绘制机票预订系统的类图

图6-3所示的Student、Librarian和Book是图书管理系统中的3个示例类。其中Book类中，包含3个属性（id、name、author），以及两个操作（getInfo和edit）。其中，属性或操作前面的加号表示属性或操作是公有的（Public），如果是减号则表示属性或操作是私有的（Private），属性和操作的可见性如表6-1所示。图6-4表示图6-3的一个对象图，图6-4中包含John、Jim和se 3个对象，其中se对象是Book类的对象。因为Book类中包含3个属性，所以se对象中也对应地包含3个属性值。对象的属性类型表示属性的取值范围。如果类定义时没有指明属性的类型或类型不是系统中已定义的基本类型，则对该属性的决策可以推迟到对象创建之时。这样可以允许开发者在设计类时将注意力更多地放在系统功能的设计上，并在修改系统功能的时候，将细节变化的程度降到最低。

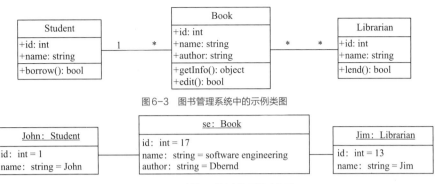

图6-3 图书管理系统中的示例类图

图6-4 图书管理系统中的示例对象图

表6-1 属性和操作的可见性

符号	种类	语义
+	Public（公有的）	其他类可以访问
–	Private（私有的）	只有本类可见，其他类不可见
#	Protected（受保护的）	对本类及其派生类可见

类与类之间的关系有关联、依赖、泛化和实现等。

1. 关联关系

关联是表达模型元素之间语义的一种关系，对具有共同的结构特性、行为特性、关系和语义的链的描述。UML中使用一条直线段表示关联关系，直线段两端上的数字表示重数。图6-3中，一个学生可以同时借阅多本书，但一本书只能同时被一个学生借阅，关系是一对多；而一个图书管理员可以管理多本图书，一本图书也可以被多个管理员管理，关系是多对多。

关联关系还分为二元关联、多元关联、受限关联、聚合和组合等。

二元关联指两个类之间的关联，图6-3中展示的就是二元关联。

多元关联指三个或三个以上类之间的关联。三元关联使用菱形符号连接关联类，图6-5中展示的就是三元关联。

（1）限定符

受限关联用于一对多或多对多的关联。如果关联时需要从多重数的端中指定一个对象来限定，则可以通过使用限定符来指定特定对象。例如，一个学生可以借多本书，但这些书可以根据书的书号不同而区分，这样就可以通过限定符"书号"来限定这些图书中的某一本图书，如图6-6所示。

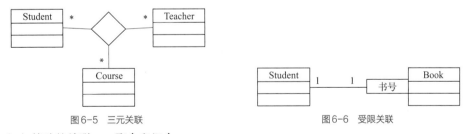

图6-5 三元关联

图6-6 受限关联

（2）特殊的关联——聚合和组合

聚合和组合关联表示整体-部分的关联，有时也称之为"复合"关联。聚合的部分对象可以是任意整体对象的一部分，例如，"目录"与该目录下的"文件"、班级与该班级的学生等。组合则是一种更强的关联关系，代表整体的组合对象拥有其子对象，具有很强的"物主"身份，具有管理其部分对象的特有责任，例如"窗口"与窗口中的"菜单"。聚合关联使用空心菱形表示，菱形位于代表整体的对象一端；组合关联与聚合关联表示方式相似，但使用实心菱形。聚合和组合的关联关系如图6-7和图6-8所示。

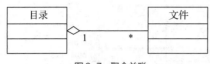 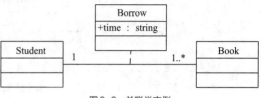

图6-7 聚合关联   图6-8 组合关联

（3）关联类

关联类是一种充当关联关系的类，与类一样具有自己的属性和操作。关联类使用虚线连接自己和关联符号。关联类依赖于连接类，没有连接类时，关联类不能单独存在。例如图6-9所示的关联类实例，在每一次借阅中，学生都可以借阅多本书，那么借阅类就是该实例中的关联类。

图6-9 关联类实例

实际上，任何关联类都可以表示成一个类和简单关联关系，但常常采用关联类的表示方式，以便更加清楚地表示关联关系。

（4）重数

重数是关联关系中的一个重要概念，表示关联链的条数。图6-3中，链的两端的数字"1"和符号"*"表示的就是重数。重数可以是任意的一个自然数集合，但在实际使用中，大于1的重数常常用"*"代替。所以实际使用的重数多为0、1和符号"*"。一对一关联的两端重数都是1；一对多关联的一端重数是1，另一端是"*"；多对多关联的两端重数都是0～n，常表示为"*"。

（5）导航性

导航性是一个布尔值，用来说明运行时刻是否可能穿越一个关联。对于二元关联，若对一个关联端（目标端）设置了导航性就意味着可以从另一端（源端）指定类型的一个值得到关联端的一个或一组值（取决于关联端的多重性）。对于二元关联，只有一个关联端上具有导航性的关联关系称为单向关联，通过在关联路径的一侧添加箭头来表示；在两个关联端上都具有导航性的关联关系称为双向关联，关联路径上不加箭头。使用导航性可以降低类之间的耦合度，这也是好的面向对象分析与设计的目标之一。图6-10展示了一种导航性的使用场景，这代表一个订单可以获取到该订单的一份产品列表，但一个产品却无法获取到包括该产品的订单。

2. 依赖关系

依赖关系表示的是两个元素之间语义上的连接关系。对于两个元素X和Y，如果元素X的变化会引起对另一个元素Y的变化，则称元素Y依赖于X。其中，X被称为提供者，Y被称为客户。依赖关系使用一个指向提供者的虚线箭头来表示，如图6-11所示。

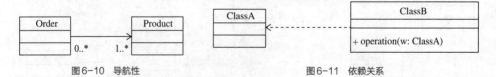

图6-10 导航性   图6-11 依赖关系

对于类图而言，主要有以下几种需要使用依赖的情况。

- 客户类向提供者类发送消息。
- 提供者类是客户类的属性类型。
- 提供者类是客户类操作的参数类型。

3. 泛化关系

泛化关系描述类的"一般-特殊"关系，是一般描述与特殊描述之间的一种分类学关系，特殊描述常常是建立在一般描述基础上的，例如会员是VIP会员的一般描述，会员就是VIP会员的泛化，其中会员是一般类，VIP会员是特殊类；学生是本科生的一般描述，学生就是本科生的泛化，其中学生是一般类，本科生是特殊类。特殊类是一般类的子类，而特殊类还可以是另一个特殊类的子类。例如，本科一年级学生就是本科生的更特殊描述，后者是前者的泛化。泛化的这种特点构成泛化的分层结构。（注：泛化关系使用带空心三角形箭头的实线表示，方向由特殊类指向一般类）

在面向对象的分析与设计时，可以把一些类的公共部分（包括属性与操作）提取出来作为它们的父类。这样，子类继承了父类的属性和操作，子类中还可以定义自己特有的属性和操作。子类不能定义父类中已经定义的属性；但可以通过重写的方式重定义父类的操作，这种方式称为方法重写。当操作被重写时，在子类的父类引用中调用该操作方法，子类会根据重写定义调用该操作在子类中的实现，这种行为称为多态。重写的操作必须与父类操作具有相同的接口（操作名、参数、返回类型），如三角形、四边形、六边形都属于多边形，而四边形中又包含矩形，它们的关系如图6-12所示。多边形中的"显示"操作是一个抽象操作，而三角形和六边形中具体化和重写了这个操作，因为父类多边形自身的"显示"操作并不能确定图形如何显示，也不适用于子类的显示，所以子类必须根据自己的特定形状重新定义"显示"操作。在四边形中定义了父类多边形中没有的"计算面积"操作，在子类矩形中重写了该操作，因为子类包含特有的属性"长"和"宽"，可以用于矩形的面积计算。

泛化关系有两种情况。在最简单的情况中，每个类最多能拥有一个父类，这称为单继承。而在更复杂的情况中，子类可以有多个父类并继承所有父类的结构、行为和约束，这称为多重继承（或多重泛化），其表示如图6-13所示。

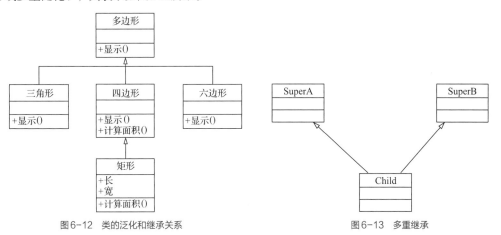

图6-12　类的泛化和继承关系　　　　　　　图6-13　多重继承

4. 实现关系

实现关系将一个模型连接到另一个模型上，通常情况下，后者是行为的规约（如接口），前者要求必须至少支持后者的所有操作。如果前者是类，后者是接口，则该类是接口的实现。

在UML中，实现关系表示为一条指向提供规格说明的元素的虚线空心三角形箭头，如图6-14所示。图6-14中表示"圆"类实现了"图形"接口，即在"圆"类中实现了"图形"接口中一个操作的声明。当接口元素使用小圆圈的形式表示时，实现关系也可以被简化成一条简单的实线，如图6-15中的接口"SecureInformation"和其左侧的实线。

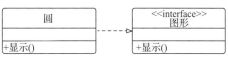

图6-14　实现关系

实现与泛化很相似，区别是泛化针对的是同层级元素之间的连接，通常是在同一模型内；而实现针对的是不同语义层上的元素之间的连接，通常是在不同的模型内，如子类与父类之间的关系是泛化，类与接口之间的关系是实现。

图6-15展示了一个学生在学校上课的类图。

这里有一些经验值得总结：正确表达出类与类之间的关系，不能只用依赖关系，能用组合就不用聚合，能用聚合就不用一般关联，能用一般关联就不要用依赖，该用接口的时候就用接口实现，需要继承就用继承。各种关系的强弱顺序如下：泛化=实现>组合>聚合>关联>依赖。

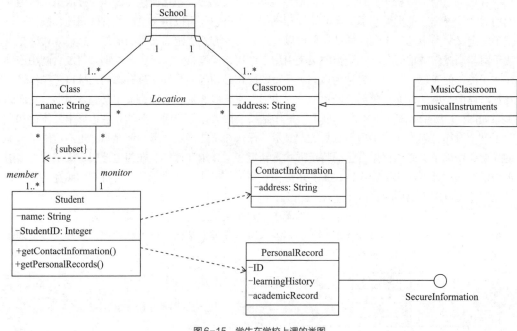

图6-15　学生在学校上课的类图

6.3.3　包图

包图是用来描述模型中的包和所包含元素的组织方式的图，是维护和控制系统总体结构的重要内容。包图通过对图中的各个包元素以及包之间关系的描述，展示出系统的模块以及模块之间的依赖关系。包图能够组织许多UML中的元素，不过其最常见的用途是组织用例图和类图。

包是一种对元素进行分组的机制。如果系统非常复杂，常常包含大量的模型，那么为了利于理解以及将模型独立出来用于重用，我们可以对这些元素进行分组组织，从而作为一个个集合进行整体命名和处理。包的图形表示如图6-16所示。

包中的元素需要与其他包或类中的元素进行交互，交互过程的访问方式包括以下几种。

- Public（公有访问）（+）：包中元素可以被其他包的元素访问。
- Private（私有访问）（-）：包中元素只能被同属于一个包的元素访问。
- Protected（保护访问）（#）：包中的元素只能被此包或其继承包内的元素访问。

包的一些特征如下。

- 包是包含和管理模型内容的一般组织单元，任何模型元素都可以被包含其中。
- 一个模型元素只能存在于一个包中，当包被撤销时，其中的元素也会被撤销。
- 包可以包含其他包，构成嵌套层次结构。
- 包只是一个概念化的元素，不会被实例化，在软件运行中不会有包存在。

例如，在"机票预订系统"的例子中，我们可以将"检查信用等级"与"修改信用等级"用例添加到"信用评价"包中，将"登录"与"注册"用例添加到"登录注册"包中，将"设定航班安排"用例添加到"后台操作"包中，将其余用例添加到"核心业务"包中，这样，就可以创建一个包图来显式地显示出系统包含的包，如图6-17所示。

图6-16 包的图形表示　　　　图6-17 "机票预订系统"组织用例的包图

6.4 动态建模机制

系统中的对象在执行期间的不同时间点如何通信以及通信的结果如何，就是系统的动态行为，也就是说，对象通过通信相互协作的方式以及系统中的对象在系统生命周期中改变状态的方式，是系统的动态行为。UML的动态建模机制包括顺序图、协作图、状态图和活动图。

6.4.1 顺序图

顺序图（又称时序图）描述了一组对象的交互方式，它表示完成某项行为的对象和这些对象之间传递消息的时间顺序。顺序图由对象（参与者的实例也是对象）、生命线、控制焦点（激活期）、消息等组成。生命线是一条垂直的虚线，表示对象的存在时间；控制焦点是一个细长的矩形，表示对象执行一个操作所经历的时间段；消息是作用于控制焦点上的一条带箭头的水平线，表示消息的传递。图6-18展示了一个顺序图并对其中内容做了标注。

顺序图的应用题　　　绘制机票预订系统登录用例的顺序图

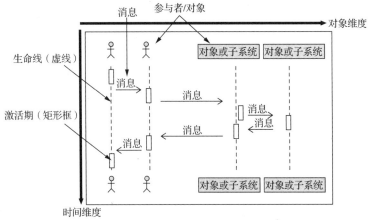

图6-18 顺序图

图6-19展示了基本的消息类型。

一般使用顺序图来描述用例的事件流，标识参与这个用例的对象，并以服务的形式将用例的行为分配到对象上。通过对用例进行顺序图建模，可以细化用例的流程，以便发现更多的对象和服务。

顺序图可以结合以下步骤进行绘制。

（1）列出启动该用例的参与者。

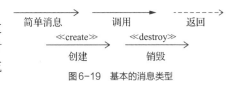

图6-19 基本的消息类型

（2）列出启动用例时参与者使用的边界对象。

（3）列出管理该用例的控制对象。

（4）根据用例描述的所有流程，按时间顺序列出分析对象之间进行消息传递的序列。

绘制顺序图需要注意以下问题。

- 如果用例的事件流包含基本流和若干备选流，则应当对基本流和备选流分别绘制顺序图。
- 如果备选流比较简单，则可以合并到基本流中。
- 如果事件流比较复杂，则可以在时间方向上将其分成多个顺序图。
- 实体对象一般不会访问边界对象和控制对象。

图6-20为用户"登录"用例的顺序图，连线按时间的先后从1到6排列。

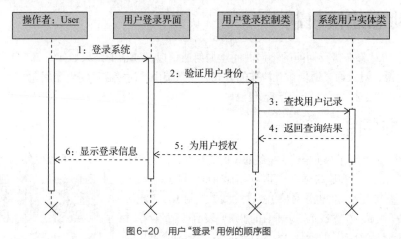

图6-20　用户"登录"用例的顺序图

6.4.2　协作图

协作图又称通信图（或合作图），用于展示系统的动作协作，类似顺序图中的交互片段，但协作图也可以展示对象之间的关系（上下文）。在实际建模中，顺序图和协作图的选择需要根据工作的目标而定。如果重在时间或顺序，那么就选择顺序图；如果重在上下文，那么就选择协作图。顺序图和协作图都可以展示对象之间的交互。

协作图可以展示多个对象及它们之间的关系，对象间的箭头表示消息的流向。消息上也可以附带标签，表示消息的内容信息，如发送顺序、显示条件、迭代和返回值等。开发人员熟识消息标签的语法之后，就可以读懂对象之间的通信，并跟踪标准执行流程和消息交换顺序。但是，如果不知道消息的发送顺序，那么就不能使用协作图来表示对象关系。图6-21展示了某个系统的"登录"交互过程的一个简要协作图。

在图6-21中，一个匿名的User类对象首先向登录界面对象输入用户信息，接着登录界面对象向用户数据对象请求验证用户信息是否正确，并得到请求的返回验证结果，最后登录界面对象根据返回的结果向User类对象反馈对应的登录结果。

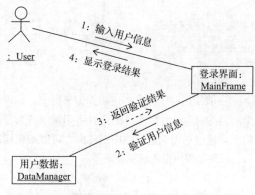

图6-21　某个系统的"登录"交互过程的一个简要协作图

6.4.3　状态图

状态图由状态机扩展而来，用来描述对象对外部对象响应的历史状态序列，即描述对象所有可能的状态，以及哪些事件将导致状态的改变，包括对象在各个不同状态之间的跳转以及这些跳转的外部触发事件，即从状态到状态的控制流。状态图侧重于描述某个对象的动态行为，是对象的生命周期模型。并不是所有的类都需要画状态图。有明确意义的状态、在不同状态下行为有所不同的类才需要画状态图。状态图在4.3.3小节中已经介绍，这里不赘述。

图6-22展示了某网上购物系统中"订单"类的一个简单状态图（注：图中的菱形表示选择节点）。

状态图的应用题　绘制机票预订系统航班类的状态图

6.4.4　活动图

活动图中的活动是展示整个计算步骤的控制流（及其操作数）的节点和流的图。执行的步骤可以是并发的，也可以是顺序的。

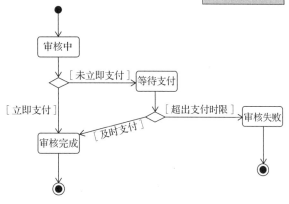

图6-22　某网上购物系统中"订单"类的一个简单状态图

活动图的应用题　绘制机票预订系统购买机票用例的活动图

读者在初看活动图的时候可能认为这只是流程图的一种，但事实上活动图是在流程图的基础上添加了大量软件工程术语而成的改进版。具体地说，活动图的表达能力包括逻辑判断、分支，甚至并发，所以活动图的表达能力要远高于流程图：流程图仅仅展示一个固定的过程，而活动图可以展示并发和控制分支，并且可以对活动与活动之间信息的流动进行建模。可以说，活动图在表达流程的基础上继承了一部分协作图的特点，即可以适当表达活动之间的关系。

活动图可以看作特殊的状态图，用于对计算流程和工作建模（后者是对对象的状态建模）。活动图的状态表示计算过程中所处的各种状态。活动图的开始标记和结束标记与状态图相同，活动图中的状态称为动作状态，也使用圆角矩形来表示。动作状态之间使用箭头连接，表示动作迁移，箭头上可以附加警戒条件、发送子句和动作表达式。活动图是状态图的变形，根据对象状态的变化捕获动作（所完成的工作和活动）和它们的结果，表示各动作及其之间的关系。如果状态转换的触发事件是内部动作的完成，则可用活动图来描述；如果状态的触发事件是外部事件，常用状态图来表示。

在活动图中，判定节点用菱形来表示，可以包含两个或更多附加警戒条件的输出迁移，迁移根据警戒条件是否为真选择迁移节点。

在活动图中，我们使用分叉节点和结合节点来表示并发。

分叉节点是从线性流程进入并发过程的过渡节点，它拥有一个进入控制流和多个离开控制流。不同于判断节点，分叉节点的所有离开流程是并发关系，即分叉节点使执行过程进入多个动作并发的状态。分叉节点在活动图中表示为一根粗横线，粗横线上方的进入箭头表示进入并发状态，粗横线下方的离开箭头指向的各个动作将并行发生。分叉节点的表示如图6-23所示。

结合节点是将多个并发控制流收束回同一流的节点标记，功能上与合并节点类似。但要注意结合节点与合并节点（合并节点将多个控制流进行合并，并统一导出到同一个离开控制流，合并节点也用一条粗横线来表示）的关键区别：合并节点仅仅代表形式上的收束，在各个进入合并节点的控制流间不存在并发关系，所以没有等待和同步过程；但结合节点的各个进入控制流间具有并发关系，它们在系统中同时运行。在各个支流收束时，为了保证数据的统一性，先到达结合节点的控制流都必须等待，直到所有的控制流全部到达这个结合节点后才继续进行，转移到离开控制流所指向的动作开始运行。活动图中的结合节点也用一根粗横线来表示，粗横线上方有多个进入箭头，下方有且仅有一个离开箭头。结合节点的表示如图6-23所示。

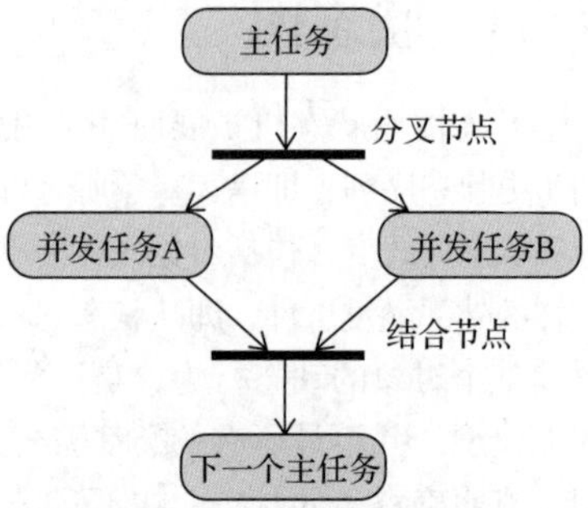

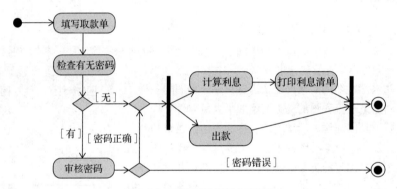

图6-23 分叉节点和结合节点的表示法

活动图可以根据活动发生位置的不同划分为若干个矩形区，每个矩形区称为一个泳道，不同泳道有不同的泳道名。把活动划分到不同的泳道中，能更清楚地表明动作在哪里执行（在哪个对象中等）。

一个动作迁移可以分解成两个或更多并行动作的迁移，来自并行动作的多个迁移也可以合并为一个迁移。需要注意的是，并行迁移上的动作必须全部完成才能进行合并。

图6-24展示了某银行ATM中的取款活动。

图6-24 某银行ATM中的取款活动

下面再举一个例子。一个考试有如下过程：

（1）教师出卷；

（2）学生答卷；

（3）教师批卷；

（4）教师打印成绩单；

（5）学生领取成绩单。

在这个过程中，可以发现每一个过程的主语都是该动作的执行者，那么在这个简单的过程中可以分"教师"和"学生"两个泳道，把动作与负责执行它的对象用这种形如二维表的方式进行关联，如图6-25所示。

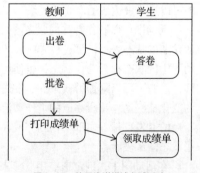

图6-25 使用泳道描述考试活动

6.5 描述物理架构的机制

系统架构分为逻辑架构和物理架构两大类。逻辑架构用于完整地描述系统的功能，把功能分配到系统的各个部分，详细说明它们是如何工作的。物理架构用于详细地描述系统的软件和硬件，以及软件和硬件的分解。在UML中，用于描述逻辑架构的图有用例图、类图、对象图、包图、状态图、活动图、协作图和顺序图；用于描述物理架构的图有组件图、部署图。

6.5.1　组件图

组件图（也称为构件图）根据系统的代码组件显示系统代码的物理结构，其中的组件可以是源代码组件、二进制组件或者可执行组件。组件包含其实现的一个或多个逻辑类信息，因此也就创建了从逻辑视图到组件视图的映射。根据组件视图中组件之间的关系，可以轻易地看出当某一个组件发生变化时，哪些组件会受到影响。图6-26所示的某图书管理系统组件图中，"Student"组件依赖于"Common"组件，"Librarian"组件也依赖于"Common"组件，这样，如果"Common"组件发生变化，就会同时影响到"Student"组件和"Librarian"组件。依赖关系本身

组件图的
应用题　　绘制机票预订
系统的组件图

图6-26　某图书管理系统组件图

还具有传递性，如"Common"组件依赖于"Database"组件，所以"Student"和"Librarian"组件也依赖于"Database"组件。（依赖关系使用一条带箭头的虚线来表示）

组件图只将组件表示成类型，如果要表示实例，必须使用部署图。

6.5.2　部署图

部署图用于显示系统中硬件和软件的物理架构，可以显示实际中的计算机和设备（节点），以及它们之间的互连关系。在部署图中的节点内，已经分配了可以执行的组件和对象，以显示这些软件单元具体在哪个节点上运行。部署图也显示了各组件之间的依赖关系。

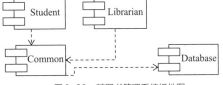

部署图的
应用题　　绘制机票预订
系统的部署图

部署图是对系统实际物理架构的描述，不同于用例图等从功能角度的描述。对一个明确定义的模型，可以实现完整的导航：从物理部署节点到组件，再到实现类，然后是该类对象参与的交互，最后到达具体的用例。系统的各种视图结合在一起，从不同的角度和细分层面完整地描述整个系统。某图书管理系统的物理架构部署图如图6-27所示，整体上划分为数据库（Database Server）、应用系统（Library App Server）和客户端（Client Node）3个节点。数据库节点中包含"Database"的相关组件，应用系统节点中包含"Common""Student"和"Librarian"等组件，客户端节点中包含各种客户端组件。

图6-27　某图书管理系统物理架构部署图

部署图中的组件代表可执行的物理代码模块（可执行组件的实例），逻辑上可与类图中的包或类相对应。所以部署图可显示运行时各个包或类在节点中的分布情况。通常，节点不仅要具备存储能力，而且要具备处理能力。在运行时，对象和组件可驻留在节点上。

6.6　面向对象方法与UML实例

【例6-1】储户在ATM上进行操作，需求的规定是先"登录"，再根据需要进行"存款""取款""账户余额查询"和"转账"这4个操作。请描述图6-28所示的这4张用例图有什么不同。

【解析】分析这4张用例图的不同。

用户使用ATM
用例图的分析

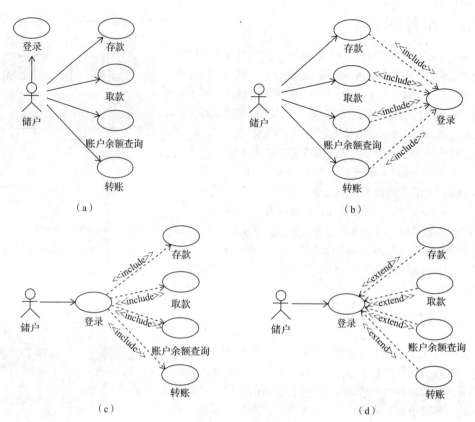

图6-28　储户在ATM上进行操作的用例图

　　图6-28（a）：对储户而言，可以直接执行"登录""存款""取款""账户余额查询"和"转账"这5个用例，即使不"登录"也可以执行"存款""取款""账户余额查询"和"转账"这4个用例。这张图的不足之处在于没有反映出用例的先后顺序。根据需求，只有先"登录"，才能进行"存款""取款""账户余额查询"和"转账"操作。但将"存款""取款""账户余额查询"和"转账"这4个用例的用例描述中的前置条件设置为"储户已登录ATM"，就可以弥补这张图的不足了。

　　图6-28（b）：对储户而言，其在ATM上需要进行的操作是"存款""取款""账户余额查询"和"转账"，在选择功能之后，需要储户来进行"登录"以完成所选操作（这与需求中所说的，要先"登录"再进行这4种操作不符）。而且，如果一个储户有多种需求，如必须先"存款"再"取款"，则其就需要进行两次"登录"。很明显这张图的画法不合理。

　　图6-28（c）：储户先"登录"，"登录"之后，可以进行"存款""取款""账户余额查询"和"转账"操作。但是由于"登录"用例与这4个用例是包含关系，在"登录"之后，用户必须完成"存款""取款""账户余额查询"和"转账"这4种操作（即使储户没有那么多需求）。很明显这张图的画法不合理。

　　图6-28（d）：储户先"登录"，"登录"之后，可以选择进行"存款""取款""账户余额查询"和"转账"操作（这些不一定必须完成，甚至可以什么都不做），因为"登录"用例和这4个用例之间的关系是拓展关系。可以说，这张图比较合理地表达了需求。

　　【例6-2】一家公司可以雇用多个人，某个人在同一时刻只能为一家公司服务。每家公司只有一名总经理，总经理下有多个部门经理管理公司的雇员，公司的雇员只归一名经理管理。请为上面描述的关系建立类模型，注意捕捉类之间的关联并标明类之间的多重性。

某学校领书过程的用例图、顺序图和活动图

【解析】

题中说得非常明确，但这里一定要注意总经理和员工都分别与公司有关系。某个公司的类图如图6-29所示。

【例6-3】 某学校领书的工作流程为：学生班长填写领书单，班主任审查后签名，然后学生班长拿领书单到书库领书；书库管理员审查领书单是否有班主任签名、填写是否正确等，将不正确的领书单退回给学生班长，如果填写正确则允许领书并修改库存清单；当某书的库存量低于临界值时，书库管理员登记需订书的信息，在每天下班前为采购部门提供一张订书单。请用用例图、顺序图和活动图来描述领书的过程。

【解析】

（1）用例图

首先确定存在3个参与者：学生班长、班主任、书库管理员。然后分析出7个用例：填写领书单、班主任签名、学生班长领书、书库管理员审查领书单、允许领书并修改库存清单、登记需订书信息、提供订书单。接着确定包含关系：班主任签名前需要学生班长填写领书单；学生班长领书前需要班主任签名；书库管理员审查领书单前需要学生班长去领书；书库管理员允许领书并修改库存清单前需要审查领书单；书库管理员提供订书单前需要登记需订书信息。最后，可以通过分析出的一系列关系绘制出图6-30所示的用例图。

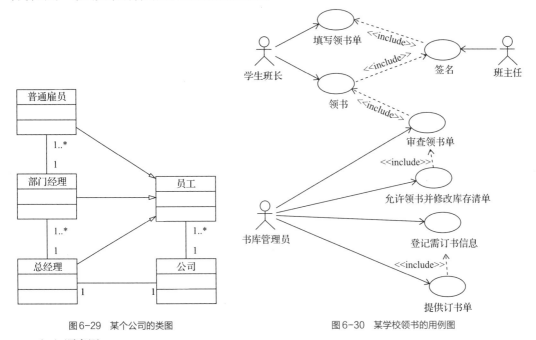

图6-29　某个公司的类图　　　　　　图6-30　某学校领书的用例图

（2）顺序图

学生班长填写领书单后，提交给班主任签名。班主任将签名后的领书单交给学生班长，学生班长拿着签名后的领书单去领书。书库管理员首先审查领书单，若有班主任签名且填写正确则允许领书并修改库存清单。如果某书的库存量低于临界值，书库管理员便登记需订书的信息，并为采购部门提供订书单，顺序图如图6-31所示。

（3）活动图

学生班长填写领书单后，提交给班主任签名。学生班长拿着班主任签名后的领书单去领书。书库管理员首先审查领书单，若有班主任签名且填写正确则允许领书并修改库存清单。书库管理员检查库存，如果库存不足，书库管理员便登记需订书的信息，并为采购部门提供订书单，活动图如图6-32所示。

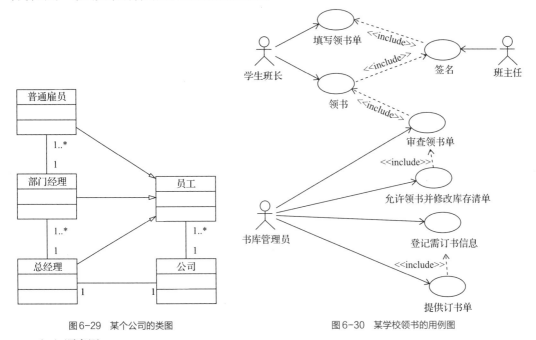

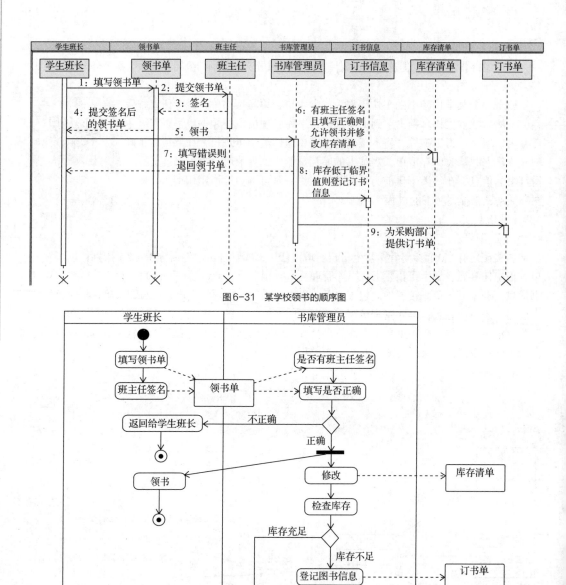

图6-31 某学校领书的顺序图

图6-32 某学校领书的活动图

本章小结

面向对象的概念中主要涉及对象、类、封装、继承和多态等概念。因为面向对象的软件工程方法更符合人类的思维习惯、稳定性好，而且可重用性好，所以在目前的软件开发领域中最为流行。

本章除了介绍面向对象相关内容以外，还介绍了UML的部分内容。UML是一种标准的图形化建模语言，主要用于软件的分析与设计。它使问题表述标准化，有效地促进了软件开发团队内部各种角色人员之间的交流，提高了软件开发的效率。

此外，本章还详细介绍了静态建模机制，包括用例图、类图与对象图和包图；动态建模机制，包括顺序图、协作图、状态图和活动图；描述物理架构的机制，包括组件图和部署图。

习题

1. 选择题

（1）面向对象技术中，对象是类的实例。类有3种成分：（　　）、属性和方法（或操作）。

    A. 标识　　　　　　B. 继承　　　　　　C. 封装　　　　　　D. 消息

（2）汽车有一个发动机，那么汽车与发动机之间的关系是（　　）关系。

    A. 组装　　　　　　B. 整体-部分　　　　C. 分类　　　　　　D. 一般-具体

（3）（　　）是把对象的属性与操作结合在一起，构成一个独立的对象，其内部信息对外界是隐藏的，外界只能通过有限的接口与对象发生联系。

    A. 多态　　　　　　B. 继承　　　　　　C. 消息　　　　　　D. 封装

（4）关联是建立（　　）之间关系的一种手段。

    A. 操作　　　　　　B. 类　　　　　　　C. 功能　　　　　　D. 属性

（5）面向对象软件技术的许多强有力的功能和突出的优点都来源于把类组织成一个层次结构的系统。一个类的上层可以有父类，下层可以有子类。这种层次结构系统的一个重要性质是（　　），一个子类可以获得其父类的全部描述（数据和操作）。

    A. 兼容性　　　　　B. 继承性　　　　　C. 复用性　　　　　D. 多态性

（6）所有的对象都可以成为各种对象类，每个对象类都定义了一组（　　）。

    A. 说明　　　　　　B. 类型　　　　　　C. 过程　　　　　　D. 方法

（7）UML是软件开发中的一个重要工具，它主要应用于（　　）。

    A. 基于螺旋模型的结构化方法　　　　　B. 基于需求动态定义的原型化方法

    C. 基于数据的数据流开发方法　　　　　D. 基于对象的面向对象的方法

（8）（　　）是从用户使用系统的角度来描述系统功能的图形表达方法。

    A. 类图　　　　　　B. 活动图　　　　　C. 用例图　　　　　D. 状态图

（9）（　　）描述了一组交互对象间的动态协作关系，它表示完成某项行为的对象和这些对象之间传递消息的时间顺序。

    A. 类图　　　　　　B. 顺序图　　　　　C. 状态图　　　　　D. 协作图

2. 判断题

（1）UML 是一种建模语言，是一种标准的表示，是一种方法。　　　　　　　（　　）

（2）类图用来表示系统中类与类之间的关系，它是对系统动态结构的描述。　（　　）

（3）在面向对象的软件开发方法中，每个类都存在其相应的对象，类是对象的实例，对象是生成类的模板。　　　　　　　　　　　　　　　　　　　　　　　　　　　（　　）

（4）顺序图用于描述对象是如何交互的且将重点放在消息序列上。　　　　　（　　）

（5）继承性是父类与子类之间共享数据结构和消息的机制，这是类之间的一种关系。

                                                              （　　）

（6）多态性增强了软件的灵活性和复用性，允许用更为明确、易懂的方式去建立通用软件，多态性和继承性相结合使软件具有更广泛的复用性和可扩充性。　　　　　　　（　　）

（7）类封装比对象封装更具体、更细致。　　　　　　　　　　　　　　　　（　　）

（8）用例之间有扩展、使用、组合等几种关系。　　　　　　　　　　　　　（　　）

（9）活动图显示动作及其结果，着重描述操作实现中所完成的工作，以及用例实例或类中的活动。　　　　　　　　　　　　　　　　　　　　　　　　　　　　　　　　（　　）

（10）UML支持面向对象的主要概念，并与具体的开发过程相关。　　　　　（　　）

（11）部署图用于描述系统硬件的物理拓扑结构以及在此结构上执行的软件。　　（　　）

3. 填空题

（1）对象是客观实体的抽象表示，由_____和_____两部分组成。

（2）类是对具有相同属性和行为的一组对象的抽象描述。因此，它可作为一种用户自定义类型和创建对象的样板，而按照这种样板所创建的一个个具体对象就是类的_____。

（3）UML的静态建模机制包括_____、类图、对象图、包图。

（4）在UML中，_____把活动图中的活动划分为若干组，并将划分的组指定给对象，这些对象必须履行该组所包括的活动。

（5）_____是用来反映若干个对象之间动态协作关系的一种交互图。它主要反映对象之间已发送消息的先后次序和对象之间的交互过程。

（6）_____是从用户使用系统的角度来描述系统功能的图形表达方法。

（7）_____就是用于表示构成分布式系统的节点集和节点之间的联系的图示，它可以表示系统中软件和硬件的物理架构。

（8）_____是面向对象设计的核心，是建立状态图、协作图和其他图的基础。

4. 简答题

（1）请简述面向对象的基本概念。

（2）与面向结构化开发过程相比，为什么面向对象能更真实地反映客观世界？

（3）什么是面向对象方法？面向对象方法的特点有哪些？

（4）什么是类？类与传统的数据类型有什么关系？

（5）与传统的软件工程方法相比，面向对象的软件工程方法有哪些优点？

（6）UML的作用和优点有哪些？

（7）如何着手从自然语言描述的用户需求中画出用例图？

（8）类之间的外部关系有几种类型？每种关系表达什么语义？

5. 应用题

（1）某市进行公务员招考工作，分行政、法律、财经3个专业。首先由市人事局公布所有用人单位招收各专业的人数，然后考生进行报名，再由招考办公室发放准考证并举行考试。考试结束后，招考办公室发放考试成绩单，并公布录取分数线，针对每个专业，分别将考生按总分从高到低进行排序。用人单位根据排序名单进行录用，并发放录用通知书给考生，同时给招考办公室留存备查。请根据以上情况进行分析，画出顺序图。

（2）在一个习题库下，各科老师可以在系统中编写习题及标准答案，并将编写的习题和答案加入题库中，或者从题库中选取一组习题组成向学生布置的作业，并在适当的时间公布答案。学生可以在系统中完成作业，也可以从题库中选择更多的习题练习。老师可以通过系统检查学生的作业，学生可以在老师公布答案后对自己的练习进行核对。请阅读这一情境，分析出该系统所包括的实体类并适当添加属性，画出分析类图。

（3）当手机开机时，它处于空闲状态，当用户使用电话呼叫某人时，手机进入拨号状态。如果呼叫成功，即电话接通，手机就处于通话状态；如果呼叫不成功，例如对方线路有问题或关机，则拒绝接听。这时手机停止呼叫，重新进入空闲状态；手机在空闲状态下被呼叫，则进入响铃状态；如果用户接听电话，则手机处于通话状态；如果用户未做出任何反应，其可能没有听见铃声，则手机一直处于响铃状态；如果用户拒绝来电，则手机回到空闲状态。

请按以上描述画出使用手机的状态图。

（4）某图书借阅管理系统需求说明如下。

① 管理员应建立图书书目，以提供图书检索的便利。一条书目可有多本相同ISBN的图书，每一本图书只能对应于一个书目。

② 图书可被读者借阅。读者在办理图书借阅时，管理员应记录借书日期，并记录约定还书日期，以督促读者按时归还。一个读者可借阅多本图书，一本图书每次只能被一个读者借阅。

③ 图书将由管理员办理入出库。图书入出库时，应记录图书变更状态，如存库、外借，并记录变更日期。一个管理员可办理多本图书入出库，但一本图书的某次入出库办理，必须由确定的管理员经手。

试以上述说明为依据，画出该系统的用例图、类图、状态图、顺序图、协作图、活动图、组件图、部署图。

（5）Switch卡带租赁商店

小佳有53张Switch卡带，他打算开个Switch卡带租赁商店赚点外快。但是Switch卡带并不便宜，小华作为开发者总结了以下的需求：

在卡带出租之前，商店的员工需要通过扫描顾客专属的二维码来确认顾客的身份和级别。每张Switch卡带也都贴上了二维码，员工通过扫描卡带上的二维码，可以获得卡带的描述和租赁费用，以此为顾客查询和租赁请求提供部分信息。员工有一个操作终端，在租用卡带时，员工会在终端上创建一个租赁订单。顾客可以使用现金进行支付，也可以使用微信或者支付宝进行支付。在员工接收顾客付款之前，若顾客还没有满18岁，那么员工会验证本次交易的顾客年龄资格。若顾客的年龄没有达到Switch卡带要求的年龄，则操作终端会提示交易不合规，员工会拒绝本次交易。若验证通过，则操作终端会提示交易可以继续，员工接收用户的付款。成功付款之后，若顾客要求员工打印收据，则员工会为顾客打印收据。

Switch卡带
租赁商店的
用例图、活动图
和类图

请你帮小佳完成下面的工作：

① 给出Switch卡带租赁商店的用例图。

② 参照表6-2"接收付款"用例的需求规格说明，给出该用例的活动图。

表6-2　"接收付款"用例的需求规格说明

用例	接收付款
简要描述	本用例允许员工接收顾客的Switch卡带租金付费。顾客可以使用现金支付，也可使用微信或者支付宝进行支付
参与者	顾客、员工
前置条件	顾客表示准备租用卡带，该顾客出示了有效的用户二维码，而且此卡带可以进行出租
主事件流	① 当顾客决定租用某张卡带，并选择了一种支付方式时，此用例开始； ② 员工请求系统显示该Switch卡带的租金等信息，并显示顾客的信息； ③ 若顾客选择使用现金支付，则员工收取现金，并在系统中确认付款已收到，要求系统如实记录这笔付款； ④ 若顾客选择使用微信/支付宝进行支付，则一旦微信/支付宝的API提供者对此交易进行了电子确认，系统就如实记录这笔付款； ⑤ 本用例结束
备选流	顾客没有足够的现金，并且不能使用微信或者支付宝进行支付。员工此时会要求系统验证该顾客的信用级别（根据用户的历史交易记录计算得出）。员工接下来会决定是否在不付费或者部分付费的情况下出租用户想要的Switch卡带。员工可以选择取消本次交易（用例终止）或者顾客支付部分费用继续交易（用例继续）
后置条件	如果该用例正常执行，那么这笔付款将被记录在系统的数据库中，否则，系统的状态不会改变

③ 给出Switch卡带租赁商店的类图。

提示：除了作图之外，请分析每张图是如何得到的，将分析写在每张图的下方。

第7章
面向对象分析

本章将首先讲述面向对象分析的过程和原则；然后阐述面向对象建模，包括如何建立对象模型、动态模型以及功能模型。

本章目标

❑ 理解面向对象分析的过程和原则。

❑ 掌握面向对象建模的3种模型。

7.1 面向对象分析与结构化分析

面向对象分析和结构化分析是两种常用的软件系统分析方法。

面向对象分析是一种基于对象概念的分析方法，它将系统看作由一组相互作用的对象组成。在面向对象分析中，分析人员通过识别系统中的对象、对象之间的关系以及对象的行为来理解系统的需求和功能。面向对象分析强调系统的结构和行为，并通过使用类、对象、继承、多态等概念来描述系统的静态和动态特性。面向对象分析的主要目标是确定系统的对象模型，为后续的设计和实现提供基础。

结构化分析是一种基于数据流和数据存储的分析方法，它将系统看作由一组相互作用的模块组成。在结构化分析中，分析人员通过识别系统中的数据流、数据存储和处理模块来理解系统的需求和功能。结构化分析强调系统的数据流和处理逻辑，并使用数据流图、数据字典、结构图等工具来描述系统的结构和行为。结构化分析的主要目标是确定系统的模块结构和数据流程，为后续的设计和实现提供基础。

面向对象分析和结构化分析都是软件系统分析的重要方法，它们各有优势和适用场景。面向对象分析适用于需求较为复杂、系统结构较为灵活的情况，能够更好地支持系统的扩展和维护；而结构化分析适用于需求相对简单、系统结构相对固定的情况，能够更好地支持系统的可靠性和可维护性。在实际应用中，可以根据具体的项目需求和团队技术水平选择合适的分析方法。

7.2 面向对象分析方法

本节讲述面向对象分析的过程和面向对象分析的原则。

7.2.1 面向对象分析过程

面向对象分析主要以用例模型为基础。开发人员在收集到的原始需求的基础上，通过构建用例模型得到系统的需求，进而再通过对用例模型的完善，使得需求得到改善。用例模型不仅包括用例图，还包括与用例图相关的文字性描述。因此，在绘制完用例图后，还要对每个用例的细节做详细的文字性说明。所谓用例，是指系统中的一个功能单元，可以描述为参与者与系统之间的一次交互。用例常被用来收集用户的需求。

绘制用例图时，首先要找到系统的操作者，即用例的参与者。参与者是在系统之外，透过系统边界与系统进行有意义交互的任何事物。"在系统之外"是指参与者本身并不是系统的组成部分，而是与系统进行交互的外界事物。这种交互应该是"有意义"的交互，即参与者向系统发出请求后，系统要给出相应的回应。而且，参与者并不限于人，也可以是时间、温度和其他系统等，例如，目标系统需要每隔一段时间就进行一次系统更新，那么时间就是参与者。

我们可以把参与者执行的每一个系统功能都看作一个用例。可以说，用例描述了系统的功能，涉及系统为了实现一个功能目标而关联的参与者、对象和行为。识别用例时，要注意用例是由系统执行的，并且用例的结果是参与者可以观测到的。用例是站在用户的角度对系统进行描述的，所以描述用例要尽量使用业务语言而不是技术语言。关于用例模型的详细创建方法，附录C "软件开发综合项目实践详解（图书馆信息管理系统）"会进行介绍。有关用例图的详细内容，可参见6.3.1小节。

确定了系统的所有用例之后，就可以开始识别目标系统中的对象和类。把具有相似属性和操作的对象定义为一个类。属性定义对象的静态特征，一个对象往往包含很多属性，例如，教师的属性可能有姓名、年龄、职业、性别、身份证号码、籍贯、民族和血型等。目标系统不可能关注对象的所有属性，而只考虑与业务相关的属性，例如，在"教学信息管理"系统中，可能就不会考虑教师的籍贯、民族和血型等属性。操作定义了对象的行为，并以某种方式修改对象的属性值。

通常，先找出所有的候选类，再从候选类中剔除那些与问题域无关的、非本质的东西。有一种查找候选类的方法，这种方法可以分析书写的需求陈述，首先将其中的名词作为候选类，将描述类的特征的形容词等作为属性，将动词作为类的服务（操作）的候选者，之后，剔除其中不必要、不正确、重复的内容，以此确定类、对象以及它们之间的关系。

目标系统的类可以划分为边界类、控制类和实体类。

- 边界类代表了系统及其参与者的边界，用于描述参与者与系统之间的交互。它更加关注系统的职责，而不是实现职责的具体细节。通常，界面控制类、系统和设备接口类都属于边界类。边界类如图7-1所示。
- 控制类代表了系统的逻辑控制，用于描述一个用例所具有的事件流的控制行为，实现对用例行为的封装。通常，可以为每个用例定义一个控制类。控制类如图7-2所示。
- 实体类描述了系统中必须存储的信息及相关的行为，通常对应于现实世界中的事物。实体类如图7-3所示。

图7-1 边界类

图7-2 控制类

图7-3 实体类

确定系统的类和对象之后，就可以分析类之间的关系了。对象或类之间的关系有依赖、关联、聚合、组合、泛化和实现。

（1）依赖关系是"非结构化"的、短暂的关系，表明某个对象会影响另外一个对象的行为或服务。

（2）关联关系是"结构化"的关系，用于描述对象之间的连接。

（3）聚合关系和组合关系是特殊的关联关系，它们强调整体和部分之间的从属性，组合是聚合的一种形式，组合关系对应的整体和部分具有很强的归属关系和一致的生命周期，例如，计算机与显示器就属于聚合关系，大雁与其翅膀的关系就是组合关系。

（4）泛化关系与类之间的继承关系类似。

（5）实现关系是针对类与接口的关系。

类图和对象图相关的详细内容，可参见6.3.2小节。

明确对象、类和类之间的层次关系之后，需要进一步识别出对象之间的动态交互行为，即系统响应外部事件或操作的工作过程。一般采用顺序图将用例和分析的对象联系在一起，描述用例的行为是如何在对象之间分布的，也可以采用协作图、状态图或活动图。有关顺序图、协作图、状态图和活动图的详细内容，可参见6.4.1～6.4.4小节。

最后，需要将需求分析的结果用多种模型图表示出来，并对其进行评审。由于分析的过程是一个循序渐进的过程，合理的分析模型需要多次迭代才能得到。面向对象需求分析的流程如图7-4所示。

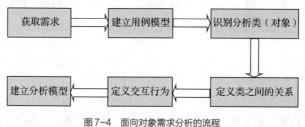

图7-4　面向对象需求分析的流程

7.2.2　面向对象分析原则

面向对象分析的基础是对象模型，对象模型由问题域中的对象及其相互关系组成。首先要根据系统的功能和目的对事物抽象出其相似性，抽象时可根据对象的属性、服务来表达，也可根据对象之间的关系来表达。

面向对象分析的原则如下。

1．定义有实际意义的对象

特别要注意的是，一定要把在应用领域中有意义的、与所要解决的问题有关系的所有事物作为对象，既不能遗漏所需的对象，也不能定义与问题无关的对象。

2．模型的描述要规范、准确

强调实体的本质，忽略无关的属性。描述对象应尽量使用现在时态、陈述性语句，避免模糊的、有二义性的术语。在定义对象时，还应描述对象与其他对象之间的关系以及背景信息等。

例如，在学校图书馆信息管理系统中，"学生"类的属性可包含学号、姓名、性别、年龄、借书日期、图书编号、还书日期等，还可以定义"学生"类的属性——所属的"班级"。当新生入学时，可以在读者数据库中，以班级为单位，插入新生的读者信息。当这个班级的学生毕业时，可以从读者数据库中删除该班的所有学生，但是在这个系统中，没有必要把学生的学习成绩、家庭情况等作为属性。

3．共享性

面向对象技术的共享有不同级别，例如，同一类共享属性和服务、子类继承父类的属性和服务、在同一应用中的共享类及其继承性、通过类库实现在不同应用中的共享等。

同一类的对象有相同的属性和服务。对不能抽象为某一类的对象实例，要明确地排斥。

例如，学生进校后，学校要将学生分为若干个班级。班级是一种对象类，通常有编号。同一年进校、学习相同的专业、同时学习各门课程、一起参加各项活动的学生，有相同的班长、相同的班主任，班上学生按一定的顺序编排学号。同一年进校、不同专业的学生不在同一班级。同一专业、不是同一年进校的学生不在同一班级。有时，一个专业的同一届学生人数较多，可分为几个班级，这时，不同班级的编号不相同。例如，2018年入学的软件工程系（代号11）软件技术专业（代号12）的1班，用1811121作为班级号，2018年入学的软件工程系软件技术专业2班用1811122作为班级号。

4. 封装性

所有软件组件都有明确的范围及清楚的外部边界。每个软件组件的内部实现和界面接口都是分离的。

7.3 面向对象建模

在面向对象分析中，通常需要建立3种形式的模型，分别是描述系统数据结构的对象模型、描述系统控制结构的动态模型，以及描述系统功能的功能模型。这3种模型都与数据、控制、操作等相关，但每种模型描述的侧重点却不同。这3种模型从3个不同但又密切相关的角度模拟目标系统，它们各自从不同侧面反映了系统的实质性内容，综合起来则全面地反映了对目标系统的需求。一个典型的软件系统通常包括：数据结构（对象模型）、执行操作（动态模型）、数据值的变化（功能模型）。

在面向对象分析中，解决的问题不同，这3种模型的重要程度也不同。一般来说，解决任何一个问题，都需要从客观世界实体及实体之间的相互关系抽象出极有价值的对象模型。若问题涉及交互作用和时序（如用户界面及过程控制等），则需要构造动态模型。若解决运算量很大的问题（如高级语言编译、科学与工程计算等），则需要构造功能模型。动态模型和功能模型中都包含对象模型中的操作（即服务或方法）。在整个开发过程中，这3种模型一直都在发展和完善。在面向对象分析过程中，需要构造出完全独立于实现的应用域模型。在面向对象设计过程中，需要将求解域的结构逐渐加入模型。在实现阶段，需要将应用域和求解域的结构都编成程序代码并进行严格测试验证。

下面将分别介绍如何建立这3种模型。

7.3.1 建立对象模型

面向对象分析首要的工作是建立问题域的对象模型。这个对象模型描述了现实世界中的"类与对象"以及它们之间的关系，表示了目标系统的静态数据结构。静态数据结构对具体细节依赖较少，比较容易确定。当用户的需求有所改变时，静态数据结构相对来说比较稳定。所以在面向对象分析中，都是先建立对象模型，然后建立动态模型和功能模型，对象模型为建立动态模型和功能模型提供了实质性的框架。

建立网上计算机销售系统的静态模型（对象模型）

大型系统的对象模型一般由5个层次组成，分别为主题层（也称为范畴层）、类与对象层、结构层、属性层和服务层，如图7-5所示。

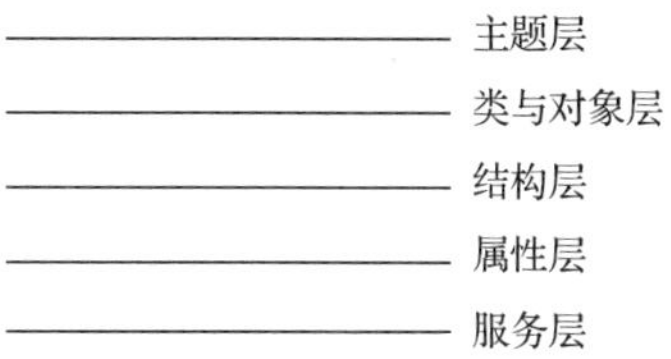

———————— 主题层
———————— 类与对象层
———————— 结构层
———————— 属性层
———————— 服务层

这5个层次对应在面向对象分析的过程中建立对象模型的5项主要活动：划分主题、确定类与对象、确定结构、确定属性、确定服务。实际上，这5项活动没有必要按照顺序来完成，也没有必要完成一项活动以后再开始另外一项活动。尽管

图7-5 大型系统的对象模型的5个层次

这5项活动的抽象层次不同，但是在进行面向对象分析时没有必要严格遵守自顶向下的原则。这些活动可指导分析人员从较高的抽象层（如问题域的类及对象）过渡到越来越低的抽象层（如结构、属性和服务）。

1．划分主题

（1）主题

在开发大型、复杂系统的过程中，为了降低复杂程度，分析人员往往将系统再进一步划分成几个不同的主题，也就是将系统包含的内容分解成若干个范畴。

在面向对象的分析中，主题就是将一组具有较强联系的类组织在一起形成的类的集合。主题一般具有以下几个特点。

- 主题是由一组具有较强联系的类构成的集合，但主题自身并不是一个类。
- 一个主题内部的类之间往往具有某种意义上的内在联系。
- 主题的划分一般没有固定的规则，如果侧重点不同则可能会得到不同的主题划分。

主题的划分主要有以下两种方式。

- 自底向上划分方式。首先建立类，然后将类中关系较密切的类组织为一个主题。如果主题数量还是很多，这时可将联系较强的小主题组织为大主题。注意，通常系统中最上层的主题数为5～9个。小型系统或中型系统经常会用到自底向上划分主题这种方式。
- 自顶向下划分方式。首先分析系统，并确定几个大的主题，每个主题相当于一个子系统。对这些子系统分别进行面向对象分析，将具有较强联系的类分别分配到相应的子系统中。最后可将各个子系统合并为一个大的系统。大型系统经常会用到自顶向下划分主题这种方式。

在开发很小的系统时，也许根本就没有必要引入主题层。对于含有较多类的系统，则常常先识别出类与对象和它们之间的关联，然后划分主题。对于规模较大的系统，则首先由分析人员大概地识别出类与对象和它们之间的关联，然后初步划分主题，经进一步分析，对系统结构有更深入的了解之后，则可再进一步修改或精练主题。

一般来说，应该按照问题领域而不是用功能分解的方法来确定主题。此外，应该按照使不同主题内的类相互之间依赖和交互最少的原则来确定主题。主题可以使用UML中的包来展现。

例如，对于"小型网上书店系统"，可以划分为如下主题：登录注册、浏览图书、会员购书、订单管理和图书管理。

（2）主题图

主题划分的最终结果可以形成一个完整的类图和一个主题图。

主题图一般有如下3种表示方式。

- 展开方式。将关系较密切的类画在一个框内，该框的每个角都标上主题号，框内是详细的类图，标出每个类的属性和服务及类之间的详细关系，这就是主题图的展开方式。
- 压缩方式。将每个主题号及主题名分别写在一个框内，这就是主题图的压缩方式。
- 半展开方式。将每个框内主题号、主题名及该主题中所含的类全部列出，这就是主题图的半展开方式。

主题图的压缩方式是为了展示系统的总体情况，而主题图的展开方式是为了展示系统的详细情况。

下面举一个例子，是关于商品销售管理系统主题图的。

商品销售管理系统是商场管理系统的一个子系统，要求具有如下功能：为每种商品编号，以及记录商品的名称、单价、数量和库存的下限等。营业员接班后要进行登录和售货，以及将顾客选购的商品输入购物清单、进行商品计价、收费、打印购物清单及统计信息，交班时要进行结账和交款。此系统能够帮助供货员发现哪些商品的数量已达到安全库存量、即将脱销，以及需要及时供货。账册用来统计商品的销售量、进货量、库存量，以及结算资金并向上级报告。上级可以发送信息，例如要求报账和查账，以及增删商品种类或变更商品价格等。

商品销售
管理系统的
面向对象需求
分析

通过对上述的分析，可确定如下的类：营业员、销售事件、账册、商品、商品目录、供货员和上级系统接口等。然后将它们的属性和服务标识在图中，这些对象类之间的所有关系也可在图中标出，这样就可得出一个完整的类图。"账册"类与"销售事件"类之间的关系是一种聚合关系。"商品目录"类与"商品"类之间的关系也是一种聚合关系。

分析此系统，可将其中对象类之间关系比较密切的部分画在一个框里，例如，营业员、销售事件和账册关系比较密切，商品和商品目录关系比较密切。供货员和上级系统接口与营业员之间的关系较远，但是供货员与上级系统接口有一个共同之处，都可以看成系统与外部的接口。这里将关系较密切的对象类画在一个框内，框的每个角都标上主题号，就得到了此系统展开方式的主题图，如图7-6（a）所示。如果将每个主题号及主题名分别写在一个框内，就得到了此系统压缩方式的主题图，如图7-6（b）所示。如果将主题号、主题名及该主题中所含的类全部列出，就得到了此系统半展开方式的主题图，如图7-6（c）所示。

主动对象是一组属性和一组服务的封装体，其中至少有一个服务不需要接收消息就能主动执行（称为主动服务），主动对象用加粗的边框来标识。商品销售管理系统中营业员就是一个主动对象，它的主动服务就是登录和销售。上级系统接口也是主动对象，它可以对商场各部门发送消息，进行各种管理，如图7-6（a）所示。

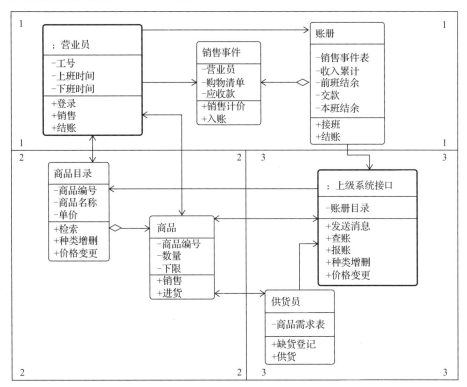

（a）商品销售管理系统展开方式的主题图

| 1. 销售记录 | 2. 商品信息 | 3. 外部接口 |

（b）商品销售管理系统压缩方式的主题图

1. 销售记录	2. 商品信息	3. 外部接口
营业员 销售事件 账册	商品目录 商品	上级系统接口 供货员

（c）商品销售管理系统半展开方式的主题图

图7-6　商品销售管理系统的主题图

2．确定类与对象

（1）找出候选的类与对象

在确定类与对象时，通常需要找出候选的类与对象，之后从这些候选的类与对象中过滤掉不正确或不必要的类与对象。常用的找出候选的类与对象的方法有以下两个。

① 名词识别法

分析人员可以根据需求陈述中出现的名词或名词短语来提取候选的类与对象。例如，超市收付费结算终端系统的部分需求陈述是这样的：" 顾客带着所要购买的商品到超市的一个收付费结算终端（终端设在门口附近），收付费结算终端负责接收数据、显示数据和打印购物单；收银员与收付费结算终端交互，通过收付费结算终端录入每项商品的通用产品代码，如果出现多个同类商品，收银员还要录入该商品的数量；系统确定商品的价格，并将商品代码、数量信息加入正在运行的系统；最终该系统显示当前商品的描述信息和价格。"

仔细分析上面的需求陈述，虽然这里用下画线识别出名词或名词短语，但最终并没有将所有的名词或名词短语作为候选的类，而是有所取舍。例如，"系统"是指待开发的软件，所以不能作为实体类；"通用产品代码""数量"和"价格"应该属于商品的属性，所以它们也不是实体类；最终，上述需求陈述中的候选类为"顾客""商品""收付费结算终端""购物单"和"收银员"。

② 系统实体识别法

此方法是根据预先定义的概念类型列表，逐一判断系统中是否有对应的实体对象。一般来说，客观实体可分为以下5类。

- 可感知的物理实体，如计算机、旅行包、桌子等。
- 人或组织的角色，如经理、管理员、供应处等。
- 应该记忆的事件，如取款、旅行、聚会等。
- 两个或多个事件的相互作用，如谈话、上课等。
- 需要说明的事件，如交通法、招生简章等。

通过尝试判断系统中是否存在这些类型的实体或将这些实体与名词识别法得到的类进行对比，就可以确定系统中的类。例如，对超市收付费结算终端系统逐项进行比较，来判断系统中是否有对应的实体类，识别结果如下。

- 可感知的物理实体：收付费结算终端、商品。
- 人或组织的角色：顾客、收银员。
- 应该记忆的事件：购物单。
- 两个或多个事件的相互作用：没有。
- 需要说明的事件：没有。

（2）筛选出正确的类与对象

筛选过程主要依据下列标准来过滤不正确或不必要的类和对象。

① 冗余：如果两个类表达同样的信息，则应选择其中更合理的类。

② 无关：系统只需要包含与本系统密切相关的类或对象。

③ 笼统：将系统中笼统的名词类或对象去掉。

④ 属性：系统中如果某个类只有一个属性，则可以考虑将它作为另一个类的属性。

⑤ 操作：需求陈述中如果有一些既可作动词也可作名词的词语，应该根据系统的要求，正确决定把它们作为类还是类中的操作。

⑥ 实现：分析阶段不应过早地考虑系统的实现问题，所以应该去掉只与实现有关的候选的类或对象。

使用上述方法对超市收付费结算终端系统进行分析，最终确定的类的对象为"顾客""商品""收付费结算终端""购物单"和"收银员"。

3. 确定结构

结构层用于定义类之间的层次结构关系，如"一般-特殊"结构（即继承结构等）。有关如何确定结构的内容，已在6.3.2小节中详细描述过，这里不赘述。

4. 确定属性

属性的确定既与问题域有关，也与目标系统的任务有关。应该仅考虑与具体应用直接相关的属性，不要考虑那些超出所要解决的问题范围的属性。在分析过程中应该首先找出最重要的属性，再逐渐把其余属性增添进去。在面向对象分析阶段，不要考虑那些纯粹用于实现的属性。

标识属性的启发性准则如下。

① 每个类至少需包含一个属性。

② 属性取值必须适合类的所有实例。例如，属性"红色的"并不属于所有的汽车，有的汽车的颜色不是红色的，这时可建立汽车的泛化结构，将不同的汽车划分为"红色的汽车"和"非红色的汽车"这两个子类。

③ 出现在泛化关系中的类所继承的属性必须与泛化关系一致。

④ 系统的所有存储数据必须定义为属性。

⑤ 类的导出属性应当略去。例如，属性"北京"由属性"出生地"导出，所以它不能作为基本属性存在。

⑥ 在分析阶段，如果某属性描述了类的外部不可见状态，应将该属性从分析模型中删去。

在确定属性时需要注意以下问题。

① 误把对象当作属性。

② 误把关联类的属性当作对象的属性。

③ 误把内部状态当作属性。

④ 过于细化。

⑤ 存在不一致的属性。

⑥ 属性不能包含一个内部结构。

⑦ 属性在任何时候只能有一个在其允许范围内的确切的值。

实际上，属性应放在哪一个类中还是很明显的。通用的属性应放在泛化结构中较高层的类中，而特殊的属性应放在较低层的类中。

实体关系图中的实体可能对应于某一个类，这样，实体的属性就会简单地成为类的属性。如果实体（如学校）不只对应于一个类，那么这个实体的属性必须分配到分析模型的不同的类之中。

下面举一个例子来说明如何确定属性和方法。

一个多媒体商店的销售系统要处理两类媒体文件：图像文件（ImageFile）和声音文件（AudioFile）。每个媒体文件都有名称和唯一的编码，而且文件包含作者信息和格式信息，声音文件还包含声音文件的时长（以s为单位）。假设每个媒体文件都可以由唯一的编码所识别，系统要提供以下功能。

① 可以添加新的特别媒体文件。

② 通过给定的文件编码查找需要的媒体文件。

③ 删除指定的媒体文件。

④ 统计系统中媒体文件的数量。

请考虑ImageFile类和AudioFile类应该具有哪些恰当的属性和方法（服务）。

根据上述问题，分析如下。

根据类（媒体文件）所具有的信息，ImageFile类应该具有id（唯一的编码）、author（作者信息）、format（格式信息）属性；此外，为了方便文件处理，还应该具有source（文件位置）属性。这些属性都有相应的存取方法。考虑到添加和删除功能，ImageFile类还应该有带参数的构造方法和一个按id删除文件的方法。考虑到查找功能，ImageFile类需要一个findById()方法。为了实现统计功能，ImageFile类需要一个类方法count()。

AudioFile类的属性除了ImageFile类具有的属性之外，还需要一个Double类型的duration属性用来描述时长，duration也有其相应的存取方法。AudioFile类的方法和ImageFile类的方法基本相同，除了构造函数的参数列表需要在AudioFile类的基础上加上duration属性，以及getDuration()方法和setDuration()方法。

ImageFile类和AudioFile类具体的属性和方法分别如图7-7和图7-8所示。

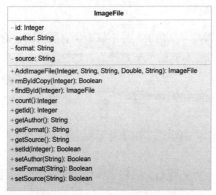

图7-7　ImageFile类具体的属性和方法　　　　图7-8　AudioFile类具体的属性和方法

5．确定服务

"对象"（类）是由描述其属性的数据以及可以对这些数据施加的操作（即方法或服务），封装在一起构成的独立单元。如果要建立完整的对象模型，既需要确定类中应该定义的属性，又需要确定类中应该定义的服务。由于动态模型和功能模型更明确地描述了每个类中应该提供哪些服务，因此需要等到建立这两种模型之后，才能最终确定类中应有的服务。实际上，在确定类中应有的服务时，既要考虑该类实体的常规行为，又要考虑在系统中特殊需要的服务。

识别类的操作时要特别注意以下几种类。

① 注意只有一个或很少操作的类。也许这个类是合法的，但是可以考虑将其与其他类合并为一个类。

② 注意没有操作的类。没有操作的类也许没有存在的必要，那么其属性可归于其他类。

③ 注意太多操作的类。一个类的责任应当限制在一定的数量内，如果太多将导致维护复杂，因此尽量将此类重新分解。

具体例子可参见前述例子中的ImageFile类和AudioFile类。

7.3.2　建立动态模型

对象模型建立后，就需要考察对象和关系的动态变化情况，即建立动态模型。

建立动态模型首先要编写脚本，从脚本中提取事件，并设想（设计）用户界面，然后画出UML的顺序图（也称事件跟踪图）或活动图，最后画出对象的状态图。

1．编写脚本

脚本的原意是表演戏剧、话剧及拍摄电影、电视剧等所依据的本子，里面记载台词、故事情节等。在建立动态模型的过程中，脚本是系统执行某个功能的一系列事件，脚本描述用户（或其他外部设备）与目标系统之间的一个或多个典型的交互过程，以便对目标系统的行为有更具体的认识。

脚本通常起始于一个系统外部的输入事件，结束于一个系统外部的输出事件。它可以包括发生在这个期间的系统所有的内部事件（包括正常情况脚本和异常情况脚本）。

编写脚本的目的是保证不遗漏系统功能中重要的交互步骤，有助于确保整个交互过程的正确性和清晰性。

例如，下面陈述的是客户在ATM上取钱（功能）的脚本。

（1）客户将银行卡插入ATM。

（2）ATM显示欢迎消息并提示客户输入密码。

（3）客户输入密码。

（4）ATM确认密码有效。如果无效则执行子事件流a。如果与主机连接有问题，则执行异常事件流e。

（5）ATM提供以下选项：存钱、取钱、查询。

（6）客户选择取钱选项。

（7）ATM提示输入所取金额。

（8）客户输入所取金额。

（9）ATM确认该账户是否有足够的金额。如果余额不足，则执行子事件流b。如果与主机连接有问题，则执行异常事件流e。

（10）ATM从客户账户中减去所取金额。

（11）ATM向客户提供要取的钱。

（12）ATM打印清单。

（13）ATM退出客户的银行卡，脚本结束。

子事件流a过程如下。

a1. 提示客户输入的密码为无效密码，请求再次输入。

a2. 如果输入3次无效密码，则系统自动关闭，并退出客户银行卡。

子事件流b过程如下。

b1. 提示用户余额不足。

b2. 返回脚本（5），等待客户重新选择。

执行异常事件流e的描述省略。

2. 设想（设计）用户界面

在面向对象分析阶段不能忽略用户界面的设计，在这个阶段用户界面的细节不太重要，重要的是在这种界面下的信息交换方式。设计人员应该快速建立用户界面原型，供用户试用与评价。面向对象方法的用户界面设计和传统方法的用户界面设计基本相同，具体内容见5.6.2小节。

图7-9所示为初步设计出的"某测试平台"的一个用户界面。

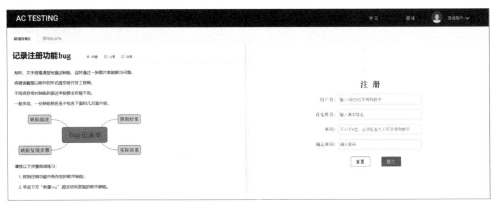

图7-9 初步设计出的"某测试平台"的一个用户界面

第7章 面向对象分析

3．画 UML 的顺序图或活动图

尽管脚本为建立动态模型奠定了必要的基础，但是，用自然语言书写的脚本往往不够简明，而且有时在阅读时会产生二义性。为了帮助建立动态模型，通常在画状态图之前先画出顺序图或活动图。

有关画顺序图或活动图的具体内容，可参见6.4.1小节或6.4.4小节。

4．画状态图

有关如何画状态图的具体内容，可参见4.3.3小节和6.4.3小节。

7.3.3　建立功能模型

功能模型表明了系统中数据之间的依赖关系，以及相关的数据处理功能，它由一组数据流图组成。数据流图中的处理对应于状态图中的活动或动作，数据流对应于对象图中的对象或属性。

建立功能模型的步骤如下。

（1）确定输入和输出值。

（2）画数据流图。

（3）确定服务。

1．确定输入和输出值

有关这一部分的内容，请参见4.3.1小节。

2．画数据流图

功能模型可用多张数据流图来表示。有关这一部分的内容，请参见4.3.1小节。

在面向对象分析中，数据源一般是主动对象，它通过生成或使用数据来驱动数据流。数据终点接收数据的输出流。数据流图中的数据存储是被动对象，本身不产生任何操作，只响应存储和访问数据的要求。输入箭头表示增加、更改或删除所存储的数据，输出箭头表示从数据存储中查找信息。

3．确定服务

在7.3.1小节中已经指出，需要等到建立了动态模型和功能模型之后，才能最终确定类中应有的服务，因为这两个模型更明确地描述了每个类中应该提供哪些服务。

类的服务与对象模型中的属性和关联的查询有关，与动态模型中的事件有关，并与功能模型的处理有关。通过分析，可将这些服务添加到对象模型中去。

类的服务主要有以下几种。

（1）对象模型中的服务。对象模型中的服务都具有读和写的属性值。

（2）从事件导出的服务。在状态图中，事件可以看作信息从一个对象到另一个对象的单向传递，发送消息的对象可能需要等待对方的答复，而对方可答复，也可不答复。这种状态的转换、对象的答复等所对应的就是操作（服务）。所以事件对应于各个操作，同时还可启动新的操作。

（3）来自状态动作和活动的服务。状态图中的活动和动作可能是操作，应该定义成对象模型的服务。

（4）与数据流图中处理框对应的操作。数据流图中的每个处理框都与一个对象（也可能是若干个对象）上的操作相对应。我们应该仔细对照状态图和数据流图，以便更正确地确定对象应该提供的服务，将其添加到对象模型的服务中去。

需要强调的是，结构化分析的功能建模中使用的数据流图与面向对象分析的功能模型中使用的数据流图是有差别的，主要是数据存储的含义可能不同。在结构化分析的功能建模中，数据存储绝大多数都是文件或数据库，而在面向对象分析的功能模型中，数据存储也可以是类的属性。所以面向对象分析的功能模型中包含两类数据存储：一类是类的数据存储；另一类是不属于类的数据存储。

另外，用例模型（由用例图以及各个用例使用说明场景构成）也是功能模型的一种。

7.3.4　3种模型之间的关系

通过面向对象分析得到的这3种模型分别从不同的角度描述了所要开发的系统。这3种模型之间互相补充，对象模型定义了做事情的实体，动态模型表明了系统什么时候做，而功能模型表明了系统该做什么。这3种模型之间的关系如下。

（1）动态模型描述了类实例的生命周期或运行周期。

（2）动态模型的状态转换驱使行为发生，这些行为在用例图中被映射成用例，在数据流图中被映射成处理，它们同时与类图中的服务相对应。

（3）功能模型中的用例对应于复杂对象提供的服务，简单的用例对应于更基本的对象提供的服务。有时一个服务可以对应多个用例或一个用例可以对应多个服务。

（4）功能模型中数据流图的数据流，通常是对象模型中对象的属性值，也可能是整个对象。数据流图中的数据存储，以及数据的源点或终点，通常是对象模型中的对象。

（5）功能模型中的用例可能会产生动态模型中的事件。

（6）对象模型描述了数据流图中的数据流、数据存储以及数据源点或终点的结构。

建立这几种模型，需要分析人员与用户和领域专家密切协商和配合，共同提炼和整理用户需求，最终的模型需得到用户和领域专家的确认。在分析过程中，可能需要先构建原型模型，这样与用户交流会更有效。

面向对象分析就是用对象模型、动态模型和功能模型来描述对象及其相互关系。

7.4　面向对象分析实例

智能机场管理系统的用例模型、对象模型、动态模型和功能模型

【例7-1】请用面向对象的分析方法分析此智能机场管理系统。

这个智能机场管理系统的主要用途在于提供便捷的航班信息和旅客信息，并实现机场运营维护中的报修功能、表单管理、商家入驻等附加功能。下面是对它的具体需求。

（1）提供航班信息：航司可以在系统上发布航班信息，包括价格、起飞时间、航班号等，由系统生成包括具体登机口信息的时刻表。因为该机场跑道有限，同时间内不能超过2架飞机起飞。为确保安全，同一个跑道的飞机起落前后30min不应该安排其他飞机，方便旅客查询和购买机票。对已确定的航班，航司可以调整航班价格，或者取消航班，并通知旅客。

（2）提供旅客信息：旅客可以通过系统查询订票是否成功、生成电子机票等，并获取具体的登机口和航站楼信息，临近起飞还会收到起飞通知。系统还可以提供行李跟踪功能，帮助旅客及时了解行李的位置和状态。

（3）报修功能：机场工作人员可以在系统上报修设备和设施，并等待管理员批准。

（4）表单管理：管理员可以在系统上打印财务报表、查看航班时刻表、批量导入航班信息。

（5）商家入驻：商家可以在系统上申请入驻机场系统，之后可以在线上销售商品，并将商品送至指定的登机口。

（6）停车场：机场可以提供停车管理功能，旅客可以预订停车位并在线支付费用。

（7）客服功能：提供客服服务，为旅客解答常见问题并提供帮助。

【解析】

1．建立用例模型

在智能机场管理系统中，参与者主要有7个：航司、旅客、管理员、商家、机场工作人员、停车场和客服。航司和旅客可以通过该系统进行登录和注册操作。航司可以发布航班信息，并将信息发送给管理员，同时也可以修改已发布的航班信息或取消已发布的航班。旅客可以根据指定条件查询航班信息，订购指定航班的机票，并接收航班起飞通知。此外，旅客还可以查阅已订票的状态以及跟踪行李的状态。同时，旅客还可以预订停车位并更新停车位信息。管理员可以批量导入航班信息，查看销售报表、航班时刻表和财务报表，还负责处理报修请求，并发送相应的信息，以及处理商家入驻申请。商家可以申请入驻机场并添加商品信息。另外，商家还可以处理订单并更新订单列表。客服则负责回答旅客的问题。智能机场管理系统的用例图如图7-10～图7-15所示。

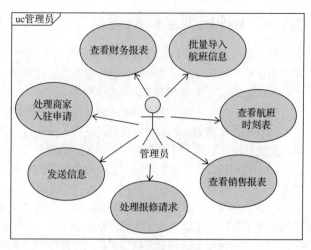

图7-10 管理员用例图

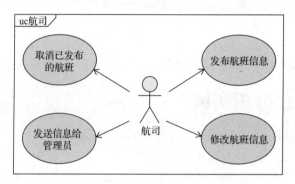

图7-11 航司用例图

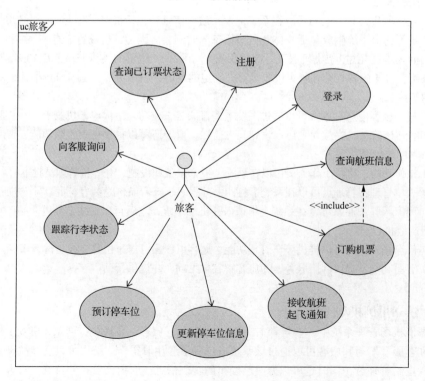

图7-12 旅客用例图

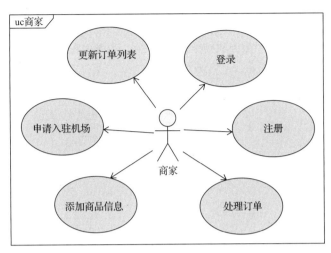

图7-13 商家用例图

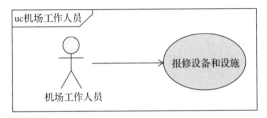

图7-14 机场工作人员用例图

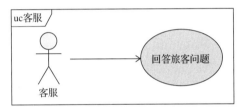

图7-15 客服用例图

2．建立对象模型

（1）确定问题域中的类

从该智能机场管理系统的需求不难看出，组成该系统的基本对象是机场涉及的各个实体类。

旅客实体类应该包含的信息主要有姓名、航班预订信息和行李信息。旅客应实现基本的登录功能；在登录后应能够查看航班信息、预订航班；如果已经订票，应可以收到航班起飞通知、查看订票信息，并追踪行李。

航司实体类应包含名称和航班两个属性。在智能机场管理系统中，航班虽然是一个实体，但是在实际中，某一航班必然隶属于某一航司，所以为了方便管理，航司实体的一个成员就是其计划的航班列表。基于其基本属性，我们可知航司也应实现登录功能，并对自己计划的航班列表进行添加航班、调整航班和取消航班等操作。

与航司关联的实体除了旅客，还有机场工作人员。机场工作人员实体类除了姓名这一基本属性，还需要维护自己提交的维修申报信息。机场工作人员应具备登录和提交报修申请功能。

与旅客关联的实体还有商家实体、停车场实体和客服实体。商家应具备名称、商品列表和订单信息列表3个属性，并实现登录系统、申请入驻、添加商品和处理订单等功能；停车场实体是针对"旅客停车"这一需求而抽象出的一个实体，需要具备旅客信息、停车位、停车时长和支付情况属性，并提供预约停车和进行支付的服务。事实上，这样考虑有助于简化本系统的数据库设计；客服实体只需要具备姓名等基本属性，并提供登录系统和解答问题的服务。

此外，根据需求，本系统还需要管理员实体。管理员需要有姓名等基本信息并实现登录，其主要需要实现一系列系统管理功能，包括批量导入航班信息、查看财务报表、查看航班时刻表、处理报修申请、处理商家入驻申请等。

（2）分析类之间的关系

在这个系统中，类之间的相互引用关系比较简单，这是因为机场管理系统的各个子系统在实际实现时都必然会有ID属性，并采用列表形式进行管理，因此便于引用。类之间的关系主要是简单的关联关系，具体表现为提供服务和接受服务的关系，以及发布消息和接收消息的关系。该系统的初步的对象模型如图7-16所示。

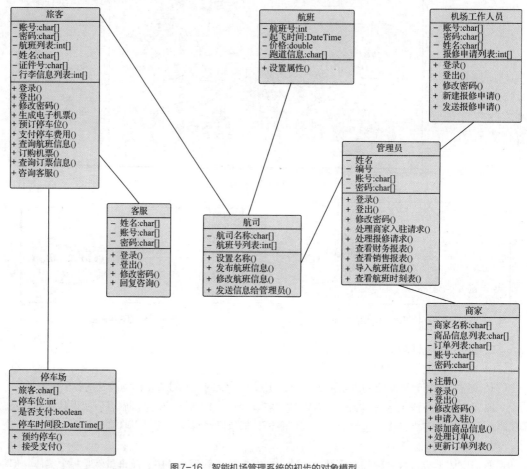

图7-16　智能机场管理系统的初步的对象模型

3．建立动态模型

分析可知，本智能机场管理系统主要可分成以下几个功能：个人信息管理、航班管理、停车服务、客服、商家。

（1）个人信息管理

这部分涉及用户、系统页面和数据库实体3个方面。用户在系统各类页面完成注册、登录、编辑个人信息、提交个人信息等操作；系统页面在收到用户提交的表单后，向后端的数据库实体发出对应查询请求，并接收数据库返回的结果，根据成功与否将提示信息显示给用户；数据库实体负责检索、验证、增/删/改等基本的数据操作。本功能的顺序图如图7-17～图7-20所示。

（2）航班管理

这部分涉及航司、旅客、系统页面和数据库实体4个方面。航司通过系统页面查询、修改航班信息，并通过系统页面与数据库的交互完成数据的更新；旅客在系统页面中进行机票查询、机票购买、支付、行李查询等，并查看由数据库返回的相关信息；特定情况下系统会主动向旅客发送航班调整消息。本功能的顺序图如图7-21～图7-24所示。

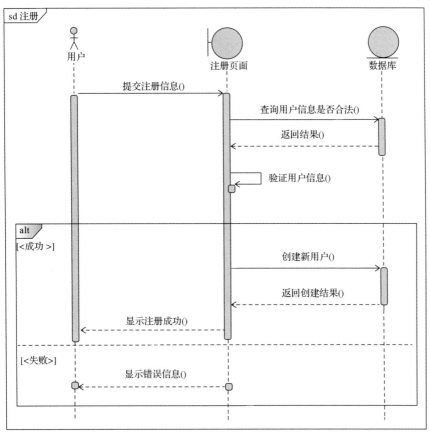

图 7-17 注册顺序图

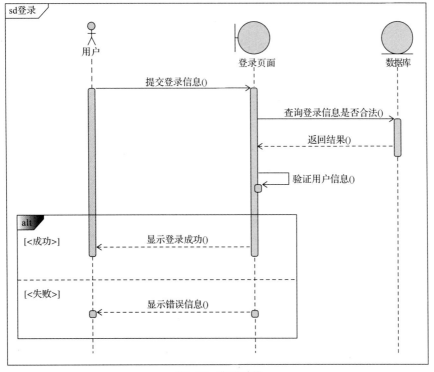

图 7-18 登录顺序图

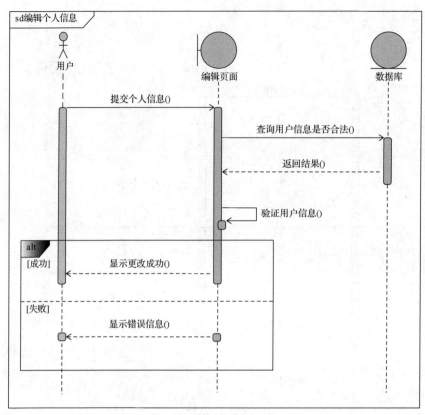

图 7-19　编辑个人信息顺序图

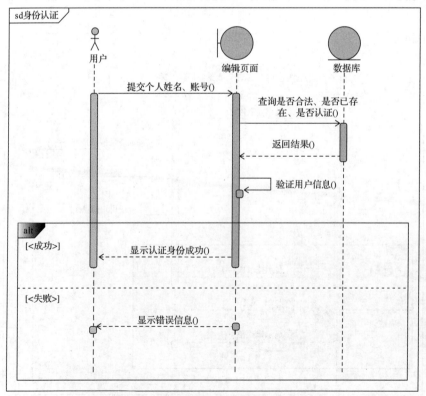

图 7-20　身份认证顺序图

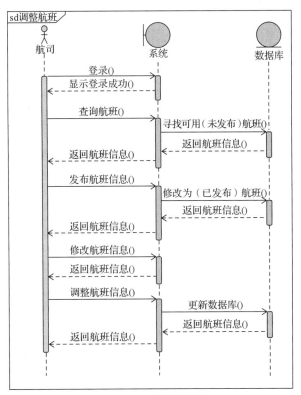

图7-21 调整航班顺序图

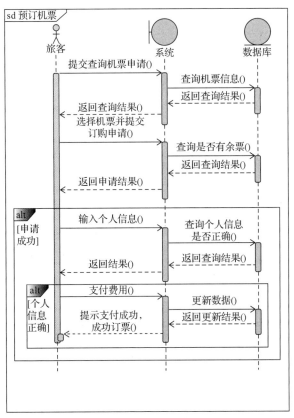

图7-22 预订机票顺序图

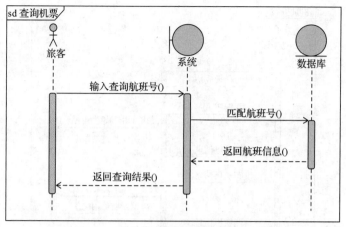

图7-23　查询机票顺序图

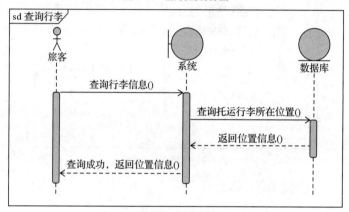

图7-24　查询行李顺序图

（3）停车服务

这部分涉及旅客、系统页面和数据库实体3个方面。旅客在系统页面上查看停车位信息并提交预订请求；系统页面从数据库中获取空闲停车位等信息，并在数据库中写入用户提交的预订请求。本功能的顺序图如图7-25所示。

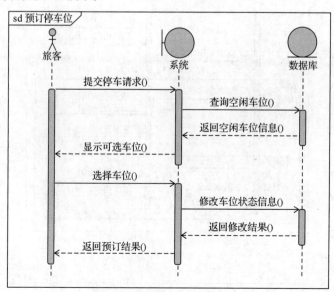

图7-25　预订停车位顺序图

（4）客服

这部分涉及旅客、客服和系统页面3个方面。旅客在系统页面上提交客服咨询申请，经系统匹配客服后，在系统页面上进行"咨询-回复"的操作，旅客可在系统页面上结束服务。本功能顺序图如图7-26所示。

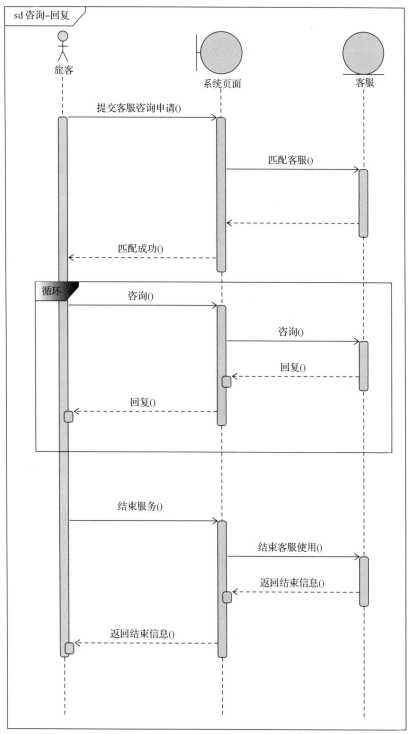

图7-26　咨询-回复顺序图

实用软件工程（附微课视频 第3版）

（5）商家

这部分涉及商家、旅客、管理员、系统页面和数据库实体5个方面。商家经系统页面提交入驻机场的申请，相关信息写入数据库后，由管理员页面显示并由管理员审核；商家通过系统页面增删商品，系统页面将商品数据和订单数据写入数据库；旅客在购买页面提交购买申请，经数据库对余额和商品库存的查询后，完成相应订单的处理。本功能顺序图如图7-27和图7-28所示。

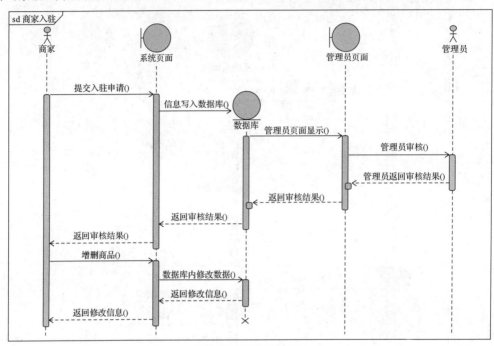

图7-27　商家入驻顺序图

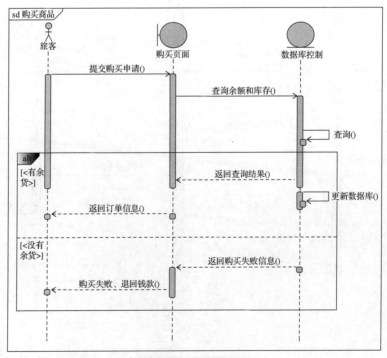

图7-28　购买商品顺序图

4. 建立功能模型

根据题中关键信息可知，该系统中实体包括客服、停车场、旅客、机场工作人员、航司、商家、管理员。与客服相关的数据流出应有"客服分配信息"；与停车场相关的数据流出应有"停车位信息"；与旅客相关的数据流入应有"航班、行李信息"，数据流出应有"客服申请信息""停车位信息""订票信息""订单、付款信息"；与机场工作人员相关的数据流出应有"报修信息"；与航司相关的数据流出应有"航班信息"；与商家相关的数据流出应有"商品信息""商家信息"；与管理员相关的数据流入应有"订单信息"，数据流出应有"商家信息""报修信息"。

智能机场管理系统的数据流图如图7-29所示。

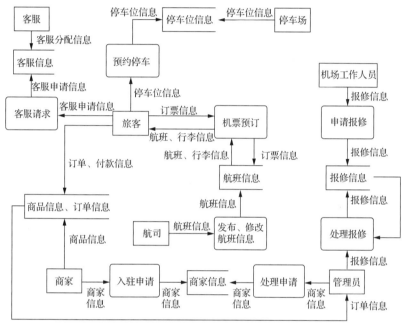

图7-29　智能机场管理系统的数据流图

7.5　案例："'墨韵'读书会图书共享平台"的需求规格说明书

"墨韵"读书会
图书共享平台
需求规格说明书

本章小结

本章介绍了面向对象分析的过程和面向对象分析的原则。面向对象的需求分析方法主要基于面向对象的思想，以用例模型为基础进行需求分析。本章还介绍了对象模型、动态模型、功能模型3种面向对象的模型，以及这3种模型之间的关系。

习题

1. 选择题

（1）面向对象模型主要由以下哪些模型组成？（　　　）

    A. 对象模型、动态模型、功能模型　　　　B. 对象模型、数据模型、功能模型

    C. 数据模型、动态模型、功能模型　　　　D. 对象模型、动态模型、数据模型

（2）面向对象分析的首要工作是建立（　　　）。

    A. 系统的动态模型　　　　　　　　　　B. 系统的功能模型

    C. 基本的E-R图　　　　　　　　　　　D. 问题的对象模型

（3）面向对象分析阶段建立的3个模型中，核心的模型是（　　　）模型。

    A. 功能　　　　　　B. 动态　　　　　　C. 对象　　　　　　D. 分析

（4）面向对象的动态模型中，每张状态图表示（　　　）的动态行为。

    A. 某一个类　　　　　　　　　　　　　B. 有关联的若干个类

    C. 一系列事件　　　　　　　　　　　　D. 一系列状态

（5）在考察系统的一些涉及时序和改变的状况时，要用动态模型来表示。动态模型着重于系统的控制逻辑，它包括两个图：一个是事件追踪图；另一个是（　　　）。

    A. 顺序图　　　　　　B. 状态图　　　　　　C. 系统结构图　　　　　D. 数据流图

（6）对象模型的描述工具是（　　　）。

    A. 状态图　　　　　　B. 数据流图　　　　　C. 结构图　　　　　　D. 类图

（7）功能模型中所有的（　　　）往往形成一个层次结构，在这个层次结构中一个数据流图的过程可以由下一层数据流图进行进一步的说明。

    A. 事件追踪图　　　　B. 物理模型图　　　　C. 状态转换图　　　　D. 数据流图

（8）在面向对象软件开发方法中，类与类之间主要有（　　　）结构关系。

    A. 继承和聚合　　　　　　　　　　　　B. 一般和特殊

    C. 聚合和消息传递　　　　　　　　　　D. 继承和方法调用

（9）下面正确的说法是（　　　）。

    A. 对象表示客观中存在的实物　　　　　B. 类是对象的实例

    C. 类是具有相同属性和操作的对象的集合　D. 对象也就是类

2. 判断题

（1）模型是对现实的简化，建模是为了更好地理解所开发的系统。　　　　　　（　　　）

（2）在面向对象的需求分析方法中，建立动态模型是最主要的任务。　　　　　（　　　）

（3）面向对象分析阶段建立的3个模型中，核心的模型是功能模型。　　　　　（　　　）

（4）对象模型的描述工具是状态图。　　　　　　　　　　　　　　　　　　　（　　　）

（5）两个对象之间的关联关系只能有一个。　　　　　　　　　　　　　　　　（　　　）

3. 填空题

（1）面向对象分析的首要工作是建立问题的_____。

（2）大型系统的对象模型通常由5个层次构成，分别是_____、_____、_____、_____、_____。

（3）数据流图中的处理对应于状态图中的_____，数据流对应于类图的_____。

（4）功能模型中包含两类数据存储，分别是_____和_____。

（5）对象或类之间的关系有_____、_____、_____、_____。

（6）对象模型由问题域中的_____及其_____组成。

（7）对象模型的描述工具是_____。

4. 简答题

（1）请对比面向对象需求分析方法和结构化需求分析方法。

（2）类之间的外部关系有几种类型？每种关系表达什么语义？

（3）请简述面向对象分析的原则。

（4）请简述面向对象分析的过程。

（5）什么是动态模型？

（6）什么是对象模型？

（7）什么是功能模型？

5. 应用题

（1）在温室管理系统中，有一个环境控制器，当没有种植作物时处于空闲状态。一旦种植作物，就要进行温度控制，定义适宜的气候，即在什么时期应达到什么温度。当处于夜晚时，由于温度下降，要调用调节温度过程，以便保持温度。当太阳出来时，进入白天状态，由于温度升高，要调用调节温度过程，以保持要求的温度。当作物收获后，终止气候的控制，则进入空闲状态。

请建立上述的环境控制器的动态模型。

（2）一家图书馆藏有书册、杂志、电影录像带、音乐CD、录音图书磁带和报纸等出版物供读者借阅。这些出版物有出版物名、出版者、出版日期、目录编号、书架位置、借出状态和借出限制等属性，并有借出、收回等服务。

请建立上述图书馆馆藏出版物的对象模型。

（3）王大夫在小镇上开了一家牙科诊所，他有一名牙科助手、一名牙科保健员和一名接待员。王大夫需要一个软件系统来管理预约。

当病人打电话预约时，接待员将查阅预约登记表，如果病人申请的就诊时间与已定下的预约时间冲突，则接待员建议一个就诊时间以安排病人尽早得到诊治。如果病人同意建议的就诊时间，接待员将输入约定时间和病人的名字。系统将核实病人的名字并提供记录的病人数据，数据包括病人的病历号等。在每次治疗或清洗后，助手或保健员将标记相应的预约诊治已经完成，如果必要的话会安排病人下一次再来。

系统能够按病人姓名和日期进行查询，能够显示记录的病人数据和预约信息。接待员可以取消预约，也可以打印出前两天预约但尚未接诊的病人清单，还可以打印出关于所有病人的每天或每周的预约安排。系统可以从病人记录中获取病人的电话号码。

请对上述牙科诊所管理系统建立其功能模型。

（4）某银行储蓄系统需求说明如下。

某银行储蓄系统的对象模型、动态模型和功能模型

① 开户：客户可填写开立账户申请表，然后交由工作人员验证并输入系统。系统会建立账户记录，并会提示客户设置密码（若客户没做设置，则会有一个缺省密码）。如果开户成功，系统会打印一本存折给客户。

② 密码设置：在开户时客户即可设置密码。此后，客户在经过身份验证后，还可修改密码。

③ 存款：客户可填写存款单，然后交由工作人员验证并输入系统。系统将建立存款记录，并在存折上打印该笔存款记录。

④ 取款：客户可按存款记录逐笔取款，由客户填写取款单，然后交由工作人员验证并输入系统。系统首先会验证客户身份，根据客户的账户、密码，对客户身份进行验证。如果客户身份验证通过，则系统将根据存款记录累计利息，然后注销该笔存款，并在存折上打印该笔存款的注销与利息累计。

请针对此银行储蓄系统建立对象模型、动态模型和功能模型。

第8章
面向对象设计

本章将首先介绍面向对象设计与结构化设计的不同点，以及面向对象设计与面向对象分析的关系；然后介绍面向对象设计的过程、原则和启发规则；接着讲述系统设计，包括系统分解以及对问题域子系统、人机交互子系统、任务管理子系统和数据管理子系统的设计；之后对对象设计进行较为详细的阐述，包括设计类中的服务、设计类的关联和对象设计优化；最后讲述软件设计模式。

本章目标

❑ 了解面向对象设计与结构化设计的不同点。
❑ 理解面向对象设计与面向对象分析的关系。
❑ 理解面向对象设计的过程、原则和启发规则。
❑ 熟悉面向对象系统的分解方法。
❑ 熟悉问题域、人机交互、任务管理和数据管理各子系统的设计方法。
❑ 掌握对象设计的方法。
❑ 熟悉软件设计模式。

8.1　面向对象设计与结构化设计

与结构化设计相比，面向对象设计更适合复杂的、随机性较强的和考虑并发性的系统软件设计，而不适合逻辑性很强的系统软件设计。结构化设计一般从系统功能开始，按照需求将系统功能分为若干个子功能模块。但是，用户的需求是在不断变化的，需求的改变往往会对功能模块产生影响，从而对整个系统产生影响。而面向对象的设计基于类、对象、封装、继承等概念，相比之下，需求的变化对系统的局部影响并不容易扩展到全局。因此，面向对象设计方法比结构化设计方法更具有优势，使用范围更广。

由于在类中封装了属性和方法，因此在面向对象的类设计中已经包含面向过程中的过程设计。此外，与面向过程设计中的数据设计所不同的是，面向对象设计中的数据设计并不是独立进行的，面向对象设计中的类图相当于数据的逻辑模型，可以很容易地转换成数据的物理模型。

8.2　面向对象设计与面向对象分析的关系

设计阶段的任务是及时将分析阶段得到的需求转变成符合各项要求的系统实现方案。与面向过程的方法不同的是，面向对象方法不强调需求分析和软件设计的严格区分。实际上，面向对象的需求分析和面向对象的设计活动是一个反复迭代的过程，从分析到设计的过渡，是一个逐渐扩充、细化和完善分析阶段所得到的各种模型的过程。严格意义上来讲，从面向对象分析到面向对象设计不存在转换问题，而是同一种表示方法在不同范围内的运用。面向对象设计也不仅仅是对面向对象分析模型进行细化。

面向对象分析到面向对象设计是一个平滑的过渡，即没有间断以及明确的分界线。面向对象分析建立系统的问题域对象模型，而面向对象设计是建立求解域的对象模型。两者都是建模，但两者性质必定不同，分析建模与系统的具体实现无关，设计建模则要考虑系统的具体实现环境的约束，如要考虑系统准备使用的编程语言、可用的软件组件库（主要是类库）以及软件开发人员的编程经验等约束问题。

8.3 面向对象设计的过程与原则

本节将讲述面向对象设计的过程与原则。

8.3.1 面向对象设计的过程

面向对象设计的过程一般分为以下几个步骤。

（1）建立软件体系结构环境图

在软件体系结构设计开始的时候，设计应该定义与软件进行交互的外部实体，如其他系统、设备和人员等，以及交互的特性。通常在分析建模阶段可以获得这些信息，并使用软件体系结构环境图对环境进行建模，描述系统的出入信息流、用户界面和相关的支持处理。在设计的初始阶段，设计人员用软件体系结构环境图对软件与外部实体的交互方式进行建模。图8-1所示为软件体系结构环境图。

与目标系统（即开发软件体系结构的系统）交互的系统可以表示为以下几部分。

• 上级系统：将目标系统作为某些高层处理方案的一部分。
• 下级系统：被目标系统所使用，并且为完成目标系统的功能提供必要的数据和处理。
• 同级系统：在对等的基础上相互作用，例如，信息要么由目标系统和同级系统产生，要么被目标系统和同级系统使用。
• 参与者：指通过产生和使用所需的信息，实现与目标系统交互的实体，如人、设备等。

每个外部实体都通过某一接口（实心的小矩形）与目标系统进行通信。

图8-2所示为一个工资支付系统的软件体系结构环境图。

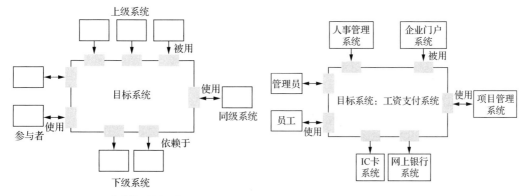

图8-1 软件体系结构环境图　　　　图8-2 工资支付系统的软件体系结构环境图

（2）软件体系结构设计

软件体系结构环境图建立之后，对所有的外部软件接口都进行了描述，就可以进行软件体系结构设计了。软件体系结构设计可以自底向上进行，如将关系紧密的对象组织成子系统或层；也可以自顶向下进行，通过分解功能来解决问题，尤其是使用设计模式或遗留系统时，会从子系统的划分开始；还可以自中向上、下进行，先开始做系统中容易做的，再向相应的高层或底层扩展。至于选择哪一种方式，需要根据具体的情况来确定。当没有类似的软件体系结构作为参考时，常常会使用自底向上的方式进行软件体系结构设计。多数情况下，使用自顶向下的方式进行软件体系结构设计更常见。

在自顶向下这种方式下，首先要根据用户的需求选择软件体系结构风格，然后对可选的软件体系结构风格或模式进行分析，以建立最适合用户需求和质量属性的软件体系结构。

这里要强调的是，软件体系结构设计这个过程可一直迭代，直到获得一个完善的软件体系结构。有经验的软件设计人员应能按照项目所需的策略进行软件体系结构设计。

（3）设计各个子系统

大多数系统的面向对象模型，在逻辑上都由4部分组成。这4部分对应于组成目标系统的4个子系统，它们分别是问题域子系统、人机交互子系统、任务管理子系统和数据管理子系统。当然，在不同的软件系统中，这4个子系统的重要程度和规模可能相差很大，规模过大的在设计过程中应该进一步划分成更小的子系统，规模过小的可合并在其他子系统中。某些领域的应用系统在逻辑上可能仅由3个（甚至少于3个）子系统组成。

（4）对象设计及优化

对象设计是细化原有的分析对象，确定一些新的对象，对每一个子系统接口和类进行准确、详细的说明。系统的各项质量指标并不是同等重要的，设计人员必须确定各项质量指标的相对重要性（即确定优先级），以便在优化对象设计时制定折中方案。常见的对象优化设计方法有提高效率的技术和良好的继承结构。

8.3.2　面向对象设计的原则

面向对象设计的原则基本遵循传统软件设计应该遵循的基本原理，同时还要考虑面向对象的特点。设计原则具体如下。

（1）模块化。在结构化设计中，一个模块通常为一个过程或一个函数，它们封装了一系列的控制逻辑；而在面向对象设计中，一个模块通常为一个类或对象，它们封装了事物的属性和操作。

（2）抽象化。类是对一组具有相似特征的对象的抽象。可以说，类是一种抽象的数据类型。同时，对象也是对客观世界中事物的抽象，它用紧密结合的一组属性和操作来表示事物的客观存在。

（3）信息隐藏。对于类而言，其内部信息，如属性的表示方法和操作的实现算法，对外界是隐藏的。外界通过有限的接口来对类的内部信息进行访问。类的成员都具有相应的访问控制的属性。

（4）低耦合。在面向对象设计中，耦合主要是指对象之间的耦合，即不同对象之间相互关联的紧密程度。低耦合有利于降低由一个模块的改变而对其他模块造成的影响。

（5）高内聚。内聚与耦合密切相关，低耦合往往意味着高内聚。提高模块的内聚性有利于提高模块的独立性。

（6）复用性。尽量使用已有的类；构造新类时，需要考虑该类将来被复用的可能。提高类的复用性可以节约资源，精简系统结构。

对于面向对象设计，要使系统的设计结果能适应系统的需求变化，把软件做得灵活又能便于维护。在面向对象方法的发展过程中，逐渐形成了几条公认的设计原则。在面向对象设计过程中，也要遵循这几条原则。

1. 开闭原则

开闭原则（Open-Closed Principle，OCP）是由伯特兰·迈耶（Bertrand Meyer）在其1988年的著作《面向对象软件构造》中提出的，原文"Software entities should be open for extension, but closed for modification."翻译过来就是："软件实体应当对扩展开放，对修改封闭。"这个原则关注的是系统内部改变的影响，最大限度地使模块免受其他模块改变带来的影响。

通俗来讲，开闭原则就是软件系统中的各组件应该能够在不修改现有内容的基础上，引入新功能。其中的"开"，指的是对扩展开放，即允许对系统的功能进行扩展；其中的"闭"，指的是对原有内容的修改封闭，即不应当修改原有的内容。由于系统需求很少是稳定不变的，开放模块的扩展可以降低系统维护的成本。封闭模块的修改可以让用户在系统扩展后放心使用原有的模块，而不必担心扩展会修改原有模块的源代码或降低系统的稳定性。

为了达到开闭原则，对于类图的设计应该尽可能地使用接口或泛化进行封装，并且通过使用多态机制进行调用。接口和泛化的使用可以使操作的定义与实现分离，使得新添加的模块依赖于原有模块的接口。多态的使用使得可以通过创建父类的间接实例并通过多态的支持进行操作，从而避免对其他类进行修改。

图8-3展示了一个应用开闭原则前后的简单实例。在图8-3（a）中，Order（订单）类与两个表示支付方式的类存在关联关系。在这种设计下，如果系统需要新增加一种支付方式，不仅要新增加一个类，而且需要改动Order类中的代码才能适应新模块的出现。而在图8-3（b）中，Order类与抽象类Payment（支付方式）之间建立唯一一个关联关系，所有表示支付方式的类通过实现Payment类来接入模块，在Order类中创建Payment类的间接实例，通过多态完成调用，这样在新增加支付方式时，只需要将新的支付方式的类作为Payment类的子类来进行扩展即可。

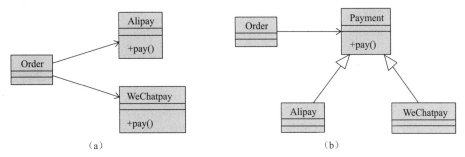

图8-3 开闭原则

2. 里氏替换原则

里氏替换原则（Liskov Substitution Principle，LSP）是由芭芭拉·利斯科夫（Barbara Liskov）于1987年在面向对象编程、系统、语言和应用程序（Object-Oriented Programming,System,Language and Application，OOPSLA）会议上题为《数据抽象与层次》的主题演讲中首次提出的。其内容是：子类对于父类应该是完全可替换的。具体来说，如果S是T的子类，则T类的对象可以被S类的对象所替代，而不会改变该程序的任何理想特性。

我们都知道，子类的实例是父类的间接实例。根据多态原则，当父类创建一个间接实例并调用操作时，将根据实际类型调用子类的操作实现。如图8-4所示，当ClassA类中创建一个ClassB的间接实例（实际类型为ClassC）并调用func()操作时，系统将选择ClassC中的操作实现进行调用。因此在设计类时，需要保持ClassB与ClassC两个类的func()操作功能上可替换，不然将会得到违背直觉的结果。

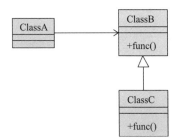

图8-4 里氏替换原则

3. 依赖倒置原则

依赖倒置原则（Dependency Inversion Principle，DIP）是由罗伯特·C.马丁（Robert C. Martin）提出的，其内容是：高层次模块不应该依赖于低层次模块，二者都应该依赖于抽象；抽象不应该依赖于具体，具体应该依赖于抽象。

在传统的设计模式中，高层次模块直接依赖于低层次模块，这导致当低层次模块剧烈变动时，需要对上层模块进行大量变动才能使系统稳定运行。为了防止这种问题的出现，这里可以在高层次模块与低层次模块之间引入一个抽象层。因为高层次模块包含复杂的逻辑结构而不能依赖于低层次模块，所以这个新的抽象层不应该根据低层次模块而创建，而是低层次模块要根据抽象层而创建。根据依赖倒置原则，从高层次到低层次之间设计类结构的方式应该是：高层次类→抽象层→低层次类。

在设计时，可以使用接口作为抽象层。图8-5（a）给出了没有应用依赖倒置原则的设计，即高层次类直接依赖于低层次类。图8-5（b）则使用接口作为抽象层，让低层次类来实现接口，让高层次类依赖于接口。

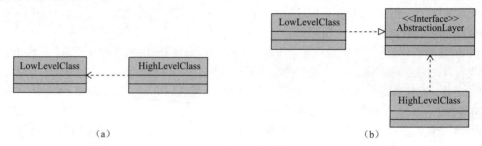

（a）　　　　　　　　　　　　　（b）

图8-5　依赖倒置原则

4．接口分离原则

接口分离原则（Interface Segregation Principle，ISP）是由Robert C. Martin首次使用并详细阐述的。它阐述了在系统中任何客户类都不应该依赖于它们不使用的接口。这意味着，当系统中需要接入许多个子模块时，相比于只使用一个接口，将其分成许多个规模更小的接口是一种更好的选择，其中每一个接口服务于一个子模块。

在图8-6（a）中，3个类实现了一个共同的接口。可以看到，每一个类都不应该拥有该接口中的所有行为，例如，Tiger类显然不应该有fly()与swim()的操作，然而必须实现这两个行为。这样的接口被称为臃肿的接口（Fat Interface）或污染的接口（Polluted Interface），这可能导致不恰当的操作调用。图8-6（b）所示是应用了接口分离原则进行修改之后的设计。新设计将其分解为3个小接口，则3个类只实现自身具有的行为所属的接口。应用接口分离原则降低了系统的耦合度，从而使系统更容易重构、改变并重新部署。

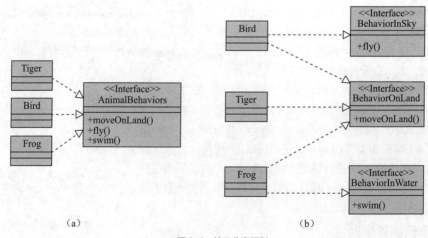

（a）　　　　　　　　　　　　　（b）

图8-6　接口分离原则

5．单一职责原则

单一职责原则（Single Responsibility Principle，SRP）是由Robert C. Martin在他的《敏捷软件

开发：原则、模式和实践》一书中提出的。单一职责原则规定每个类都应该只含有单一的职责，并且该职责要由这个类完全封装起来。Martin将职责定义为"改变的原因"，因此这个原则也可以被描述为"一个类应该只有一个可以引起它变化的原因"。每个职责都是变化的一个中轴线，如果一个类有多个职责或一个职责被封装在了多个类里，就会导致系统的高耦合，当系统发生变化时，这种设计会产生破坏性的后果。

上述内容是面向对象设计的五大原则，根据它们的首字母，这5个原则也被合称为SOLID。这些原则不是独立存在的，而是相辅相成的。这些原则的应用可以产生一个灵活的设计，但也需要投入时间和精力去应用且会增加代码的复杂度。在使用时，我们需要根据系统的规模和变更需求的频率来适时应用这些原则，从而得出一个更优秀的设计。

8.4　面向对象设计的启发规则

面向对象设计的启发规则是人们在长期的基于面向对象思想的软件开发实践中总结出来的，有利于提高设计人员进行软件设计的质量。其启发规则具体如下。

（1）设计结果应该清晰易懂。设计结果清晰易懂可以为后续的软件开发提供便利，同时还能够提高软件的可维护性。要做到这一点，首先应该注意对类、属性或操作的命名。如果名称能与所代表的事物或代表的含义一致，那么开发人员就能很方便地理解类、属性或操作的用途，且要尽量避免模糊的定义。其次，如果开发团队内部已经为软件开发设立了协议，那么开发人员在设计新类时应该尽量遵循已有的协议，从而与整个系统设计保持一致。此外，如果已定义了标准的消息模式，开发人员也应该尽量遵守这些消息模式，减少消息模式的数量。

（2）类等级深度应该适当。虽然类的继承与派生有诸多优点，但是不能随意创建派生类，应该使类等级中包含的层次数适当。对于中等规模的系统，类等级中包含的层次数应该保持在5～9。

（3）要尽量设计简单的类。简单的类便于开发和管理，如果一个类过于庞大，势必会造成维护困难、不灵活等问题。为了保持类的简洁，要尽量简化对象之间的合作关系，为每个类分配的任务应该尽量简单。此外，要控制类中包含的属性及提供的操作。

（4）使用简单的协议。减少消息的参数个数是降低类之间耦合程度的有效手段。一般来说，消息的参数个数最好控制在3个以内，而且要尽量使用简单的数据类型。

（5）使用简单的操作（服务）。控制操作中的源程序语句的行数或语句的嵌套层数，以简化操作。

（6）将设计的变动减至最小。虽然设计有变动是正常情况，但是由于设计的变动会造成资源或时间上的消耗，因此开发人员应该尽量将设计变动的概率降至最低。一般来说，设计的质量越高，出现设计被修改这种情况的概率就越低，即使需要修改设计，修改的范围也会比较小。

8.5　系统设计

系统设计关注于确定实现系统的策略和目标系统的高层结构。设计人员将系统分解为若干个子系统，子系统与子系统之间通过接口进行联系。一般来说，常用的系统设计的步骤如图8-7所示。

将系统分解为若干个子系统要按照特定的拓扑关系，如树状、星形等。问题域是指与应用问题直接相关的类或对象。对问题域子系统的设计，即定义这些类或对象的细节。虽然在面向对象分析的过程中已经标识和定义了系统的类与对象，以及它们之间的各种关系，但是，随着对需求理解的加深和对系统认识程度的逐步提高，在面向对象设计的阶段，设计人员还应该

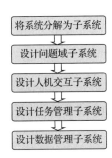

图8-7　系统设计的步骤

对需求分析阶段得到的目标系统的分析模型进行修正和完善。设计人机交互子系统，在5.6.2小节中描述的用户界面设计，在这里也适用。对任务管理子系统的设计，包括确定各类任务并把任务分配给适当的硬件或软件去执行。设计人员在决定到底是采用软件还是采用硬件的时候，必须综合考虑一致性、成本、性能等多种因素，还要考虑未来的可扩充性和可修改性。设计数据管理子系统，既需要设计数据格式又需要设计相应的服务。设计数据格式的方法与所使用的数据存储管理模式密切相关，使用不同的数据存储管理模式时，属性和服务的设计方法是不同的。

8.5.1 系统分解

系统分解，即建立系统的体系结构，是设计比较复杂的系统时广泛采用的策略。将系统分解成若干个比较小的部分，再分别设计每个部分，通过面向对象分析得到的问题域精确模型为设计体系结构奠定了良好的基础，并建立了完整的框架。这样做有利于降低设计的难度，有利于设计人员的分工协作，也有利于维护人员对系统的理解和维护。

子系统是系统的主要组成部分，通常会根据分析模型中紧密相关的类、关系等设计元素划分子系统。子系统既不是一个对象也不是一个功能，而是类、关联、操作、事件和约束的集合。

子系统的所有元素共享某些公共的性质，可能都涉及完成相同的功能，可能驻留在相同的产品硬件中，也可能管理相同的类和资源，子系统可通过它提供的服务来进行标识。在面向对象设计中，这种服务是完成特定功能的一组操作。

一般说来，子系统的数量应该与系统规模基本匹配。各个子系统之间应该具有尽可能简单、明确的接口。接口确定了交互形式和通过子系统边界的信息流，但是无须规定子系统内部的实现算法。因此，设计人员可以相对独立地设计各个子系统。

采用面向对象方法设计软件系统时，面向对象设计模型（即求解域的对象模型）针对与实现有关的因素而开展面向对象分析模型（即问题域的对象模型）的5个层次（主题、类与对象、结构、属性和服务），它包括问题域、人机交互、任务管理和数据管理4部分的设计，即针对这4部分对应的组成目标系统的4个子系统——问题域子系统、人机交互子系统、任务管理子系统和数据管理子系统进行设计。面向对象设计模型从横向看是上述4部分，从纵向看每个部分仍然是5个层次，如图8-8所示。

图8-8 典型的面向对象设计模型

（1）问题域子系统将直接引用面向对象分析模型，并针对实现的要求进行必要的增补和调整，例如，需要对类、结构、属性及服务进行分解和重组。这种分解是根据一定的过程标准进行的，标准包括可复用的设计与编码类、将问题域专用类组合在一起、通过增加一般类来创立约定、提供一个继承性的支撑层次来改善界面、提供存储管理，以及增加低层细节等。

（2）人机交互子系统包括有效的人机交互所需的显示和输入，这些类在很大程度上依赖于所用的图形用户界面环境，例如Windows、Visual Studio Code、Dev C++，而且可能包括"窗口""菜单""滚动条""按钮"等针对项目的特殊类。

（3）任务管理子系统包括任务的定义、通信和协调，以及硬件分配、外部系统、设备约定，可能包括的类有"任务"类和"任务协调"类。

（4）数据管理子系统包括永久数据的存取，它隔离了物理的数据管理方法，如普通文件、带标记语言的普通文件、关系数据库、面向对象数据库等。可能包括的类有"存储服务"，可以协调每个需永久保存的对象的存储。

只有问题域子系统将直接引用面向对象分析模型，其他3个子系统则是在面向对象分析阶段未曾考虑的，在面向对象设计阶段才建立。

8.5.2　问题域子系统的设计

问题域子系统也称为问题域部分。面向对象方法中的一个主要目标是保持问题域组织框架的完整性和稳定性，这样可以提高分析、设计到实现的追踪性。因为系统的总体框架都是建立在问题域的基础上的，所以在设计与实现过程中无论对细节做怎样的修改，例如增加具体类、属性或服务等，都不会影响开发结果的稳定性。稳定性是系统中重用分析、设计和实现结果的关键因素。系统的可扩充性同样也需要稳定性。

问题域子系统可以直接引用面向对象分析所得出的对象模型，该模型提供了完整的框架，为设计问题域子系统打下了良好的基础。面向对象设计应该保持该框架结构。

如果可能的话，应该保持面向对象分析所建立的问题域结构。通常，面向对象设计在分析模型的基础上，会从实现角度对问题域模型做一些补充或修改，修改包括增添、合并或分解类和对象、属性及服务，调整继承关系等。如果问题域子系统比较复杂、庞大，则可将这个系统进一步分解成多个子系统。

1.　为什么要对问题域子系统进行设计

（1）对描述系统时遇到的变动因素和稳定因素进行分析，这是面向对象分析方法的基础。系统的需求最容易变动的就是加工（处理）和子加工（子处理），即最容易变动的就是服务。

（2）与外界的接口，如人机交互、任务管理等，也是容易变动的。

（3）数据管理中类的属性和服务有时也在发生变化，而且一些变动往往作用于一种对象。因此，要对变动所产生的影响进行识别、跟踪和评估。

（4）系统中最稳定的方面，即最不容易对变动感知的方面，一般是将问题空间当作整体看待的对象。基于问题域的总体结构是可以长期保持稳定的，要使系统有条不紊地适应需求的变化，保持总体结构的稳定性就显得非常重要，这种稳定性是一个问题域的分析、设计及实现的结果可以重用的关键，也是保证一个成功系统的可扩充性（即增加和减少其他功能等）所必备的。图8-9所示的机动车管理系统的问题域子系统中，每辆车的稳定信息是车辆项、销售项和车主项这几个类。

面向对象分析和面向对象设计结果的稳定性是系统评估的基础，所以对问题域子系统进行的修改必须经过仔细的检验和验证。

2.　如何对问题域子系统进行设计

在面向对象设计过程中，可能需要对面向对象分析所得出的问题域模型做补充或修改。

（1）调整需求

当用户需求或外部环境发生变化，或者分析人员对问题域理解不透彻或缺乏领域专家的帮助，以致建立了不能完整、准确地反映用户真实需求的面向对象分析模型时，需要对面向对象分析所确定的系统需求进行修改。

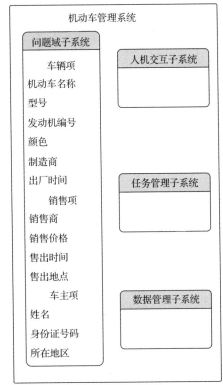

图8-9　机动车管理系统中问题域子系统包含的类（部分）

通常，首先对面向对象分析模型进行简单的修改，然后将修改后的模型引用到问题域子系统中。

（2）复用已有的类

设计时应该在面向对象分析结果的基础上实现现有类的复用，现有类是指面向对象程序设计语言所提供的类库中的类。因此，在设计阶段就要开始考虑复用，为代码复用打下基础。如果确实需要创建新的类，则在设计新类时，必须考虑它的可复用性。

复用已有类的过程如下。

- 选择有可能被复用的已有类，标出这些已有类中对设计无用的属性和服务，并尽量复用那些能使无用的属性和服务降到最低程度的类。
- 从被复用的已有类中派生出问题域类。
- 标出问题域类中从已有类继承来的属性和服务，在问题域类内无须再定义它们。
- 修改与问题域类相关的联系，需要时改为与被复用的已有类相关的联系。

（3）将问题域类组合在一起

在面向对象设计的过程中，通常会通过引入一个根类而将问题域类组合在一起。实际上，这是在没有更先进的组合机制可用时才采用的一种组合方法。另外，这个根类还可以用来建立协议。

（4）增添一般化类以建立协议

在面向对象设计的过程中，一些具体类往往需要有一个公共的协议，即这些类都需要定义一组类似的服务，还有可能会定义相应的属性。在这种情况下可以引入一个附加类（如根类），以便建立这个公共的协议。

（5）调整继承层次

当面向对象模型中的"一般-特殊"结构包括多继承，而使用一种只支持单继承和无继承的编程语言时，需要对面向对象模型做一些修改，即将多继承转换为单继承、单继承转换为无继承，用单继承和无继承编程语言来表达多继承功能。

① 使用多继承模式。

在使用多继承模式时，应该避免出现属性及服务的命名冲突。图8-10展示了多继承模式的一个示例，这种模式可以称为窄菱形模式。使用这种模式时出现属性及服务命名冲突的可能性比较大。

另外一种多继承模式可称为广义菱形模式。这种模式的菱形开始于最高的一般类，即通常称为"根"类的地方。使用这种模式时属性和服务的命名冲突比较少，但这种模式需要更多的类来表示面向对象设计。图8-11所示为广义菱形模式。

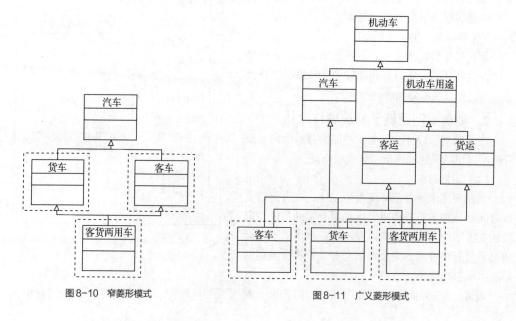

图8-10 窄菱形模式　　　　　　　　图8-11 广义菱形模式

② 使用单继承模式。

对于多继承模式，可用以下两种方法转换为单继承模式。

- 将多继承进行分解，使用它们之间的映射。使用这种方法可将多继承的层次结构分为两个层次结构，使这两个层次结构之间映射，即用一个"整体-部分"结构或者一个实例连接。
- 将多继承展开为单继承。使用这种方法可将多继承的层次结构展开为一个单继承的层次结构，这就意味着，有一个或多个"一般-特殊"结构在面向对象设计中就不再那么清晰了。同时也意味着，有些属性和服务在特殊类中重复出现，造成冗余。

8.5.3 人机交互子系统的设计

本小节将讲述人机交互子系统设计方面的内容。

1. 为什么要对人机交互子系统进行设计

人机交互子系统强调人如何命令系统以及系统如何向用户提交信息，人们在使用计算机过程中的感受直接影响到其对系统的接受程度。随着计算机的普及，越来越多的非计算机专业的人员开始使用计算机，人机交互子系统的友好性直接关系到一个软件系统的成败。虽然设计良好的人机交互子系统不可能挽救一个功能很差的软件，但交互性能很差的人机交互子系统将会使一个功能很强的软件变得不可接受。

2. 如何对人机交互子系统进行设计

在大型的软件系统中，人机交互对象（类）通常是窗口或报告。设计人员至少要考虑以下3种窗口。

（1）登录窗口。这种窗口通常是用户访问系统的必经之路。

（2）设置窗口。这种窗口具有以下功能。

① 辅助创建或初始化系统，例如用来创建、添加、删除和维护持久对象的窗口。持久对象类似于关系数据库信息系统中的数据记录，例如车辆、车主和销售项等。

② 管理系统功能，例如添加和删除授权用户，以及修改用户使用系统的权限等。

③ 启动或关闭设备，例如启动监视器和打印机等。

（3）业务功能窗口。这种窗口用来帮助完成那些由企业的信息系统和其用户之间所进行的业务交互所必要的功能，例如，在机动车管理系统中，那些用于人机交互子系统的登记、设置、车辆维修和安全事故的窗口。

与窗口一样，报告是另一种常用的人机交互对象（类）。报告对象（类）可以包括绝大多数用户需要的信息，例如，登记、车辆维修、安全事故和缴费的报告。

报告通常是用户对系统的需求。在这种情况下，报告可以加入人机交互子系统中。为了做到这一点，人机交互子系统开始产生表格且好像一个"存储器"桶，用来存放必要的需求，但它们不是问题域的一部分。图8-12展示了机动车管理系统中问题域子系统和人机交互子系统所包含的类（部分）。

就像问题域子系统中的那些类一样，作为人机交互子系统的每个对象（类）都需要展开，以确定每个对象（类）的属性与服务。机动车管理系统中人机交互子系统所包含的类（展开）如图8-13所示。

人机交互中，人是最关键的因素。为了考察其软件产品的用户友好性，有些软件企业在新产品上市之前，需要组织一些潜在的用户进行产品试用，并通过详细考察和记录试用者心理和生理的反应，来确定用户对其软件产品是否满意。

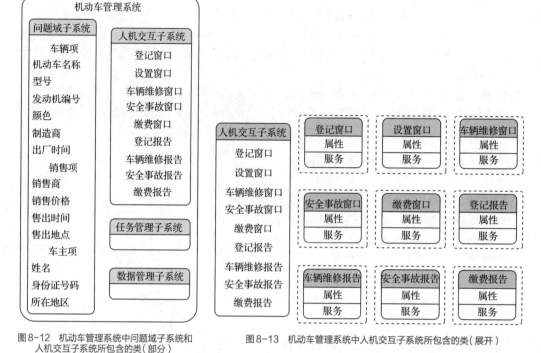

图8-12 机动车管理系统中问题域子系统和
人机交互子系统所包含的类（部分）

图8-13 机动车管理系统中人机交互子系统所包含的类（展开）

8.5.4 任务管理子系统的设计

通过面向对象分析建立起来的动态模型，是分析并发性的主要依据。如果两个对象之间不存在交互，或者它们同时接收事件，则这两个对象在本质上是并发的。通过检查各个对象的状态图及它们之间交换的事件，能够将若干个非并发的对象归并到一条控制线中。这里所说的控制线，是指一条遍及状态图集合的路径，在这条路径上每次只有一个对象是活动的。在计算机系统中用任务实现控制线。任务又称为进程，若干个任务并发执行叫作多任务。

1. 为什么要对任务管理子系统进行设计

对于某些系统来说，划分任务可以简化系统的总体设计和编码工作。独立的任务可将必须并发执行的行为分离开来。这种并发行为可以在多个独立的处理机上实现，也可以在运行多任务操作系统的单处理机上进行模拟。

尽管从理论上说，不同对象可以并发地工作，但是，在实际的系统中，许多对象之间往往存在着相互依赖的关系。另外，在实际使用的硬件中，可能仅由一个处理器支持多个对象。因此，设计工作的一项重要内容，就是确定哪些是必须同时行动的对象，哪些是相互排斥的对象。这样就可以进一步设计任务管理子系统了。

2. 如何对任务管理子系统进行设计

常见的任务有事件驱动型任务、时钟驱动型任务、优先任务、关键任务和协调任务等。

对任务管理子系统的设计包括确定各类任务并将任务分配给适当的硬件或软件去执行。

（1）确定事件驱动型任务。这类任务是指与设备、其他任务、子系统、另一个处理器或其他系统通信的任务。例如，专门提供数据到达信号的任务，数据可能来自终端，也可能来自缓冲区。

（2）确定时钟驱动型任务。这类任务是指每隔一定时间就被触发以执行某些处理的任务。

（3）确定优先任务和关键任务。优先任务是指可以满足高优先级或低优先级处理需求的任务。关键任务是指对整个系统的成败起着决定作用的任务，这些任务往往需要较高的可靠性。

（4）确定协调任务。当系统中存在3个或3个以上的任务时，就应该增加一个任务协调器，专门负责任务之间的协同和通信等。

（5）审查每个任务。对任务的性质进行仔细审查，去掉人为的、不必要的任务，使系统中包含的任务数保持最少。

（6）确定资源需求。设计人员在决定到底是采用软件还是采用硬件的时候，必须综合考虑一致性、成本和性能等多种因素，还要考虑未来的可扩充性和可修改性等。

（7）定义任务。说明任务的名称，描述任务的功能、优先级等，包含此任务的服务、任务与其他任务的协同方式以及任务的通信方式等。

图8-14展示了机动车管理系统中问题域子系统、人机交互子系统和任务管理子系统所包含的类（部分）。

就像问题域子系统中的那些类一样，任务管理子系统的每个对象（类）都需要进行展开，以确定每个对象（类）的属性与服务。机动车管理系统中任务管理子系统所包含的类（展开）如图8-15所示。

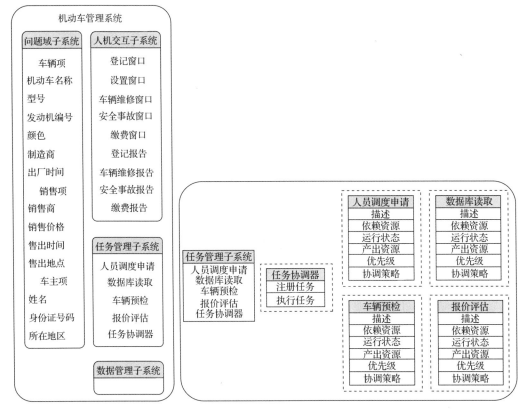

图8-14 机动车管理系统中问题域子系统、人机交互子系统和任务管理子系统所包含的类（部分）

图8-15 机动车管理系统中任务管理子系统所包含的类（展开）

下面给出一个设计和描述机动车管理系统中的任务管理子系统的例子。

图8-16展示了机动车管理系统中任务管理子系统的类图（部分），机动车管理系统中任务管理子系统的任务描述（部分）如表8-1所示。

针对图8-16所示的类图，有以下几点需要说明。

（1）任务主要有人员调度申请、数据库读取、车辆预检和报价评估等。

（2）任务的运行状态分为以下几种：未加载资源、已加载资源（可运行）、运行中、已完成、资源已取得、已中断。

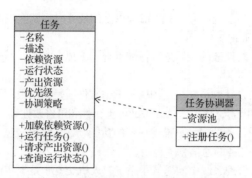

图8-16　机动车管理系统中任务管理子系统的类图（部分）

表 8-1　机动车管理系统中任务管理子系统的任务描述（部分）

任务1	任务2	任务3	任务4
名称：人员调度申请。 描述：向人力资源部门申请人员参与车辆预检和车辆维修等环节。 依赖资源：外部人力资源调配余量。 运行状态：默认为"未加载资源"。 产出资源：对应人力资源的对应时间申请证明。 优先级：低。 协调策略：立即执行	名称：数据库读取。 描述：读取数据库中所需信息。 依赖资源：数据库连接、一个计算内核（独占）。 运行状态：默认为"未加载资源"。 产出资源：数据库中的信息。 优先级：中。 协调策略：立即执行	名称：车辆预检。 描述：安排人员进行车辆预检。 依赖资源：人力资源的对应时间申请证明。 运行状态：默认为"未加载资源"。 产出资源：车辆预检报告。 优先级：中。 协调策略：立即执行	名称：报价评估。 描述：根据车辆受损情况及车辆本身价值，进行车辆维修的报价。 依赖资源：车辆销售信息、车辆预检报告、一个计算内核（独占）。 运行状态：默认为"未加载资源"。 产出资源：车辆维修报价。 优先级：低。 协调策略：立即执行

（3）任务的优先级是指多个任务请求同一资源时，优先级高的任务先获得资源。

（4）任务的协调策略分以下几种：立即执行、延迟一段时间后执行、在指定时间执行。

（5）资源池负责维护所有与任务相关联的资源，并解决资源依赖的问题。资源池具有一些初始资源；资源池发配同一任务的多个依赖资源时，会按照全局统一顺序加载（以避免死锁）；资源池同时会向外界通知它内部某个资源的状态（不存在、正在获取、资源可用、资源失效）。

（6）任务协调器可以用注册任务来添加新任务。任务完成之后的资源会被添加到资源池中（从而加载其他任务依赖的资源）。当任务进入可运行状态时，将根据任务的协调策略来执行任务。

8.5.5　数据管理子系统的设计

本小节将讲述数据管理子系统设计方面的内容。

1.　为什么要对数据管理子系统进行设计

数据管理子系统是系统存储或检索对象的基本设施，它建立在某种数据存储管理系统之上，并且隔离了数据存储管理模式（普通文件、关系数据库或面向对象数据库）的影响，但实现细节集中在数据管理子系统中。这样既有利于软件的扩充、移植和维护，又简化了软件设计、编码和测试的过程。

2.　如何对数据管理子系统进行设计

设计数据管理子系统既需要设计数据格式又需要设计相应的服务。

（1）设计数据格式

设计数据格式的方法与所使用的数据存储管理模式密切相关，是按照文件系统、关系数据库管理系统或面向对象数据库管理系统的数据管理方式来进行的。

① 文件系统。首先定义第一范式表（列出每个类的属性表，将属性表规范成第一范式，从而得到第一范式表的定义）；然后为每一个第一范式表定义一个文件；接着测量需要的存储容量和性能；最后修改先前设计的第一范式，以满足存储需求和性能。

需要时用某种编码值来表示这些属性，将某些属性组合在一起，而不再分别使用独立的域来表示每一个属性。需要时将归纳结构的属性压缩在单个文件中，以减少文件数量。尽管这样做增加了处理时间，但是却减少了所需要的存储空间。

② 关系数据库管理系统。在设计关系数据库管理系统时，首先定义第三范式表（列出每个类的属性表，将属性表规范成第三范式，从而得出第三范式表的定义）；然后为每个第三范式表定义一个数据库表；接着测量需要的存储容量和性能；最后修改先前设计的第三范式，以满足存储需求和性能。

③ 面向对象数据库管理系统。该系统有两种设计途径：扩展的关系数据库途径，使用与设计关系数据库管理系统相同的方法；扩展的面向对象程序设计语言途径，不需要规范化属性的步骤，因为面向对象数据库管理系统本身具有将对象值映射成存储值的功能。

（2）设计相应的服务

如果某个类的对象需要存储起来，用于完成存储对象自身的工作，则在这个类中增加一个属性和服务。无须在面向对象设计模型的属性和服务层中显式地表示此类的属性和服务，应该将它们作为"隐含"的属性和服务，仅需在关于类与对象的文档中描述它们。

使用多继承模式，可以在某个适当的基类中定义这样的属性和服务，然后如果某个类的对象需要长期存储，那么该类就从基类中继承这样的属性和服务，用于"存储自己"的属性和服务，在问题域子系统和数据管理子系统之间构建一座必要的"桥梁"。这样设计之后，对象将知道怎样存储自己。

数据管理设计是按照文件、关系数据库或面向对象数据库来设计的。

（1）使用文件进行数据管理设计

被存储的对象需要知道打开哪些文件、怎样检索出旧值、怎样将文件定位到正确的记录上，以及怎样用现有的值来更新它们。此外，还应该定义一个对象服务器（ObjectServer）类，并创建它的实例。该类可提供下列服务：通知对象保存自身；创建已存储的对象（查找、读值、创建并初始化对象），以便将这些对象提供给其他子系统使用。

（2）使用关系数据库进行数据管理设计

被存储的对象需要知道怎样访问所需要的行、访问哪些数据库表、怎样检索出旧值，以及怎样使用现有的值来更新它们。此外，还应该定义一个ObjectServer类，并声明它的对象。

（3）使用面向对象数据库进行数据管理设计

- 扩展的关系数据库途径：方法与使用关系数据库管理系统时的方法相同。
- 扩展的面向对象程序设计语言途径：这种数据库管理系统已经给每个对象提供了"存储自己"的行为，无须再增加服务。由于面向对象数据库管理系统负责存储和恢复这类对象，因此，只需给需要长期保存的对象添加标记。

对象模型的数据管理子系统主要实现以下目标。

（1）存储问题域的持久对象（类）。也就是说，对于那些在系统中两次调用之间需要保存的对象，数据管理子系统提供了与操作平台的数据管理存储系统之间的接口——文件的、关系的、索引的、面向对象的或其他类型的。这样做使得数据管理子系统将系统中的数据存储、恢复和更新与其他部分分离开来，提高了系统的可移植性和可维护性。

（2）数据管理子系统为问题域中所有的持久对象封装了查找和存储机制。

图8-17中展示了机动车管理系统中各子系统所包含的类（部分）。

当使用对象模型的表示法时，每个问题域的持久类都和数据管理子系统的一个类关联，它们的名字也相似。机动车管理系统中数据管理子系统所包含的类（展开）如图8-18所示。

图8-17　机动车管理系统中各子系统所包含的类（部分）

这样看来，数据管理子系统的类似乎和问题域子系统中对应的类相同，但是，需要数据管理子系统的主要原因是为了提高对象模型在多种硬件、软件和数据管理平台上的可维护性。从理论上来说，对象模型的运行方式就像"即插即用"方式。

对象模型的4部分（子系统）是"分别考虑"系统的不同方面，这种形式使得跨多个硬件、软件和数据管理平台的互操作性得到最大限度的实现。需要考虑的是问题域、人机交互、任务管理和数据管理这4部分之一。需要时，这些部分中的一个或几个都可以用兼容的"即插即用"的部分来代替。

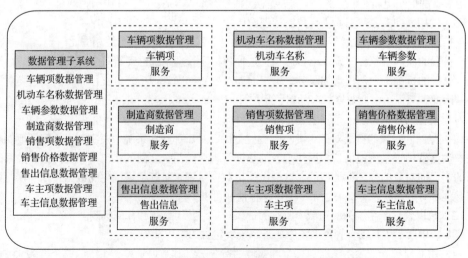

图8-18　机动车管理系统中数据管理子系统包含的类（展开）

8.6 对象设计

当系统设计完成之后，就可以开始进行对象设计了。对象设计以问题域的对象设计为核心，其结果是一个详细的对象模型。经过多次反复的分析和系统设计之后，设计人员通常会发现有些内容没有考虑到或考虑不周全。这些没有考虑到或考虑不周全的内容，会在对象设计的过程中被发现。这个设计过程包括标识新的解决方案对象、调整购买到的商业化组件、对每个子系统接口进行精确说明和对类进行详细说明等。

面向对象分析得出的对象模型，通常并不详细描述类中的服务。面向对象设计则是扩充、完善和细化面向对象分析模型的过程，设计类中的服务、实现服务的算法是面向对象设计的重要任务，还要设计类的关联、接口形式以及完成设计的优化。对象设计的内容包括：

- 对象中对属性和服务的详细描述；
- 对象之间发送消息的协议；
- 类之间的各种关系的定义；
- 对象之间的动态交互行为等。

8.6.1 设计类中的服务

本小节将讲述设计类中服务方面的内容。

1. 确定类中应有的服务

对象模型是进行对象设计的基本框架。我们应该综合考虑对象模型、动态模型和功能模型，以确定类中相应的服务。由于面向对象分析得出的对象模型通常只在每个类中列出几个最核心的服务，因此，设计者需要将动态模型中对象的行为以及功能模型中的数据处理，转换成由适当的类所提供的服务。

（1）从对象模型中引入服务

对象模型描述了系统的对象、属性和服务，所以可将这些对象以及对象的服务直接引入设计中，并需要详细定义这些服务。

（2）从动态模型中确定服务

动态模型通常包含状态图。一张状态图描绘了一个对象的生命周期，图中的状态转换是执行对象服务的结果。对象接收到事件请求后会驱动对象执行服务，对象的动作既与事件有关，也与对象的状态有关，因此，实现服务的算法自然也与对象的状态有关。如果一个对象在不同状态可以接收同样的事件请求，而且在不同状态接收到同样事件请求时其行为不同，则实现服务的算法中需要有一个依赖于状态的多分支型控制结构。

（3）从功能模型中确定服务

功能模型通常包含数据流图，功能模型指明了系统必须提供的服务。数据流图中的某些处理可能与对象提供的服务相对应，需要先确定目标的操作对象，然后在该对象所属的类中定义这些服务。定义对象所属类中的服务时，必须为服务选择合适的算法，有了好的算法才能设计出快速、高效的服务。此外，如果某个服务特别复杂且很难实现，则可将复杂的服务分解成简单的服务，这样实现起来比较容易。当然，分解时不仅仅考虑容易实现的因素。算法和分解是实现优化的重要手段。

2. 设计实现服务的方法

设计实现服务的方法主要包括以下几项工作。

（1）设计实现服务的算法

在设计实现服务的算法时，需要考虑下列几个因素。

- 算法复杂度。通常需要选择复杂度较低、效率较高的算法，但也不要过分追求高效率，应该以能满足用户的需求为标准。

· 容易理解与容易实现。容易理解与容易实现的要求往往与高效率矛盾，设计人员需要权衡利弊。

· 易修改。应该尽可能地预测将来可能要做的修改，并在设计时仔细斟酌。

（2）选择数据结构

在面向对象分析过程中，只需要考虑系统中所需信息的逻辑结构，而在面向对象设计过程中，则需要选择能够方便、有效地实现算法的物理数据结构。

（3）定义内部类和内部操作

在面向对象设计过程中，可能需要增添一些类，主要用来存放在执行算法过程中所得出的某些中间结果。这些类可能是在需求陈述中没有提到的、新增加的类。此外，复杂操作往往可以用简单对象上的更低层操作来定义，因此，在分解高层操作时常常引入新的低层操作。在面向对象设计过程中应该定义这些新增加的低层操作。

8.6.2 设计类的关联

在对象模型中，关联是连接不同对象的纽带，它指定了对象相互间的访问路径。在面向对象设计过程中，设计人员既可以选定一个全局性的策略来统一实现所有关联，也可以分别为每个关联选择具体的实现策略，以便与它在系统中的使用方式相适应。

为了更好地设计实现关联的途径，首先应该分析使用关联的方式。

一般来说，可在一个方向上为一个关联起一个名字（也可以不起名字），在名字前面或后面加一个表示关联方向的小黑三角。

1. 关联的遍历

单向遍历和双向遍历是在系统中使用关联的两种方式。在系统中，根据系统复杂度的不同，使用关联的方式也不同。单向关联使用单向遍历方式，实现起来比较简单，而双向关联使用的是双向遍历方式，实现起来比较复杂。

2. 单向关联的实现

单向遍历的关联可用指针来实现。如果关联的阶是一元的，则可用一个简单指针来实现单向关联，如图8-19所示。如果关联的阶是多元的，则需要用一个指针集合来实现关联。

图8-19 用指针实现单向关联

3. 双向关联的实现

许多关联都需要双向遍历，当然，两个方向遍历的频度往往并不相同。实现双向关联有下列3种方法。

（1）只用属性实现一个方向的关联，当需要反向遍历时就执行一次正向查找。当两个方向遍历的频度相差较大，且需要尽量减少存储开销和修改开销时，这是一种实现双向关联的很有效的方法。

（2）双向的关联都用属性实现。图8-20（b）使用指针实现了学生和学校的双向关联。该方法能实现快速访问，但是，如果一个属性被修改了，为了保持该关联链的一致性，则相关的属性也需要修改。当修改次数远远少于访问次数时，该方法是很有效的。

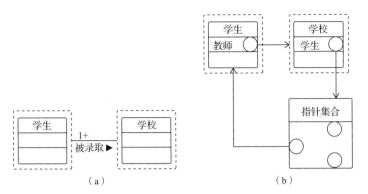

图8-20　用指针实现双向关联

（3）用独立的关联对象实现双向关联。关联对象是独立的关联类的实例，它不属于双向关联中的任何一个类，如图8-21所示。

4. 链属性的实现

实现链属性的方法取决于关联的阶数。一对一关联的链属性可作为其中一个对象的属性而存储在该对象中；对于一对多关联来说，链属性可作为"多"端对象的一个属性；如果是多对多关联，则通常使用一个独立的类来实现链属性，链属性不可能只与一个关联对象有关，这个类的每个实例表示一条链及该链的属性，如图8-20所示。教师、学生、课程都是链属性。

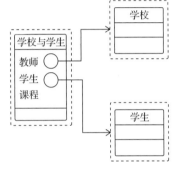

图8-21　用独立的关联对象实现双向关联

8.6.3　对象设计优化

1. 确定优先级

由于系统的各项质量指标并不是同等重要的，因此设计人员需要确定各项质量指标的相对优先级，以便在优化设计时制定折中方案。最终产品的成功与否，在很大程度上取决于是否选择好了系统目标。系统的整体质量与设计人员所制定的折中方案密切相关。如果没有站在全局的高度正确确定各个质量指标的优先级，就可能导致系统中各个子系统按照相互对立的目标进行优化，进而导致系统资源的严重浪费。

实际上，没有绝对的优先级，各项质量指标的优先级应该是模糊的，通常设计人员是在效率与清晰度之间寻求适当的折中方案。

2. 提高效率的几项技术

（1）增加冗余关联以提高访问效率

在面向对象分析过程中，应该尽量避免在对象模型中存在冗余的关联，因为这会降低模型的清晰度，而在面向对象设计过程中，分析阶段确定的关联可能并没有构成效率最高的访问路径。当考虑用户的访问模式及不同类型的访问彼此之间的依赖关系时，设计人员应该仔细考虑到此类问题。

下面用设计公司雇员技能数据库的例子，说明分析访问路径及提高访问效率的方法。

图8-22所示为从面向对象分析模型中摘取的一部分。公司类中的服务find_skill返回具有指定技能的雇员集合。例如，统计公司精通Python语言的有哪些雇员。

假设公司共有4000名雇员，平均每名雇员会10种技能，则简单的嵌套查询将遍历雇员对象4000次，针对每名雇员平均再遍历技能对象10次，则遍历技能对象需40000次。如果全公司仅有10名雇员精通Python语言，则查询命中率仅有1/4000。

　　提高访问效率的一种方法是使用散列表："具有技能"这个关联不再利用无序表实现，而是改用散列表实现。只要"精通Python语言"是用唯一一个技能对象表示，这样改进后就会使查询次数由40000次减少到4000次。

　　但是，当只有极少数对象满足查询条件时，查询命中率仍然很低。这时，提高查询效率更有效的方法，是给那些需要经常查询的对象建立索引。例如，针对上述例子，可以增加一个额外的限定关联"精通编程语言"，用来联系公司与雇员这两类对象，如图8-23所示。利用适当的冗余关联，可以立即查到精通某种具体编程语言的雇员，而无须多余的访问。当然，索引也必然带来开销：占用内存空间，而且每当修改基关联时也必须相应地修改索引。因此，应该只给那些经常执行且开销大、命中率低的查询建立索引。

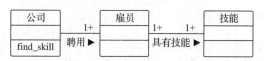

图8-22　公司、雇员及技能之间的关联链

图8-23　为公司雇员技能数据库建立索引

　　（2）调整查询次序

　　改进对象模型的结构，优化了常用的遍历之后，接下来就应该优化算法了。优化算法的一个途径是尽量缩小查找范围。例如，假设用户在使用上述的公司雇员技能数据库的过程中，希望找出既会使用Python语言，又会使用Java语言的所有雇员。如果某公司只有10位雇员会使用Python语言，会使用Java语言的雇员却有20人，则应该先查找会使用Python语言的雇员，再从这些会使用Python语言的雇员中查找又会使用Java语言的雇员。

　　（3）保留派生属性

　　冗余数据是一种通过某种运算从其他数据中派生出来的数据，一般将这类数据"存储"在计算它的表达式中。我们可以将这类冗余数据作为派生属性保存起来，以避免重复计算复杂表达式所带来的开销。

　　派生属性既可以在原有类中定义，也可以定义新类，并用新类的对象来保存它们。修改基本对象之后，所有依赖于基本对象的、保存派生属性的对象也需要相应地修改。

3. 调整继承关系

　　继承关系能够为一个类族定义一个协议，并能在类之间实现代码共享以减少冗余。在面向对象设计过程中，建立良好的继承关系是优化设计的一项重要内容。一个基类和它的子孙类在一起构成了类继承，能将若干个类组织成一个逻辑结构。建立良好的类继承在面向对象设计过程中也是非常重要的。

　　（1）抽象与具体

　　在设计类继承时，通常的做法是，首先创建一些满足具体用途的类，得出一些通用类之后，再对它们进行归纳和派生出具体类。在进行进一步具体化的工作之后，也许就应该再继续进行归纳了。对于某些类继承来说，这是一个持续不断的演化过程。

　　图8-24所示的例子表述了设计类继承的从具体到抽象，再到具体的过程。

　　（2）为提高继承程度而修改类定义

　　如果在一组相同的类中存在公共的属性和公共的行为，则可以将这些公共的属性和行为抽取出来放在一个共同的基类中，供其子类继承，如图8-24（a）和图8-24（b）所示。

　　在进行归纳时常见的一种情况是，各个现有类中的属性和行为（操作）比较相似但并不完全相同。这需要对类的定义稍加修改，才能定义一个基类，供其子类从中继承需要的属性或行为。类归纳时的另外一种常见情况是，有时抽象出一个基类之后，在系统中暂时只有一个子类能继承其属性和行为，很明显，在当前情况下抽象出这个基类似乎并没有获得共享的好处。但是，这样做一般来说还是值得的，因为将来有可能会重用到这个基类。

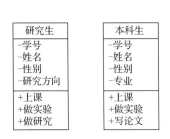

（a）学生类的继承实例中创建一些具体类

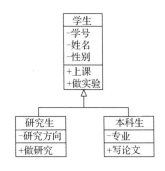

（b）学生类的继承实例中归纳出具体类

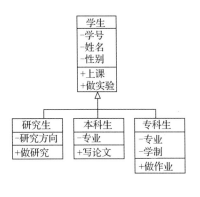

（c）学生类的继承实例的进一步具体化

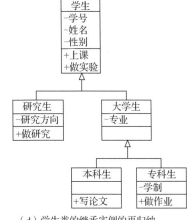

（d）学生类的继承实例的再归纳

图8-24　设计类继承的例子

（3）利用委托实现行为共享

只有子类确实是父类的一种特殊形式时，利用继承机制实现行为共享才是有意义的。

有时编程人员只想用继承作为实现操作共享的一种手段，并不打算确保基类和派生类具有相同的行为。在这种情况下，如果在基类继承的操作中包含子类不应有的行为，则可能会出现问题。例如，假设编程人员正在实现一个Queue（先进先出队列）类，类库中已经有一个LinearList（线性表）类。如果编程人员从LinearList类派生出Queue类，将一个元素放入队列，相当于在线性表尾加入一个元素；将一个元素移出队列，相当于从线性表头移走一个元素，如图8-25（a）所示。但与此同时，Queue类也继承了一些不需要的线性表操作，例如，从线性表尾移走一个元素或在线性表头添加一个元素。如果用户错误地使用了这类操作，那么Queue类将不能正常工作。

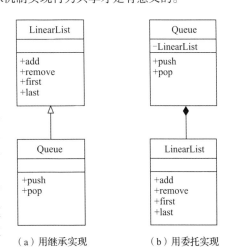

（a）用继承实现　　　　（b）用委托实现

图8-25　用表实现队列的两种方法

如果只想将继承作为实现操作共享的一种手段，则可利用委托，即将一类对象作为另一类对象的属性，从而在两类对象之间建立组合关系，而且这种方法更安全。使用委托机制时，只有有意义的操作才可以委托另一类对象实现，因此，不会发生不慎继承了无意义甚至有害操作的问题。

图8-25（b）描述了委托LinearList类实现Queue类操作的方法。Queue类的每个实例都包含一个私有的LinearList类实例或指向LinearList类实例的指针。Queue类的操作push（进入队列），委托LinearList类通过调用last（定位到表尾）和add（加入一个元素）操作实现，而pop（移出队列）操作则可通过LinearList类的first（定位到表头）和remove（移走一个元素）操作实现。（注：first和last在这里表示操作（当作动词用，不是名词），即定位到表头和定位到表尾）

8.7　软件设计模式

所谓模式，就是指解决某一类相似问题的方法论，例如某个模式描述了一个在我们的日常生活中不断出现的问题，然后描述了该问题的解决方案的核心。人们可以使用已有的解决方案来解决新出现的问题。模式应用在不同的领域中，在软件设计领域中，也出现了很多设计模式。

每种设计模式都包含4个要素，如图8-26所示。

- 模式名称相当于模式的助记符。
- 问题描述了模式的使用场景，即模式可以解决的某种设计问题。
- 解决方案描述了针对特定的设计问题，可以采用怎样的设计方法，包括设计的组成成分、各成分的职责和协作方式以及各成分之间的相互关系。
- 效果描述了特定模式的应用对软件灵活性、扩展性、可移植性等各种特性的影响，它对评价设计选择以及对模式的理解非常有益。

目前，比较常用的是由埃里克·伽玛（Erich Gamma）、理查德·赫尔姆（Richard Helm）、拉尔夫·约翰逊（Ralph Johnson）和约翰·威利斯迪斯（John Vlissides）所提出的23种设计模式，它们分为3种类型，即创建型模式、结构型模式和行为型模式，如图8-27所示。

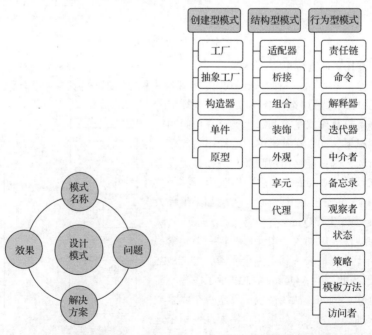

图8-26　设计模式的要素　　　　图8-27　设计模式的分类

创建型模式通过创建对象而不直接实例化对象的过程，使得程序在判定给定的情况下可以更加灵活地创建对象。很多时候，创建对象的本意随程序需求的不同而不同，如果将创建过程抽象成一个专门的"创造器"类，那么程序的灵活性和通用性将有很大提高。下面将以描述工厂模式为例，对创建型模式做进一步的介绍。

8.7.1　工厂模式

模式名称：工厂模式。

问题：在软件中，由于需求的变化，一些对象的实现可能会发生变化。为了应对这种"易变对象"的变化，人们提出了工厂模式。

解决方案：为对象的创建提供接口，使子类决定实例化哪一个类。如图8-28所示，Produce()方法使类的创建延迟到子类中。

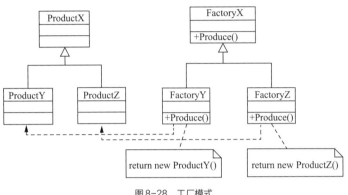

图8-28　工厂模式

效果：使用工厂模式在类的内部创建对象通常比直接创建对象更加灵活。而且，可以将对象的创建工作延迟到子类中，这对于客户不清楚对象的类型的情况非常有益。

结构型模式提供了不同类或对象之间的各异的静态结构，它描述了如何组合类或对象以获得更大的结构，如复杂的用户界面或报表数据。8.7.2小节将以描述桥接模式为例，对结构型模式做进一步的介绍。

8.7.2　桥接模式

模式名称：桥接模式。

问题：在软件中，有些类型可能存在着多个维度的变化。为了降低变化的发生对软件的影响，我们可以使用桥接模式。

解决方案：将不变的内容框架用抽象类定义，将变化的内容用具体的子类分别实现。并且，将类的抽象与实现分离，从而使两端都可以独立变化。实际上，一个普通的控制多个电器设备的开关就是桥接模式的例子，如图8-29所示。开关可以是简单的拉链开关，也可以是调光开关。开关的实现，根据其控制的设备的不同也有所不同。开关例子的桥接类图可以进一步抽象表示出桥接模式，如图8-30所示。Abstraction相当于对某一概念的高级抽象，它包含对Implementor的引用。Implementor是对上述概念实现方式的抽象。RefinedAbstraction和ConcreteImplementor分别代表了具体的概念及其实现方式。

使用桥接模式
实现毛笔与
蜡笔的关系

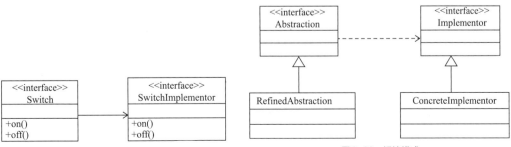

图8-29　开关的例子　　　　　　　　图8-30　桥接模式

效果：桥接模式最大的优点在于使抽象和实现可以独立地变化。如果软件系统需要在构建的抽象角色与实现角色之间增加更多的灵活性，那么可以使用该模式。

行为型模式定义了系统内对象之间的通信，以及复杂程序中的流程控制。8.7.3小节将以描述策略模式为例，对行为型模式做进一步的介绍。

8.7.3 策略模式

模式名称：策略模式。

问题：在软件中，多个算法之间通常具有相似性。它们的单独实现将增加代码的冗余度，增大系统的开销。

解决方案：把一系列的算法封装为具有共同接口的类，将算法的使用和算法本身分离，如图8-31所示。Context表示算法使用的上下文环境，它含有对算法Strategy的引用。Strategy抽象了所有具体策略，形成了一个共同的接口。ConcreteStrategyX和ConcreteStrategyY代表具体的算法实现。

效果：策略模式降低了代码的耦合度，当软件的业务策略改变时，仅需要少量的修改即可。

策略模式的补充知识

使用策略模式实现跨平台图像浏览系统

图8-31 策略模式

8.7.4 其他模式

若想熟悉其他设计模式，请参见表8-2，并且可阅读有关软件设计模式的图书。

表 8-2 设计模式的定义

分类	模式名称	定义
创建型模式	工厂	提供一个简单的决策层，能够根据提供的数据返回一个抽象基类的多个子类中的一个
	抽象工厂	提供一个创建并返回一系列相关对象的接口
	单件	在某个类只能有一个实例的前提下，提供一个访问该实例的全局访问点
	构造器	将对象的构建与表示分离
	原型	先实例化一个类，然后通过该类来创建新的实例
结构型模式	适配器	可以将一个类的接口转换成另一个接口，从而使不相关的类在一个程序里一起工作
	桥接	将抽象部分和实现部分分离
	组合	组合就是对象的集合，可以构建部分—整体层次结构或构建数据的树状表示
	装饰	可以在不需要创建派生类的情况下改变单个对象的行为
	外观	可以将一系列复杂的类包装成一个简单的封闭接口，从而降低程序的复杂性
	享元	用于共享对象，其中的每个实例都不包含自己的状态，而是将状态存储在外部
	代理	通常用一个简单的对象代替一个比较复杂的、稍后会被调用的对象
行为型模式	责任链	把请求从链中的一个对象传递到下一个对象，直到请求被响应
	命令	用简单的对象表示软件命令的执行
	解释器	提供一个把语言元素包含在程序中的定义
	迭代器	提供一个顺序访问一个类中的一系列数据的方式
	中介者	定义一个简化对象之间通信的对象
	备忘录	定义保存一个类的实例的内容以便日后能恢复它的方式
	观察者	可以把一种改动通知给多个对象
	状态	允许一个对象在其内部状态改变时修改它的行为

续表

分类	模式名称	定义
行为型模式	策略	将算法封装到类里
	模板方法	提供了算法的抽象定义
	访问者	在不改变类的前提下，为一个类添加多种操作

8.8 大语言模型赋能面向对象的分析与设计

大语言模型赋能面向对象的分析与设计

8.9 面向对象设计实例

【例8-1】在7.4节的【例7-1】中，用面向对象分析的方法分析了"智能机场管理系统"。

下面将用面向对象设计的方法设计"智能机场管理系统"。

【解析】

1. 系统设计

智能机场管理系统主要分为5个子系统，分别为用户子系统、航班子系统、停车位子系统、消息子系统和商家子系统，如图8-32所示。

① 用户子系统：主要功能为管理用户。按照题目的描述，使用智能机场管理系统的所有人员均为用户，包括旅客、航司、商家、客服、管理员和机场工作人员。用户可以登录系统，通过系统实现功能并接受服务。

② 航班子系统：主要功能为管理航班信息。航班信息的发布、调整、取消，都是通过该子系统实现和管理的。

③ 停车位子系统：主要功能为管理停车位信息。停车位的查询、预订功能通过该子系统实现。

④ 消息子系统：主要功能为处理系统内部的消息。使用智能机场管理系统的不同用户间需要进行多种消息传递，消息子系统负责管理消息并实现相关功能。

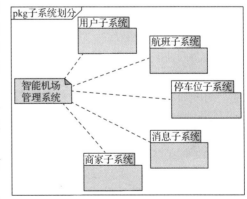

图8-32 子系统设计

⑤ 商家子系统：主要功能为管理商家信息和产品信息。该子系统确保了智能机场管理系统中线上销售功能的实现。

（1）设计问题域子系统

通过面向对象分析，我们对问题域已经有了较深入的了解，图7-16给出了我们对问题域的认识。在面向对象设计过程中，仅需从实现的角度出发，并根据我们所设计的数据结构，对图7-16所示的对象模型做出补充和细化。

① 航司：它的数据成员"航司名称"和"航班信息"均采用字符串结构存储。但在实际情况中，每个航司的航班信息有很多条，并且每条航班信息中需要包含多个字段，如航班号、起飞时间、价格等，所以应该将"航班信息"抽象为一个单独的类。在"航司"类中只存储"航班号"即可，并且将"航班号"组织成字符串数组的结构存储。"航司"类除了提供图7-16中所示的服务之外，为了实现需求，还应增加下列服务：合理安排机场跑道，从而确保安全，生成包括具体登机口信息的时刻表，将对航班信息的修改通知旅客。

② 机场工作人员：它的数据成员"工作人员姓名"采用字符串结构存储。为了更好地组织数据结构，便于增加、删除和查找等功能的实现，应该为"机场工作人员"增加"工作人员编号"字段。为了维护完整的登录功能，还应该为该类增加"密码"数据成员。机场工作人员提供的服务主要有：登录、登出、修改密码、提交报修申请。

③ 旅客：它的数据成员"旅客姓名""预订航班信息"和"行李托运信息"均采用字符串结构存储。考虑到在实际情况中，旅客预订的航班可能不止一个，行李托运信息也可能不止一条，因此应该采用字符串数组结构记录"航班号"列表和"行李托运信息"列表。为了区别重名旅客，应该为该类增加"旅客证件号"数据成员。为了维护完整的登录功能，还应该为该类增加"密码"数据成员。除了提供图7-16所示的服务之外，为了实现需求，还应增加下列服务：登出、修改密码、生成电子机票、预订停车位、支付停车费用。

④ 商家：它的数据成员"商家名称""商品信息"和"订单信息"均采用字符串结构存储。在实际情况中，"商品信息"和"订单信息"均不止一条，因此应该采用字符串数组结构来存储"商品信息"列表和"订单信息"列表。为了维护完整的登录功能，还应该为该类增加"密码"数据成员。除了提供图7-16所示的服务之外，为了实现需求，还应增加下列服务：登出、修改密码、生成商品与对应登机口信息表单。

⑤ 客服：它的数据成员"客服名称"采用字符串结构存储。为了更好地组织数据结构，便于增加、删除和查找等功能的实现，应该为"客服"增加"客服编号"字段。为了维护完整的登录功能，还应该为该类增加"密码"数据成员。除了提供图7-16所示的服务之外，为了实现需求，还应增加下列服务：登出、修改密码。

⑥ 停车场：它的数据成员"停车旅客"和"停车时间范围"均采用字符串结构存储，"是否支付"采用布尔值结构存储。"停车位置"应该采用字符串结构来记录停车场中的停车位编号，并且应删除目前该类提供的服务，这些服务应该被设置在"停车旅客"类下。

⑦ 管理员：它的数据成员"管理员名称"采用字符串结构存储。为了更好地组织数据结构，便于增加、删除和查找等功能的实现，应该为"管理员"增加"管理员编号"字段。为了维护完整的登录功能，还应该为该类增加"密码"数据成员。除了提供图7-16所示的服务之外，为了实现需求，还应增加下列服务：登出、修改密码。

智能机场管理系统中问题域子系统所包含的类如图8-33所示。

（2）设计人机交互子系统

为方便用户使用，本系统采用图形化的用户界面，主要设计了以下的一些窗口。

① 登录窗口。启动系统之后，即进入登录页面。该页面有一个输入框供用户输入

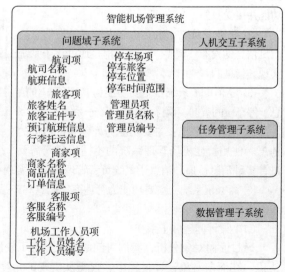

图8-33　智能机场管理系统中问题域子系统所包含的类

账号，每个账号和使用智能机场管理系统的每一位用户相对应。登录窗口中设置了"登录"按钮和"取消"按钮。用户完整填写登录表单后，单击"登录"按钮，若用户数据存在，则跳转到系统主页默认页面。若用户填写信息错误，则会有相应报错信息。

② 注册窗口。进入注册窗口有若干输入框供用户输入注册账号所需信息，登录窗口中设置了"登录"按钮和"取消"按钮。用户在完整填写注册表后，单击"注册"按钮，若填入信息格式正确，则注册成功，跳转到登录页面；单击"取消"按钮则取消注册并返回到登录页面。

③ 主页面窗口。用户注册、登录之后进入主页面窗口，主页面窗口主要包括机票预订窗口入口、我的订单窗口入口、停车位预订窗口入口、行李跟踪窗口入口、航班时刻表查看窗口入口、机场工作人员创建请求窗口入口、机场工作人员处理事务窗口入口、审批请求窗口入口、管理员数据查看窗口入口、导入航班窗口入口、我的店铺窗口入口、申请入驻窗口入口、航班发布窗口入口、已发布航班窗口入口、航班回收站窗口入口、个人信息窗口入口、我的通知窗口入口、客服窗口入口等。

④ 机票预订窗口。该窗口包含导航栏、搜索框、"查询"按钮、"重置"按钮和航班列表等。在航班列表中包含航班起点和航班终点，用户在进入机票预订窗口时，系统会为用户加载所有可预订的航班信息。用户在输入框中输入航班的起点和终点后，单击"查询"按钮，系统会显示所有符合要求的航班，单击"重置"按钮，会重置输入的文本。用户单击"购买"按钮可以弹出购买机票窗口。

⑤ 我的订单窗口。该窗口包含导航栏、搜索框、订单列表、"查询"按钮、"重置"按钮、"删除"按钮、"生成"按钮等。在用户进入我的订单窗口时，系统会为用户加载所有属于该用户的订单。用户在搜索框中输入订单号后，单击"查询"按钮，系统会显示对应的订单号的订单；单击"重置"按钮，会重置输入的文本。用户单击"删除"按钮可以删除订单记录。用户单击"生成"按钮可以生成包含订单信息的电子机票。

⑥ 停车位预订窗口。该窗口包含导航栏、搜索框、订单列表、"重置"按钮、"购买"按钮等。在用户进入停车位预订窗口时，系统会为用户加载所有的停车位信息。停车位信息包括停车位列表、停车位置、停车位状态。用户在搜索框中输入停车位信息后，单击"查询"按钮，系统会显示对应的停车位；单击"重置"按钮，会重置输入的文本。用户单击"购买"按钮可以弹出支付窗口。

⑦ 行李跟踪窗口。该窗口包含导航栏、创建按钮、行李列表等。在用户进入行李跟踪窗口时，系统会为用户加载用户上传的行李信息。用户单击行李列表最下面的"+"按钮，系统会弹出行李信息表单，用户完整填写表单后单击"提交"按钮会创建对应的行李信息。

⑧ 航班时刻表查看窗口。该窗口包含导航栏、航班时刻表等。在用户进入航班时刻表查看窗口时，系统会按照时间先后顺序加载所有可用航班的时刻表。

⑨ 机场工作人员创建请求窗口。该窗口包含导航栏、请求表单、请求列表、"申请"按钮、"取消"按钮等。在机场工作人员进入机场工作人员创建请求窗口时，系统会显示机场工作人员已创建的但是还未被管理员审核的报修请求，并以列表的形式显示。机场工作人员单击列表底部"+"按钮会弹出报修请求表单，机场工作人员完整填写表单后单击"申请"按钮提交申请，或单击"取消"按钮取消申请。

⑩ 机场工作人员处理事务窗口。该窗口包含导航栏、请求列表、"处理"按钮、"完成"按钮、"取消"按钮等。在机场工作人员进入机场工作人员处理事务窗口时，系统会显示所有机场工作人员提交的且已被审批通过的报修请求，并以列表的形式显示。机场工作人员单击对应报修请求的"处理"按钮，会弹出已填入对应表单信息的表单，机场工作人员上传处理结果图片并输入处理描述后，单击"完成"按钮完成事件处理，或单击"取消"按钮取消处理事件。

⑪ 审批请求窗口。该窗口包含导航栏、请求列表等。当管理员单击审批报修请求时，系统会显示机场工作人员上传的报修请求列表，当单击审批商家请求时，系统会显示商家上传的申请入驻请求列表。当管理员单击"审批"按钮时，会弹出包含详细申请内容的表单，管理员可以在其中填入答复信息，单击"通过"按钮则审批通过，单击"打回"按钮则审批不通过。

⑫ 管理员数据查看窗口。该窗口包含导航栏、销量表、财务报表等。在管理员进入管理员数

据查看窗口时，系统会为管理员显示所有航班的销量表以及机场的财务报表。

⑬ 导入航班窗口。该窗口包含导航栏、航班表单、航班列表等。在管理员进入导入航班窗口时，系统会为管理员显示所有已经导入过的航班，并以列表的形式显示。管理员单击列表底部的"+"按钮，会弹出航班表单，管理员在其中填入完整的航班信息，单击"导入"按钮则确认导入，单击"取消"按钮则取消导入。

⑭ 我的店铺窗口。该窗口包含导航栏、商品列表等。在用户进入我的店铺窗口时，可以看到商品列表，单击"购买"按钮可以加入购物车，用户可以选择购买数量，下面会提示总价。用户单击"结算"按钮可以进行支付。

⑮ 申请入驻窗口。该窗口包含导航栏、申请表单等。在用户进入申请入驻窗口时系统会发送给用户需要填写的信息表单。用户填好信息表单之后可以单击"提交"按钮提交信息，等待系统管理员审批。

⑯ 航班发布窗口。该窗口包含导航栏、搜索框、航班列表等。在航司进入航班发布窗口时，系统会为航司获取所有由管理员上传的、状态为未发布的航班，并以列表的形式显示。航司在搜索框中输入航班号后，单击"查询"按钮，系统会显示对应航班号的航班信息；单击"重置"按钮，会重置输入的文本。航司单击"发布"按钮，对应航班的状态会由未发布变为已发布，并从本页面的航班列表中移除，同时显示在已发布航班窗口中。航司单击"编辑"按钮，会弹出包含对应航班信息的表单窗口，航司可以在其中修改航班信息，单击"保存"按钮保存修改。航司单击"删除"按钮，会删除对应的航班，航班状态由未发布变为回收站，从本窗口的航班列表中移除，同时显示在航班回收站窗口中。

⑰ 已发布航班窗口。该窗口包含导航栏、搜索框、航班列表等。在航司进入已发布航班窗口时，系统会为航司获取所有状态为已发布的航班，并以列表的形式显示。航司在搜索框中输入航班号后，单击"查询"按钮，系统会显示对应航班号的航班信息；单击"重置"按钮，会重置输入的文本。航司单击"编辑"按钮，会弹出包含对应航班信息的表单页面，航司可以在其中修改航班信息，单击"保存"按钮保存修改。航司单击"删除"按钮，会删除对应的航班，航班状态由已发布变为回收站，并从本窗口的航班列表中移除，同时显示在航班回收站窗口中。

⑱ 航班回收站窗口。该窗口包含导航栏、搜索框、航班列表等。在航司进入航班回收站窗口时，系统会为航司获取所有状态为回收站的航班，并以列表的形式显示。航司在搜索框中输入航班号后，单击"查询"按钮，系统会显示对应航班号的航班信息；单击"重置"按钮，会重置输入的文本。航司单击"恢复"按钮，会恢复对应的航班，航班状态由回收站变为未发布，并从本页面的航班列表中移除，同时显示在航班发布窗口中。航司单击"删除"按钮，会彻底删除对应的航班，对应航班从本窗口的航班列表中移除。

⑲ 个人信息窗口。该窗口包含导航栏、个人信息表单等。在用户进入个人信息窗口时，系统会显示包含用户已提交信息的表单。用户单击对应的输入框修改个人信息后，单击"保存"按钮可以保存修改。表单中有员工认证选项，用户在输入框中输入自己的工号后，单击"认证"按钮，如果工号正确，则完成员工认证，可以获得对应窗口的权限。

⑳ 我的通知窗口。该窗口包含导航栏、通知列表等。在用户进入我的通知窗口时，系统会显示用户收到的所有通知。用户未读的通知会显示为未读状态，读取通知后显示为已读状态。

㉑ 客服窗口。该窗口包含导航栏、客服链接等。在用户进入客服窗口时，系统会显示一个客服链接，单击链接即可匹配对应客服，并进入聊天窗口。用户进入聊天窗口后，在输入框中输入文本并发送给客服，客服接收后进行回复，用户可在聊天窗口接收客服回复信息。

智能机场管理系统中人机交互子系统所包含的类如图8-34所示。

（3）设计任务管理子系统

① 目的

设计任务管理子系统可用于有效管理智能机场管理系统中的任务，确保任务顺利执行，并优化系统的运行效率。通过合理的任务分配、优先级管理和监控，任务管理子系统将提供任务分配和调度、优先级管理、依赖、协调、监控、反馈和性能优化等关键功能。

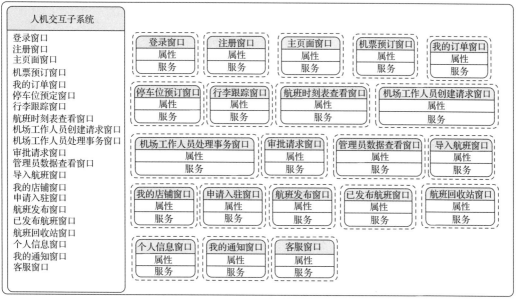

图8-34　智能机场管理系统中人机交互子系统所包含的类

②分析并发性

要进行任务管理子系统的设计，首先需要分析系统的整体架构和组成部分，主要可以分为用户子系统、航班子系统、停车位子系统、消息子系统和商家子系统。

子系统之间的依赖关系：用户子系统可能依赖于航班子系统和停车位子系统，以提供用户预订机票和停车位的功能；航班子系统可能依赖于用户子系统和商家子系统，以提供航班信息和机票销售的功能；停车位子系统可能依赖于用户子系统和商家子系统，以提供停车位管理和预订的功能；消息子系统可能与其他子系统之间存在依赖关系，用于系统内部的通信和事件传递。

面向对象分析建立的动态模型：根据给定的数据模型，可以推断出每个子系统包含多个对象，并且这些对象之间可能存在状态转换和事件交换的关系。每个对象可能有不同状态以及状态之间的转换。对象之间的事件交换可能涉及数据的读取、更新、传递等操作，以满足系统的功能需求。本实例的对象状态如下。

• 用户子系统。

用户对象：包括旅客、航司、商家、客服、管理员。

状态转换和事件：旅客可以登录系统、查询航班、订购机票、接收起飞通知等。

• 航班子系统。

航班对象：用于管理航班信息。

状态转换和事件：航司可以发布航班信息、调整航班信息、取消航班。

• 停车位子系统。

停车位对象：用于管理停车位信息。

状态转换和事件：旅客可以预订停车位。

• 消息子系统。

消息对象：用于处理系统内部的消息传递和通信。

状态转换和事件：管理员可以处理报修请求、处理商家入驻申请。

• 商家子系统。

商家对象：用于管理商家信息和商品信息。

状态转换和事件：商家可以申请入驻机场、添加商品信息。

不同对象之间可能存在的事件交换如下。

- 用户登录：用户对象与登录系统对象之间的事件交换。
- 用户注册：用户对象与注册系统对象之间的事件交换。
- 发布航班信息：航司对象与管理员对象之间的事件交换。
- 订购机票：旅客对象与航班对象之间的事件交换。
- 处理报修请求：管理员对象与报修请求对象之间的事件交换。
- 处理商家入驻申请：管理员对象与商家入驻申请对象之间的事件交换。

③ 事件驱动型任务分析

- 订购机票事件驱动型任务如下。

描述：旅客订购指定航班的机票。

中断触发：当旅客提交机票订购请求时，该任务被唤醒。

处理流程：任务接收旅客的订票请求，将相关数据放入内存缓冲区或其他目的地，并通知航司和管理员，然后任务回到睡眠状态。

- 接收起飞通知事件驱动型任务如下。

描述：旅客接收航班起飞通知。

中断触发：当航班起飞通知被发送时，该任务被唤醒。

处理流程：任务接收起飞通知，将相关数据放入内存缓冲区或其他目的地，并通知旅客，然后任务回到睡眠状态。

- 处理报修请求事件驱动型任务如下。

描述：用户提交报修请求，请求发送给管理员审批。

中断触发：当用户提交报修请求时，该任务被唤醒。

处理流程：任务接收报修请求，将相关数据放入内存缓冲区或其他目的地，并通知管理员，然后任务回到睡眠状态。

- 处理商家入驻申请事件驱动型任务如下。

描述：管理员处理商家入驻申请。

中断触发：当有商家入驻申请需要处理时，该任务被唤醒。

处理流程：任务接收商家入驻申请，将相关数据放入内存缓冲区或其他目的地，并通知管理员，然后任务回到睡眠状态。

④ 确定时钟驱动型任务

在智能机场管理系统中，存在一些任务需要根据一定的时间间隔来触发并执行相应的处理。这些任务通过设置唤醒时间，在进入睡眠状态后等待系统中断来触发执行。一旦接收到这种中断，任务将被唤醒并执行特定的工作，然后通知相关的对象，最后任务再次进入睡眠状态。系统中典型的时钟驱动型任务如下。

- 定期生成销售报表：管理员需要定期查看销售报表，因此可以设计一个时钟驱动型任务，每隔一定时间就生成销售报表，并通知相关的管理员。
- 定时更新航班的时刻表：管理员需要查看航班的时刻表，因此可以设计一个时钟驱动型任务，每隔一定时间就更新航班的时刻表，并通知相关的管理员。

⑤ 确定优先任务

在智能机场管理系统中，为了在严格限定的时间内完成某些服务，需要将这类服务分离成独立的任务，并对其进行优先处理。根据提供的资料，我们可以将优先任务分为高优先级和低优先级两种类型。

- 高优先级任务。高优先级任务是指那些在时间上有严格要求且对系统性能有重要影响的服务。在智能机场管理系统中，可以作为高优先级任务的功能有：发布航班信息、调整航班信息、取消航班、处理报修请求、处理商家入驻申请。这些任务涉及航班信息的发布、调整和取消，报修请求和商家入驻申请的处理。由于它们的时间要求较高且直接关系到系统的核心功能，将它们分离成独立的任务可以确保其及时性和可靠性。

- 低优先级任务。低优先级任务是指那些相对次要且可延后处理的服务。在智能机场管理系统中，可以作为低优先级任务的功能有：批量导入航班信息、查看销售报表、查看时刻表、查看财务报表、回答旅客问题。这些任务涉及航班信息的导入、销售报表和财务报表的查看、客服对旅客问题的回答。虽然它们对系统的运行没有直接的时间要求，但仍然需要分离成独立的任务，以提高系统的灵活性和效率。

⑥ 设计方法和优先任务管理策略

在设计时，对于高优先级任务，可以采用以下方法。将高优先级任务单独设计为独立的模块或子系统，确保其独立性和可靠性。为高优先级任务分配足够的系统资源和处理能力，以满足其严格的时间要求。使用适当的任务调度算法或优先级处理机制，确保高优先级任务得到及时处理和响应。

与高优先级任务相似，对于低优先级处理任务，可以采取以下策略。将低优先级处理任务作为后台任务或异步任务处理，以避免对系统的实时性造成影响。通过合理的资源分配和调度算法，确保低优先级处理任务不会对高优先级任务造成干扰。定期或根据需要对低优先级处理任务进行批量处理，以提高系统的效率和吞吐量。

总体而言，优先任务的设计应该考虑系统的实时性要求和性能需求，并确保高优先级任务得到优先处理，而低优先级处理任务不会对系统的核心功能产生重大影响。

⑦ 确定关键任务

关键任务是与系统成功或失败直接相关的关键处理。这些处理通常具有严格的可靠性要求，要求系统能够在各种情况下保持高度的稳定性和可靠性。为了满足这些要求，设计过程中应采用额外的任务来分离这些关键处理，以实现系统的高可靠性。在智能机场管理系统中，可能存在以下关键任务处理问题。

- 用户身份认证与权限控制：系统需要确保用户身份认证的准确性和安全性，并根据用户的权限控制其对系统功能和数据的访问。这是系统成功运行的基础，所以需要实施严格的身份验证和权限管理机制。
- 系统交互和数据处理：系统需要能够高效处理用户的请求和数据，包括航班信息查询、机票预订、行李跟踪等功能。这些处理涉及大量的数据交互和复杂的业务逻辑，所以要求系统具备高度的可靠性和稳定性。
- 系统安全和故障恢复：系统需要具备强大的安全性能，能够抵御恶意攻击和安全威胁。同时，系统还需要能够快速恢复故障，避免长时间的系统中断和数据丢失。

⑧ 可靠性要求和高可靠性处理的实现方式

为了满足智能机场管理系统的可靠性要求，可以采取以下几种实现方式。

- 冗余设计：引入冗余组件或系统，以防止单点故障，例如采用多台服务器进行负载均衡和故障切换，以确保系统的高可用性。
- 错误检测和纠正：引入错误检测和纠正机制，及时发现和修复系统中的错误。
- 故障恢复和备份：实施定期的数据备份和系统状态备份，以便在系统故障或数据丢失时能够快速恢复。同时，建立故障切换和灾备机制，以确保系统的连续性和可用性。
- 性能监控和优化：建立系统性能监控和优化机制，及时发现和解决系统性能瓶颈和故障隐患的问题，以保持系统的高性能和稳定性。

为了实现高可靠性处理，我们可以将以下额外任务设计和分离出来。

- 故障监测和报警：引入专门的故障监测和报警任务，负责监测系统各个组件和功能的状态，并在发现异常或故障时及时发送警报通知相关人员进行处理。

- 安全审计和漏洞管理：设立专门的安全审计和漏洞管理任务，负责定期对系统进行安全审计和漏洞扫描，及时发现和修复潜在的安全漏洞，以确保系统的安全性。
- 性能分析和优化：分离出性能分析和优化任务，专门负责对系统性能进行监测和分析，提出优化建议并进行性能调优，以确保系统的高性能和稳定性。
- 持续改进和升级：设立持续改进和升级任务，跟踪新技术和行业发展，定期评估系统的可靠性和性能，并进行相应的改进和升级，以适应不断变化的需求和环境。

通过设计和分离这些额外任务，可以使关键处理得到更加专注和精确的实施，提高系统的可靠性和稳定性，确保智能机场管理系统能够成功应对各种挑战和问题。智能机场管理系统中任务管理子系统所包含的类如图8-35所示。

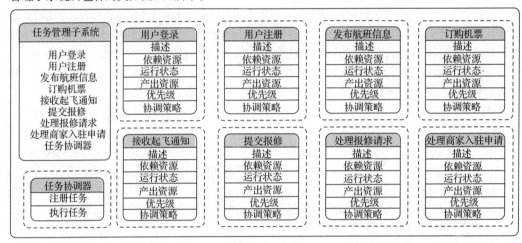

图8-35　智能机场管理系统中任务管理子系统所包含的类

（4）设计数据管理子系统

① 确定需求

智能机场管理系统涉及航班信息管理、旅客信息管理、报修功能、表单信息管理、商家入驻功能、停车管理、客服功能、降价通知功能、候补通知功能、机场导航功能、智能安检功能。

智能机场管理系统中数据管理子系统所包含的类如图8-36所示。

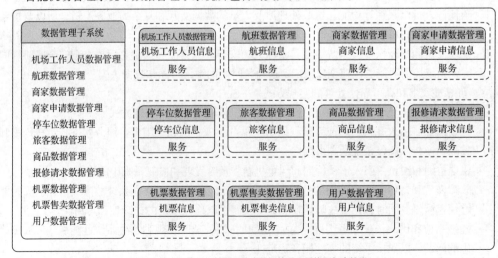

图8-36　智能机场管理系统中数据管理子系统所包含的类

② 设计数据库

使用关系数据库MySQL来存储和管理数据，数据库中表名清单如表8-3所示。

表 8-3　数据库中表名清单

编号	表名	描述
1	employee	记录机场工作人员信息
2	flight	记录航班信息
3	merchant	记录商家信息
4	merchant_applications	记录商家申请信息
5	parkingspace	记录停车位信息
6	passenger	记录旅客信息
7	products	记录商品信息
8	repair_request	记录报修请求信息
9	ticket	记录机票信息
10	ticket_purchases	记录机票售卖信息
11	user	记录用户信息

③ 设计数据接口

使用RESTful API设计一组数据接口以支持查询、添加、修改和删除数据等操作。

• employee。

GET /api/employee/ 查询所有工作人员信息。

GET /api/employee/<pk>/ 查询某一工作人员信息。

POST /api/employee/ 添加机场工作人员信息。

PUT /api/employee/<pk>/ 修改机场工作人员信息。

DELETE /api/employee/<pk>/ 删除机场工作人员信息。

• flight。

GET /api/flight/ 查询所有航班信息。

GET /api/flight/<pk>/ 查询某一航班信息。

POST /api/flight/ 添加航班信息。

PUT /api/flight/<pk>/ 修改航班信息。

DELETE /api/flight/<pk>/ 删除航班信息。

• merchant。

GET /api/merchant/ 查询所有商家信息。

GET /api/merchant/<pk>/ 查询某一商家信息。

POST /api/merchant/ 添加商家信息。

PUT /api/merchant/<pk>/ 修改商家信息。

DELETE /api/merchant/<pk>/ 删除商家信息。

• merchant_applications。

GET /api/merchant_applications/ 查询所有商家申请信息。

GET /api/merchant_applications/<pk>/ 查询某一商家申请信息。

POST /api/merchant_applications/ 添加商家申请信息。

PUT /api/merchant_applications/<pk>/ 修改商家申请信息。

DELETE /api/merchant_applications/<pk>/ 删除商家申请信息。

• parkingspace。

GET /api/parkingspace/ 查询所有停车位信息。

GET /api/parkingspace/<pk>/ 查询某一停车位信息。

POST /api/parkingspace/ 添加停车位信息。

PUT /api/parkingspace/<pk>/ 修改停车位信息。

DELETE /api/parkingspace/<pk>/ 删除停车位信息。

- passenger。

GET /api/passenger/ 查询所有旅客信息。

GET /api/passenger/<pk>/ 查询某一旅客信息。

POST /api/passenger/ 添加旅客信息。

PUT /api/passenger/<pk>/ 修改旅客信息。

DELETE /api/passenger/<pk>/ 删除旅客信息。

- products。

GET /api/products/ 查询所有商品信息。

GET /api/products/<pk>/ 查询某一商品信息。

POST /api/products/ 添加商品信息。

PUT /api/products/<pk>/ 修改商品信息。

DELETE /api/products/<pk>/ 删除商品信息。

- repair_request。

GET /api/repair_request/ 查询所有报修请求信息。

GET /api/repair_request/<pk>/ 查询某一报修请求信息。

POST /api/repair_request/ 添加报修请求信息。

PUT /api/repair_request/<pk>/ 修改报修请求信息。

DELETE /api/repair_request/<pk>/ 删除报修请求信息。

- ticket。

GET /api/ticket/ 查询所有机票信息。

GET /api/ticket/<pk>/ 查询某一机票信息。

POST /api/ticket/ 添加机票信息。

PUT /api/ticket/<pk>/ 修改机票信息。

DELETE /api/ticket/<pk>/ 删除机票信息。

- ticket_purchases。

GET /api/ticket_purchases/ 查询所有机票售卖信息。

GET /api/ticket_purchases/<pk>/ 查询某一机票售卖信息。

POST /api/ticket_purchases/ 添加机票售卖信息。

PUT /api/ticket_purchases/<pk>/ 修改机票售卖信息。

DELETE /api/ticket_purchases/<pk>/ 删除机票售卖信息。

- user。

GET /api/user/ 查询所有用户信息。

GET /api/user/<pk>/ 查询某一用户信息。

POST /api/user/ 添加用户信息。

PUT /api/user/<pk>/ 修改用户信息。

DELETE /api/user/<pk>/ 删除用户信息。

④ 实现数据安全

为确保数据的安全性，防止未经授权的访问和修改，我们可使用OAuth 2.0来实现用户身份验证和授权。

⑤ 实现数据备份和恢复

我们需要定期备份数据，以防止数据丢失。例如，我们可使用定时任务来定期备份数据，并使用事务日志来实现快速恢复。

2．对象设计

智能机场管理系统的使用者包括管理员、航司、旅客、客服、停车场、商家和机场工作人员。该系统的使用者发出使用需求后，可以通过请求活动来满足需求。

其中，航司可以在系统上发布航班信息，协调飞机飞行以方便旅客查询和购买机票；对已确定的航班，航司可以调整航班价格，或者取消航班，并通知旅客。旅客可以通过系统预订机票、生成电子机票等，并得知具体的登机口和航站楼信息，临近起飞还会收到起飞通知，旅客还可以申请行李跟踪功能以及时了解行李的位置和状态，可以预订停车位以享受停车服务。机场工作人员可以在系统上报修设备和设施。管理员可以在系统上打印财务报表、查看航班时刻表、批量导入航班信息。商家可以在系统上申请入驻机场系统，之后可以线上销售商品，并将商品送至指定的登机口。客服可以为旅客解答常见问题并提供帮助。停车场可以提供停车管理功能。智能机场管理系统优化后的详细的对象设计类图如图8-37所示。关于详细的动态模型（顺序图），由于篇幅有限，这里就不展示了。读者可扫描第179页的二维码观看视频的讲解。

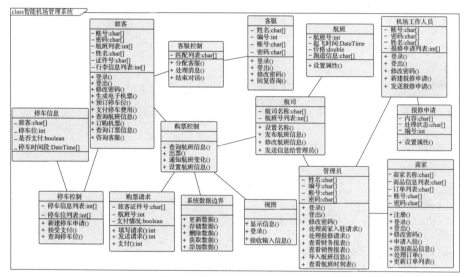

图8-37　智能机场管理系统优化后的详细的对象设计类图

【例8-2】请举例阐述策略模式。

【解析】

在进行软件设计时，若对象的某个行为在不同场景中具有不同实现算法，可以采用策略模式。

例如，连接多个数据库时，涉及数据库的切换，即使用数据库操作这个行为，在不同场景下（不同数据库中）会存在多种实现算法，所以我们可以采用策略模式。

策略模式的
例子

我们将创建一个定义数据库连接的策略接口（DBStrategy）和实现了该策略接口的实体策略类。我们还将创建一个Context类，这是一个起承上启下作用的类，用DBStrategy来配置，并维护对DBStrategy对象的引用。它屏蔽了高层模块对策略、算法的直接访问，封装了可能存在的变化。

类与类之间的关系如图8-38所示。

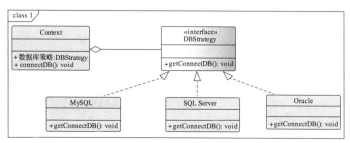

图8-38　类与类之间的关系

下面我们使用Java代码来实现这一策略模式。

```java
1.  //步骤一：创建一个接口
2.  //DBStrategy.java
3.  public interface DBStrategy{
4.   public void getConnectDB();
5.  }
6.  //步骤二：创建实现接口的实体类
7.  //MySQL.java
8.  public class MySQL implements DBStrategy{
9.   @Override
10.  public void getConnectDB(){
11.  /*具体的数据库连接代码*/
12.   System.out.println("connect MySQL");
13. }
14. }
15.
16. //SQLServer.java
17. public class SQLServer implements DBStrategy{
18.  @Override
19.  public void getConnectDB(){
20.  /*具体的数据库连接代码*/
21.   System.out.println("connect SQLServer");
22. }
23. }
24.
25. //Oracle.java
26. public class Oracle implements DBStrategy{
27.  @Override
28.  public void getConnectDB(){
29.  /*具体的数据库连接代码*/
30.   System.out.println("connect Oracle");
31. }
32. }
33.
34. //步骤三：创建Context类
35. //Context.java
36. public class Context{
37.  private DBStrategy dbstrategy;
38.  public Context(Strategy strategy){
39.  this.strategy = strategy;
40. }
41. public void getConnectDB(){
42.  dbstrategy.getConnectDB();
43. }
44. }
45. //我们对以上的代码进行测试,可以编写如下的测试代码
46. public class StrategyTest {
47. public static void main(String[] args) {
48.  /**
49.  *策略模式实现对MySQL的连接操作
50.  **/
51.   Context MysqlContext = new Context(new MySQL());
52. MysqlContext.getConnectDB();
53.  /**
```

```
54. *策略模式实现对SQL Server的连接操作
55. **/
56. Context SQLServerContext = new Context(new SQLServer());
57. SQLServerContext.getConnectDB();
58. /**
59. *策略模式实现对Oracle的连接操作
60. **/
61. Context OracleContext = new Context(new Oracle());
62. OracleContext.getConnectDB();
63. }
64. }
```

这样，如果创建的Context类的策略DBStrategy发生改变，就会动态地调用对应的实现算法。在需要连接使用不同数据库时，可向Context类传入不同的数据库策略，由Context类自动根据传入的策略调用对应数据库的方法。当需要增加新的数据库时，也只需要新建类实现DBStrategy接口，使得代码的可扩展性较好。

通过这个例子我们可以看出，使用策略模式进行软件设计，可以增加代码的可扩展性，还避免了多重条件的判断，使代码更易维护。

8.10 案例："'墨韵'读书会图书共享平台"的软件设计说明书

"墨韵"读书会
图书共享平台
软件设计说明书

本章小结

与传统的软件工程方法不同的是，面向对象的软件工程方法不强调需求分析和软件设计的严格区分。从分析到设计的过渡，是一个逐渐扩充、细化和完善分析阶段所得到的各种模型的过程。

面向对象设计可以分为系统设计和对象设计两个阶段。系统设计关注于确定实现系统的策略和目标系统的高层结构，而对象设计是对需求分析阶段得到的对象模型的进一步完善、细化和扩充。

本章除了介绍以上内容，还介绍了软件系统的设计模式，包括工厂模式、桥接模式、策略模式和其他模式。

习题

1. 选择题

（1）面向对象设计阶段的主要任务是系统设计和（　　）。

    A. 结构化设计   B. 数据设计   C. 面向对象程序设计   D. 对象设计

（2）（　　）是表达系统类及其相互联系的图示，它是面向对象设计的核心，是建立状态图、协作图和其他图的基础。

  A. 部署图   B. 类图   C. 组件图   D. 配置图

（3）下面所列的性质中，（　　）不属于面向对象设计的特性。

  A. 继承性   B. 复用性   C. 封装性   D. 可视化

（4）下列是面向对象设计方法中有关对象的叙述，其中（　　）是正确的。

  A. 对象在内存中没有它的存储区   B. 对象的属性集合是它的特征表示

  C. 对象的定义与程序中类型的概念相当 D. 对象之间不能相互通信

（5）面向对象设计中，基于父类创建的子类具有父类的所有特性（属性和方法），这一特点称为类的（　　）。

  A. 多态性   B. 封装性   C. 继承性   D. 复用性

（6）下列哪项不是面向对象设计的启发规则？（　　）

  A. 设计结果应该清晰易懂   B. 类等级深度应该适当

  C. 尽量添加设计的变动   D. 使用简单的协议

（7）下面哪项不是系统分解的好处？（　　）

  A. 降低设计的难度   B. 有利于软件开发人员分工协作

  C. 有利于维护人员理解并维护系统 D. 有利于增加系统依赖性

（8）不属于任务管理子系统的是（　　）。

  A. 人机交互所需输入   B. 任务的定义

  C. 任务的通信   D. 硬件分配

（9）以下哪个是人机交互子系统设计的原因？（　　）

  A. 系统与外界的接口是容易变动的

  B. 系统的服务容易变动

  C. 鉴别、定界、追踪和评估变动产生的影响

  D. 强调人如何命令系统

（10）在软件系统中，由于需求的变化，一些对象的实现可能会发生变化。为了应对这种"易变对象"的变化，人们提出了（　　）。

  A. 工厂模式 B. 外观模式 C. 观察者模式 D. 以上都不是

2. 判断题

（1）在面向对象的设计中，应遵循的设计准则除了模块化、抽象、低耦合、高内聚以外，还有信息隐藏。 （　　）

（2）面向对象分析和设计活动是一个多次反复迭代的过程。 （　　）

（3）关系数据库可以完全支持面向对象的概念，面向对象设计中的类可以直接对应到关系数据库中的表。 （　　）

（4）面向对象设计是在分析模型的基础上，运用面向对象技术生成软件实现环境下的设计模型。 （　　）

（5）常见的任务有事件驱动型任务、时钟驱动型任务、优先任务、关键任务和协调任务等。

 （　　）

（6）设计任务管理子系统时，当系统中存在3个或3个以上的任务时，就应该增加一个任务，用它作为协调任务。 （　　）

（7）用指针可以方便地实现单向关联。 （　　）

（8）如果某个关联包含链属性，不同关联重数的实现方法相同。 （　　）

（9）不可以用独立的关联对象实现双向关联。 （　　）

（10）增加冗余关联可以提高访问效率。　　　　　　　　　　　　（　　）

（11）在面向对象分析过程中，可以忽略对象模型中存在的冗余关联。（　　）

（12）设计模式是从大量或成功实践中总结出来并被公认的实践和知识。（　　）

3．填空题

（1）数据管理子系统包括永久数据的存取，它隔离了物理的_____。

（2）存储服务用来协调每个需永久保存的_____的存储。

（3）问题域子系统也称_____。

（4）在问题域子系统中，_____是在类似系统中重用分析、设计和编程结果的关键因素。

（5）系统需求最易变动的就是加工和_____。

（6）在设计问题域子系统的时候，对于调整需求，通常首先简单修改面向对象_____。

（7）面向对象技术的基本特征主要为抽象性、封装性、继承性和_____。

（8）在调整继承层次时，使用一种只有单继承和无继承的编程语言时，需要将多继承转换为_____。

（9）在优化对象设计时，提高效率的技术有增加冗余关联、调整查询次序和保留_____属性。

（10）软件设计模式一般分为创建型模式、结构型模式和_____。

4．简答题

（1）请比较结构化设计方法和面向对象设计方法。

（2）请简述面向对象设计的启发规则。

（3）请简述面向对象的设计原则

（4）请简述系统设计和对象设计。

（5）什么是软件设计模式？常用的软件设计模式有哪些？

5．应用题

（1）针对图6-9所描述的类进行面向对象的数据设计，并结合实际经验，自定义相关的类的属性。

（2）请举例阐述工厂模式。

（3）请举例阐述桥接模式。

（4）采用面向对象分析方法分析与设计下列需求。

工厂模式的例子（1）

工厂模式的例子（2）

桥接模式的例子

某慈善机构需要开发一款募捐系统，已跟踪记录为事业或项目向目标群体进行募捐而组织的集体性活动。该系统的主要功能如下所述。

募捐系统的面向对象的分析与设计

① 管理志愿者。根据募捐任务给志愿者发送加入邀请、邀请跟进、工作任务；管理志愿者提供的邀请响应、志愿者信息、工作时长、工作结果等。

② 确定募捐需求和收集所募捐赠（如资金及物品等）。根据需求提出募捐任务、活动请求和捐赠请求，获取所募集的资金和物品。

③ 组织募捐活动。根据活动请求，确定活动时间范围。根据活动时间，搜索可用场馆。然后根据活动时间和地点推广募捐活动，根据相应的活动信息举办活动，从募捐机构获取资金并向其发放赠品；获取和处理捐赠，根据捐赠请求，提供所募集的捐赠。

④ 从捐赠人信息表中查询捐赠人信息，向捐赠人发送募捐请求。

第五部分　软件实现、测试与维护

第9章
软件实现

本章将首先介绍编程语言的发展与分类；其次讲述选择编程语言时需考虑的因素；然后针对编程风格与规范进行阐述；接着简述面向对象实现；最后讲述代码复用，以及分析和评价代码的质量相关方面的内容。

本章目标

- ❑ 了解编程语言的发展与分类。
- ❑ 了解选择编程语言时需考虑的因素。
- ❑ 掌握良好的编程风格与规范。
- ❑ 熟悉面向对象实现。
- ❑ 了解代码复用。
- ❑ 了解分析和评价代码的质量。

9.1 编程语言

在软件设计阶段，得到了实现目标系统的解决方案，并且用程序流程图、伪代码等设计工具将其表述出来。编码的过程就是把软件设计阶段得到的解决方案转化为可以在计算机上运行的软件产品的过程。

选择合适的编程语言是编码的关键。可以说，编程语言是人与计算机交互的基本工具，它定义了一组计算机的语法规则，通过这些语法规则可以把人的意图、思想等转换为计算机可以理解的指令，进而让计算机帮助人类完成某些任务。软件开发人员通过使用编程语言来实现目标系统的功能。

9.1.1 编程语言的发展与分类

编程语言是人与计算机交流的重要工具。对于软件开发人员而言，编程语言是除计算机本身之外的所有工具中最重要的。从计算机问世至今，人们一直在努力研制更优秀的编程语言。目前，编程语言已有成千上万种，但是能得到广泛认可的语言却屈指可数。

1. 机器语言

最早的编程语言是机器语言，它是计算机可以识别、执行的指令代码。机器语言采用"0"和"1"为指令代码来编写程序，它可以直接被计算机的CPU识别，从而操纵计算机硬件的运行。由于机器语言直接操纵计算机硬件，因此语言必须基于机器的实现细节，也就是说，不同型号的计算机，其机器语言是不同的。用一种计算机的机器指令编写的程序不能在另一种计算机上执行。因为机器语言直接操纵底层硬件，所以其执行速度较快，但是程序员必须熟悉计算机的全部指令代码和代码的含义。用机器语言编写程序对程序员的要求较高，耗费的时间往往较长，直观性差，并且容易出错。由于机器语言具有"面向机器"的特点，因此它不能直接在不同体系结构的计算机间移植。

2. 汇编语言

像机器语言一样，汇编语言也是一种"面向机器"的低级语言。它通常专门为特定的计算机或系列计算机设计，可高效地访问、控制计算机的各种硬件设备。汇编语言采用一组助记符来代替机器语言中晦涩、难懂的二进制代码，用地址符号或标号来代替地址码，使得代码比较直观，容易被程序员理解。由于机器不能直接识别汇编语言，因此在执行时，汇编语言必须由特定的翻译程序转换为相应的机器语言才能由计算机执行。把汇编语言转换为机器语言的过程叫作汇编，相应的翻译程序就是汇编程序。

汇编语言保持了机器语言简洁、执行速度快的特点，比机器语言容易编写、理解。常用的汇编语言有Z-80机上的Z-80汇编语言、PC上使用的8080A、8086（8088）汇编语言等。

3. 高级语言

因为汇编语言中大量的助记符难以记忆，而且汇编语言对硬件体系有较强的依赖性，所以人们又发明了高级语言。高级语言采用类似英文的语句来表示语义，更加方便了软件开发人员的理解和使用。此外，高级语言不再依赖于特定的计算机硬件，所以可移植性较强，同种高级语言可以用在多种型号的计算机上。

一些高级语言是面向过程的，如FORTRAN、COBOL、ALGOL和BASIC，这些语言基于结构化的思想，它们使用结构化的数据结构、控制结构、过程抽象等概念体现客观事物的结构和逻辑含义。FORTRAN语言常用于大规模的科学计算。COBOL是广泛用于商业领域里数据处理方面的语言，能有效地支持与商业处理有关的过程技术。ALGOL语言并没有被广泛地应用，但是它包含的丰富的过程和数据结构值得其他语言借鉴。BASIC语言是一种解释或编译执行的会话语言，广泛地应用在微型计算机系统中。

还有一些高级语言是面向对象的，以C++语言为典型代表，这类语言与面向过程的高级语言有着本质的区别。它们将客观事物看成具有属性和行为的对象，并通过抽象把一组具有相似属性和行为的对象抽象为类。不同的类之间还可以通过继承、多态等机制实现代码的复用。面向对象的高级语言可以更直观地描述客观世界中存在的事物及它们之间的相互关系。

毋庸置疑，高级语言的出现是计算机编程语言发展的一个飞跃。

4. 超高级语言

超高级语言是对数据处理和过程描述的更高级的抽象，一般由特定的知识库和方法库支持，例如与数据库应用相关的查询语言、描述数据结构和处理过程的图形语言等，它们的目的在于直接实现各种应用系统。

TIOBE排行榜是编程语言活跃度的一个比较有代表性的统计排行，每月更新一次，统计数据来源于世界范围内的资深软件工程师和第三方提供商，以及各大搜索引擎（如Chrome）的关键字搜索等，其结果经常作为业内程序开发语言的流行使用程度的有效指标，而且排行榜也反映了编程语言的发展趋势，也可以用来查看程序员自身的知识技能是否与主流趋势相符，具有一定的借鉴意义。但必须注意的是，排行榜代表的仅仅是语言的关注度、活跃度和流行情况等，并不代表语言的好坏，因为每种语言都有自己的优点和缺点。而就一般的编程任务而言，基本上各种语言都能胜任，开发效率也与使用者熟练程度以及开发平台密切相关。所以TIOBE排行榜从长期的趋势分析，更有参考价值。

图9-1展示了TIOBE 2023年10月编程语言排行榜。从中可以看出，Python、C、C++占据前三的地位。该排行比较能反映实际的技术发展状况。例如，近年来移动智能设备的开发日渐成熟，尤其是苹果公司的iPad、iPhone等，导致Objective-C等语言活跃度大幅上升；而Web和Native开发当前仍旧无法取代彼此，所以C、Java、Python、C++等仍然将在较长的时间里稳居前几名。纵观编程语言近10年的发展趋势，虽然C、Java、Python、C++等的地位一直比较稳定，但总的份额有的却在下降；处于主导地位的编程语言，其地位正在被新兴的语言所撼动。从语言分类来看，总体上，以PHP、JavaScript等为代表的动态语言前景比较好，尤其是在正在飞速发展的Web和云计算领域上的应用；而函数式编程（如F#等）也越来越受到重视，但过程式语言，尤其是面向对象语言仍将在未来相当长的一段时间里不可取代。越来越多的语言在向多泛型的方向发展，而且在不断地相融合，互补长短，如静态和动态的融合（如C#从4.0开始引入动态语言特征）、函数式编程和面向对象的融合（如F#对面向对象的支持也非常出色）。任何一种编程语言都有优劣，不同的编程语言在不同的领域有其独特之处，乃至不可取代之处。所以编程语言不存在哪个更好，而是要根据具体的项目特点，选择合适的编程语言。

Oct 2023	Oct 2022	Change		Programming Language	Ratings	Change
1	1			Python	14.82%	-2.25%
2	2			C	12.08%	-3.13%
3	4	^		C++	10.67%	+0.74%
4	3	˅		Java	8.92%	-3.92%
5	5			C#	7.71%	+3.29%
6	7	^	JS	JavaScript	2.91%	+0.17%
7	6	˅	VB	Visual Basic	2.13%	-1.82%
8	9	^	php	PHP	1.90%	-0.14%
9	10	^		SQL	1.78%	+0.00%
10	8	˅	ASM	Assembly language	1.64%	-0.75%
11	11			Go	1.37%	+0.10%
12	23	^		Scratch	1.37%	+0.69%
13	18	^		Delphi/Object Pascal	1.30%	+0.46%
14	14			MATLAB	1.27%	+0.09%
15	15			Swift	1.07%	+0.02%
16	19	^	F	Fortran	1.02%	+0.23%
17	12	˅	R	R	0.96%	-0.26%
18	28	^	K	Kotlin	0.96%	+0.53%
19	16	˅		Ruby	0.92%	+0.05%
20	20			Rust	0.91%	+0.22%

图9-1　TIOBE 2023年10月编程语言排行榜

下面对比较流行的几种编程语言做简单介绍。

- C语言是一种面向过程的计算机程序语言，既有高级语言的特征，又具有汇编语言的特征。因此，常用于系统级别的程序设计，例如操作系统和驱动程序等。由于C语言相比其他高级语言更接近底层，因此其执行效率非常高。

- Java语言最初由Sun Microsystems公司于1995年推出，广泛用于PC、数据中心、移动设备和互联网产品的设计，具有极好的跨平台特性，拥有目前全球最大的开发者社群。Java语言是一种纯面向对象的编程语言。它继承了C/C++风格，但舍弃了C++中难以掌握且非常容易出错的指针（改为引用取代）、运算符重载、多重继承（以接口取代）等特性，同时增加了垃圾自动回收等功能，使程序员在设计程序的同时，不用再小心翼翼地关注内存管理的问题。编译时，Java编译器首先将源代码编译为虚拟机中间代码（字节码），然后字节码可以在具体的应用平台中的虚拟机上执行，这正是Java跨平台特性的原因所在。

- Python是一种面向对象、解释型计算机程序设计语言，由Guido van Rossum（吉多·范罗苏姆）于1989年发明，第一个公开发行版发行于1991年。Python是纯粹的自由软件，其源代码和解释器CPython遵循GNU通用公共许可协议（GNU General Public License，GNU GPL或GPL）。Python语法简洁、清晰，其特色之一是强制用空白符作为语句缩进。Python具有丰富和强大的库，它常被称为胶水语言，能够把用其他语言制作的各种模块（尤其是C/C++）很轻松地连在一起。常见的一种应用情形是，使用Python快速生成程序的原型（有时甚至是程序的最终界面），然后对其中有特别要求的部分用更合适的语言改写，例如3D游戏中的图形渲染模块，它的性能要求特别高，就可以用C/C++重写，而后封装为Python可以调用的扩展类库。需要注意的是，在使用扩展类库时可能需要考虑平台问题，某些扩展类库可能不提供跨平台的实现。

- C++语言出现于20世纪80年代的美国AT&T贝尔实验室，最初作为C语言的增强版，即增加了面向对象和一些新特性，后来逐渐加入虚函数、运算符重载、多重继承、模板、异常、RTTI、命名空间等特性。由于C++是C的扩展，因此既具有接近C的执行效率，又具有高级语言的面向对象特征，如今仍然是Native应用程序开发的首选语言。虽然开发成本相对于Java、C#等语言高出很多，但其部署方便、执行效率高和更接近底层的特性却是二者无法取代的。例如，一些对性能要求极高的图形程序、3D游戏的开发，就必须使用C/C++来实现核心代码（事实上，为了实现更高的性能和执行效率，一些核心代码甚至采用汇编语言来实现）。

- C#语言是微软公司为推行.NET战略而为.NET平台量身定制的纯面向对象编程语言，也是.NET平台开发的首选语言。C#汲取了C/C++和Java的特性，具有Java语言的简单易用性，以及C/C++的强大特性。不过C#不像Java那样彻底地摒弃了指针，而是不推荐使用指针，这个特性在一些应用中非常有效，毕竟指针在解决某些应用中的问题时是最高效的方式。C#自4.0开始，引入动态语言特性，这使得C#可以采用类似JavaScript、Python或Ruby的方式编程，动态特性可以解决一些静态语言无法解决的事情，因此，这样极大地提升了C#的功能。在Web开发方面，C#也是微软的主推语言，尤其是基于C#的ASP.NET，是在Windows/IIS平台上的首选。微软仍然在快速地扩展C#的功能，越来越多的语言优点被融合到C#中。

- JavaScript语言是Netscape公司开发的面向对象的、动态类型的、区分大小写的客户端脚本语言，主要用来解决服务器端语言的速度问题。JavaScript常用于给HTML页面添加动态脚本，例如各种客户端数据验证。近年来流行的AJAX也是基于JavaScript的后台通信机制，用于实现浏览器无刷新响应的功能，当前几乎所有浏览器都支持JavaScript。如今，多数动态页面都采用JavaScript实现，是事实上的动态Web开发的行业标准技术。不过，JavaScript有一些不可克服的弱点，例如调试困难和天生的不安全性，对恶意攻击及数据窃取非常脆弱等。

- PHP语言是一种嵌入在HTML内部的在服务器端执行的脚本语言，融合了C、Java、Perl等的语法特性。由于其程序内嵌在HTML中，因此执行效率比完全生成HTML标记的CGI（Common Gateway Interface，公共网关接口）高出许多；PHP也可以执行编译后的代码，以达到加密和优化的作用。PHP支持几乎所有的主流数据库以及操作系统，而且还可以使用C/C++进行扩展。由于其具有语法简单、容易掌握、开发快捷、跨平台性强（可以运行在多种服务器的操作系统上）、效率高、面向对象等特性，PHP已成为目前学习Web编程的首选语言之一。而且PHP是开源的，所有的源代码都可以找到，给学习PHP带来极大的便利。在开源盛行的今天，PHP也已成为中流砥柱。

随着计算机科学的发展和应用领域的扩大，编程思想在不断发展，编程语言也在不断演化。每个时期都有一些主流编程语言，也都有一些语言出现或消亡。每种语言都有其自身的优点和缺点，适合不同的应用领域，也都不可避免地具有一定的局限性。

9.1.2 选择编程语言时需考虑的因素

在进行软件开发时，应该根据待开发软件的特征及开发团队的情况考虑使用合适的编程语言。因为不同的编程语言有各自不同的特点，有时候，软件开发人员在选择时经常感到很矛盾。这时候，软件开发人员应该从主要问题开始，对各个因素进行平衡。

在选择编程语言时，通常需要考虑以下因素。

（1）待开发系统的应用领域，即项目的应用范围。不同的应用领域一般需要不同的语言。对于大规模的科学计算，可选用FORTRAN语言或者C语言，因为它们有大量的标准库函数，可用于处理复杂的数值计算；对于一般商业软件的开发，可选用C++、C#、Java、Python，它们是面向对象语言，且相对于面向过程语言而言，它们更灵活性；在人工智能领域，则多使用LISP、Prolog和OPSS；对于与数据处理和数据库应用相关的应用，可使用SQL数据库语言、Oracle数据库语言或第4代语言（Fourth Generation Language，4GL），当然，还要考虑数据库的类型；实时处理软件对系统的性能要求较高，则选择汇编语言、ADA语言比较合适。

（2）用户的要求。如果用户熟悉软件所使用的语言，那么使用软件以及日后维护软件时会很方便。软件开发人员应该尽量满足用户的要求，使用他们熟悉的语言。

（3）将使用何种工具进行软件开发。软件开发工具可以提高软件开发的效率。特定的软件开发工具只支持部分编程语言，所以应该根据将要使用的开发工具确定采用哪种语言。

（4）软件开发人员的喜好和能力。采用开发人员熟悉的语言进行软件开发，可以节省开发人员进行学习和培训的资源，加快软件开发的速度。

（5）软件的可移植性要求。可移植性好的语言可以使软件方便地在不同的计算机系统上运行。如果软件要适用于多种计算机系统，那么编程语言的可移植性是非常重要的。

（6）算法和数据结构的复杂性。有些编程语言可以完成算法和数据结构复杂性较高的计算，如C和FORTRAN。但是，有些语言则不适宜完成复杂性较高的计算，如LISP、Prolog等。所以在选择语言时，还应根据语言的特点，选取能够适应项目算法和数据结构复杂性的语言。一般来说，科学计算、实时处理、人工智能领域中解决问题的算法比较复杂，数据处理、数据库应用、系统软件开发领域内的问题的数据结构也比较复杂。

（7）平台支持。某些编程语言只在指定的部分平台上才能使用，例如为iPad和iPhone开发，则只能选用Objective-C等；为Android开发，则只能使用Java、Ruby、Python等。这种情况下，软件开发人员在选择语言时，必须考虑具体的平台支持特性。

9.2 编码风格与规范

编码风格与规范是指源程序的书写习惯，例如变量的命名规则、代码的注释方法、缩进等。具有良好编码风格与规范的源程序具有较强的可读性、可维护性，同时还能提高团队开发的效率。良好的个人编码风格与规范是一个优秀程序员素质的一部分，项目内部相对统一的编码风格与规范也使得该项目的版本管理、代码评审等软件工程相关工作更容易实现。在大型软件开发项目中，为了控制软件开发的质量，保证软件开发的一致性，遵循一定的编码风格与规范尤为重要。

要按照良好的编码风格与规范进行编程，可以从以下几点开始。

1. 版权和版本声明

应该在每个代码文件的开头对代码的版权和版本进行声明，主要内容包括以下几点。

（1）版权信息。

（2）文件名称、文件标识、摘要。

（3）当前版本、作者/修改者、完成日期。

（4）版本历史信息。

版权和版本声明是对代码文件的简要介绍，包括文件的主要功能、作者、完成日期和修改日期等信息。添加版权和版本声明使得代码更加容易阅读和管理。一个典型的版权和版本声明如下所示。

```
/*
 * Copyright (c) 2021, BUAA
 * All rights reserved.
 *
 * 文件名称：filename.h
 * 文件标识：见配置管理计划书
 * 摘要：简要描述本文件的内容
 *
 * 当前版本：1.1
 * 作者：输入作者（或修改者）名字
 * 完成日期：2021年5月2日
 *
 * 取代版本：1.0
 * 原作者 ：输入原作者（或修改者）名字
 * 完成日期：2021年4月20日
 */
```

2. 程序版式

在程序编写过程中应该注意代码的版式，使代码更加清晰易读。对空行、空格的使用及对代码缩进的控制与程序的视觉效果密切相关。比较图9-2中的两段代码，就不难发现，采用了缩进和空行的代码在布局上更清晰。

好的代码版式没有统一的标准，但在长期的代码编写过程中，编程人员基本积累了一些程序版式规则，如下。

（1）在每个类声明之后、每个函数定义结束之后都要加空行。

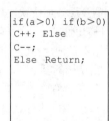

图9-2　采用不同布局的代码示例

（2）在一个函数体内，逻辑上密切相关的语句之间不加空行，其他地方应加空行分隔。

（3）一行代码只做一件事情，如只定义一个变量或只写一条语句。

（4）if、for、while、do等语句自占一行，执行语句不得紧跟其后，不论执行语句有多少都要加"{}"。

（5）尽可能在定义变量的同时初始化该变量。

（6）关键字之后要留空格，函数名之后不要留空格，","之后要留空格。

例如应该写作：

```
void Func1(int x, int y, int z);
```

而不要写成：

```
void Func1 (int x,int y,int z);
```

（7）赋值操作符、比较操作符、算术操作符、逻辑操作符、位域操作符等二元操作符的前后应当加空格，一元操作符前后不加空格。

（8）程序的分界符"{"和"}"应独占一行且位于同一列，同时与引用它们的语句左对齐。

（9）代码行最大长度宜控制在70～80个字符。

（10）长表达式要在低优先级操作符处拆分成新行，操作符放在新行之首。

随着集成开发环境的发展，很多集成开发环境都自动加入了对程序版式的默认编辑功能。例如一条语句完成后输入"；"时，会自动在语句内加入空格。但是作为编程人员，还是应当了解并遵守一些基本的程序版式规则。

3. 注释

注释阐述了程序的细节是软件开发人员之间以及开发人员与用户之间进行交流的重要途径。做好注释工作有利于日后的软件维护。注释也需要遵循一定的规则，例如注释需要提供哪些方面的信息、注释的格式、注释的位置等。

注释可以分为序言注释和行内注释。

序言注释位于模块的起始部分，用于对模块的详细信息进行说明，如模块的用途、模块的参数描述、模块的返回值描述、模块内捕获的异常类型、实现该模块的软件开发人员及实现时间、对该模块做过修改的开发人员及修改日期等。

行内注释位于模块内部，经常对较难理解、逻辑性强或比较重要的代码进行解释，从而提高代码的可理解性。

不同语言的注释方式可能不同，但基本上所有语言都支持注释功能。注释一般使用在以下几个部分中：

（1）版本、版权声明；

（2）函数接口说明；

（3）重要的代码行或段落提示。

例如：

```
/*
* 函数介绍：
* 输入参数：
* 输出参数：
* 返回值：
*/
void Function(float x, float y, float z)
{
...
}
```

在合适的位置适当添加注释有助于理解代码，但注意不可过多地使用注释。注释也应当遵守一些基本规则：

（1）注释是对代码的"提示"，而不是文档，注释的花样要尽量少；

（2）注释应当准确、易懂，并防止注释有二义性；

（3）注释的位置应与被描述的代码相邻，注释可以放在代码的上方或右方，不可放在下方；

（4）当代码比较长，特别是有多重嵌套时，应当在一些段落的结束处加注释，便于阅读。

4. 命名规则

比较知名的命名规则有微软公司的"匈牙利"法，该命名规则的主要思想是"在变量和函数名中加入前缀以增进人们对程序的理解"。但是由于其过于烦琐而很少被实际使用。

事实上，没有一种命名规则可以让所有的编程人员都赞同，在不同的编程语言、不同的操作系统、不同的集成开发环境中，使用的命名规则可能不尽相同。因此，软件开发中仅需要制定一种令大多数项目成员满意的命名规则，并在项目中贯彻实施。但命名时有以下几点基本事项还需要注意。

（1）按照标识符的实际意义命名，使其名称具有直观性，能够体现标识符的语义。这样可以帮助开发人员对标识符进行理解和记忆。

（2）标识符的长度应当符合"最小长度与最大信息量"原则。

（3）命名规则尽量与所采用的操作系统或开发工具的风格保持一致，如缩写的使用、字母大小写的选择、对常量和变量命名的区分等。例如，在有些软件开发项目的命名规则里，常量名称选用大写字母，变量名称选用小写字母。一般不推荐使用单词缩写进行命名，因为使用缩写在阅读时容易产生歧义，例如，表示班级名称的变量className，不宜改成cName。

（4）变量名不要过于相似，否则，容易引起误解。

（5）在定义变量时，最好对其含义和用途做出注释。

（6）程序中不要出现仅靠大小写区分的相似的标识符。

（7）尽量避免名字中出现数字编号，除非逻辑上的确需要编号。

5. 数据说明

为了使数据更容易理解和维护，数据说明时需要遵循一定的原则。

（1）在进行数据说明时应该遵循一定的次序，例如哪种数据类型的说明在前，哪种在后。如果数据说明能够遵循标准化的次序，那么在查询数据时就比较容易，这样能够加速测试、调试和维护的进程。

（2）当在同一语句中说明相同数据类型的多个变量时，变量一般按照字母顺序排列。

（3）对于复杂数据结构的说明，为了容易理解，需要添加必要的注释。

6. 语句构造

语句构造是编写代码的一个重要任务。语句构造的原则和方法在编程阶段尤为重要。人们在长期的软件开发实践中，总结出来的语句构造原则有以下几点：

（1）不要为了节省空间而把多条语句写在一行；

（2）合理地利用缩进来体现语句的不同层次结构；

（3）在含有多个条件语句的算术表达式或逻辑表达式中使用括号来清晰地表达运算顺序；

（4）将经常使用且具有一定独立功能的代码封装为一个函数或公共过程；

（5）避免使用goto语句；

（6）对于含有多个条件语句的算术表达式或逻辑表达式，使用括号来清晰地表达运算顺序；

（7）避免使用多层嵌套语句；

（8）避免使用复杂的判定条件。

7. 输入输出

软件系统的输入输出部分与用户的关系比较紧密，良好输入输出的实现能够直接提高用户对系统的满意度。一般情况下，对软件系统的输入输出要考虑以下几个原则：

（1）要对所有的输入数据实行严格的数据检验机制，及时识别出错误的输入；

（2）使输入的步骤、操作尽量简单；

（3）输入格式的限制不要太严格；

（4）应该允许默认输入；

（5）在交互式的输入方式中，系统要给予用户正确的提示；

（6）对输出数据添加注释；

（7）输出数据要遵循一定的格式。

8. 效率

效率是对计算机资源利用率的度量，它主要是指程序的运行时间和存储器效率两个方面。程序的运行时间主要取决于详细设计阶段确定的算法，我们可以使用用于代码优化的编译程序来减少程序的运行时间。使用较少的存储单元可以提高存储器的效率，提高效率的具体方法有以下几种：

（1）减少循环嵌套的层数，如在多层循环中可以把有些语句从外层移到内层；

（2）将循环结构的语句用嵌套结构的语句来表示；

（3）简化算术表达式和逻辑表达式，尽量不使用混合数据类型的运算；

（4）避免使用多维数组和复杂的表。

```
//简洁但效率低的程序代码
for (i=0; i<N; i++)
{
  if (condition)
      Call1();
  else
      Call2();
}
```

例如，有关效率的程序代码如图9-3所示。

//简洁但效率低的程序代码	//效率高但不太简洁的程序代码
| ```
for (i=0; i<N; i++)
{
  if (condition)
    Call1();
  else
    Call2();
}
``` | ```
if (condition)
{
    for (i=0; i<N; i++)
        Call1();
}
else
{
    for (i=0; i<N; i++)
    Call2();
}
``` |

图9-3 有关效率的程序代码

9.3 面向对象实现

面向对象实现主要是指把面向对象设计的结果翻译成用某种程序设计语言书写的面向对象程序。

采用面向对象方法开发软件的基本目的和主要优点是通过重用提高软件的生产率。因此，应该优先选用能够最完善、最准确地表达问题域语义的面向对象语言。

在开发过程中，类的实现是核心问题。在使用面向对象风格编写的系统中，所有的数据都被封装在类的实例中，而整个程序则

面向对象的实现——提高可复用性　　面向对象的实现——提高可扩充性　　面向对象的实现——提高稳健性

被封装在一个更高级的类中。在使用既存部件的面向对象系统中，可以只用较少的时间和工作量来实现软件。只要增加类的实例、开发少量的新类和实现各个对象之间互相通信的操作，就能创建所需要的软件。

在面向对象实现中，涉及的主要技术有类的封装和信息隐藏、类继承、多态和重载、模板、持久保存对象、参数化类和异常处理等。

下面举两个例子来说明面向对象的实现。

第一个例子说明了如何使用Java中的继承来实现父类和子类：

```
1.  public class Student {                    //定义一般类(父类)
2.      //省略代码
3.  }
4.
5.  class GraduateStudent extends Student {   //定义特殊类(子类)
6.      //省略代码
7.  }
8.
9.  class TestDemo {
10.     public static void main(String[] args) {
11.         Student ds = new Student();                   //父类样例
12.         GraduateStudent gs = new GraduateStudent();   //子类样例
13.     }
14. }
```

第二个例子通过汽车子类来说明如何形成一个含有聚合关系的类：

```
1.  public class Vehicle {          //定义父类：交通工具
2.      //省略代码
3.  }
4.
5.  class Motor {                   //定义组件：发动机
6.      //省略代码
7.  }
8.
9.  class Wheel {                   //定义组件：轮子
10.     //省略代码
11. }
12.
```

```
13.     class Car extends Vehicle {
14.         public Motor motor;          //用发动机类作为汽车的发动机
15.         public Wheel[] wheels;       //用轮子类的数组作为汽车的轮子
16.     }
17.
18.     class TestDemo2 {
19.         public static void main(String[] args) {
20.             Vehicle vehicle;
21.             Car car;
22.         }
23.     }
```

9.4　代码复用

1.　代码复用概述

复用也称为再用或重用，是指同一事物不做修改或稍加改动就可多次重复使用。显然，软件复用是降低软件成本、提高软件的开发效率和软件质量的非常合理、有效的途径。

广义地说，软件复用可划分成以下3个层次：知识复用（如软件工程知识的复用）；方法和标准的复用（如面向对象方法、国家标准化管理委员会制定的软件开发规范或某些国际标准的复用）；软件成分的复用。这里着重讨论软件成分复用中的代码复用。

代码复用是利用已有的代码来构造或编写新的软件系统，代码的形式主要有二进制的目标代码（库文件）和源代码。代码复用使得代码不仅编写简单，减少了工作量，而且由于复用的代码已经经过测试和应用，能够更大程度地保证软件质量。

随着程序设计技术的不断发展，代码复用的方式和程度也发生了根本性的变化。通常将代码复用理解为调用库中的模块。实际上，代码复用也可以采用下列几种方式中的任何一种。

- 源代码剪贴：这是最原始的复用方式。这种复用方式的缺点是，复制或修改原有代码时可能会出错。更糟糕的是，存在严重的配置管理问题，人们几乎无法跟踪原始代码块多次修改复用的过程。
- 源代码包含：许多编程语言都提供包含库中源代码的机制。使用这种复用方式时，配置管理问题有所缓解，这是因为修改了库中源代码之后，所有包含它的程序自然都必须重新编译。
- 继承：利用继承机制复用类库中的类时，无须修改已有的代码，就可以扩充或具体化在类库中找出的类，因此，基本上不存在配置管理问题。

另外，用兼容的编程语言编写的、经过验证的软件组件，是复用的候选者。

2.　开源代码复用

开源代码复用有助于降低开发成本，提高开发效率。目前，80%以上IT企业的主要产品复用了开源代码，仅有低于3%的企业没有使用任何开源软件。

尽管开源软件资源非常丰富，但要对其进行有效复用仍存在一定难度，主要原因有以下两点。

第一为开源许可证侵权风险。开源软件通常附带了相应的许可证限制，常见的许可证有GPL、LGPL、Apache-2.0和BSD 2-Clause等（110多种）。这些许可证的要求不尽相同，甚至相互冲突，例如，GPL强制衍生品必须公开源代码，而Apache-2.0许可证则无此限制。随着开源代码复用的日益广泛，许可证侵权风险也愈发突出。2009年，微软公司未经许可在其WUDT工具中使用了GPL下的开源代码，遭到了开源社区的起诉。2014年，谷歌公司的Android系统被诉侵权Java源代码，诉讼金高达88亿美元。为规避许可证侵权风险，企业通常不得不耗费大量人力和资源来进行手工鉴别。

第二为已复用的代码难以及时更新。开源代码复用后需要及时更新，否则可能带来安全风险。2017年，由于复用的Apache Struts 2开源组件存在漏洞，Equifax公司的1.43亿用户信息被窃取，经济损失高达35亿美元。

所以我们在复用开源代码时，要采取一定的措施规避开源许可证的侵权风险，以及解决已复用的代码难以及时更新这样的问题。

9.5 大语言模型赋能软件实现

大语言模型
赋能软件实现

9.6 分析和评价代码的质量

好的代码一定是整洁的，并且能够帮助阅读的人快速理解和定位。好的代码可以加快应用的开发迭代速度，不必用过多的时间来修复bug和完善代码。好的代码不但能够使得新的项目成员更容易加入项目，同时方便项目成员快速做好备份。好的代码便于促进团队间交流合作以提升开发效率。

一般来说，代码的好与坏是对代码质量的一种描述，即指代码质量的高与低。除了这种简单的描述外，经常会有很多其他的描述方式。这些描述方式的语义更专业、更细化、更丰富。对代码质量常见的描述词语有：可读性、可维护性、易用性、灵活性、可扩展性、可理解性、易修改性、可复用性、可测试性、模块化、高内聚低耦合、高效、高性能、安全性、兼容性、简洁、文档详尽、编码规范、分层清晰、正确性、健壮性、可用性、可伸缩性、稳定性、优雅、好/坏、少即是多等。

尽管描述代码质量的词语很多，但是很难通过其中的某个或者某几个词语来全面地分析和评价代码的质量，因为这些词语都是从不同的角度来分析和评价代码的质量的。

对代码质量的高与低的分析和评价需要综合地考虑，例如，即使一段代码的可扩展性很好，但可读性很差，那也不能说这段代码质量高。此外，不同的分析和评价的角度也并不是完全独立的，有些可能会包含、重合或者互相影响，例如，如果代码的可读性好、可扩展性好，那就意味着代码的可维护性好。有时，分析和评价代码质量不能单纯地说高与低，还要进行量化。

分析和评价代码的质量具有一定的主观性，但是通过实践和经验的积累，以及结合业界公认的标准，可以将这种主观性尽量降到最低。下面将主要介绍可读性、可维护性、可扩展性、灵活性、简洁、可复用性和可测试性。

（1）可读性

对于代码的可读性，有时需要检查代码是否符合编码规范，如命名是否准确且清晰、注释是否详尽、函数的长度是否合适、模块划分是否清晰、代码是否符合高内聚低耦合等。但有时很难量化可读性，并且很难覆盖所有评价指标。

（2）可维护性

代码的可维护性是很多因素协同作用的结果。代码简洁，可读性好、可扩展性好，就会使得代码易维护；换句话讲，如果代码分层清晰、模块化好、高内聚低耦合、遵从基于接口而非实现编程的设计原则等，那就可能意味着代码易维护。此外，代码的易维护性还与项目代码量的多少、业务的复杂程度、使用技术的复杂程度和文档是否全面等诸多因素有关。

（3）可扩展性

代码的可扩展性表明代码应对未来需求变化的能力。其具体的含义为：在不修改或少量修改原有代码的情况下，通过扩展的方式添加新的功能代码。换句话讲，代码预留了一些功能扩展点，这样可以将新的功能代码直接插到扩展点上。此外，代码是否易扩展也能够决定代码是否易维护。

（4）灵活性

灵活性这个词语比较抽象，有时不太好具体描述，但这里可以通过举例来理解它。例如，代码的可扩展性是通过扩展的方式添加新的功能代码，得出的结论是代码易扩展，此时也可以说代码灵活性好。再例如，如果要实现一个功能，并发现原有代码中已经抽象出了很多底层可以复用的模块、类等代码，那么可以拿来直接使用。此时除了可以说代码易复用之外，还可以说代码灵活性好。因此，如果代码易扩展、易复用或者易用，就可以说代码灵活性好。

（5）简洁

代码简洁意味着代码简单、逻辑清晰，也就意味着易读、易维护。

（6）可复用性

代码的可复用性在9.4节中已详细讲解过，这里不赘述。

（7）可测试性

代码可测试性的好坏，同样可以反映代码质量的高低。如果代码的可测试性差，比较难写单元测试，则说明代码设计可能有问题。代码的可测试性是指一个软件在一定的测试环境下，能够被测试的难易程度或投入测试成本的多少。可测试性是一个特征，代表着更高的代码质量，即更容易扩展和维护代码。而测试是流程，它的目标是验证代码是否满足人们的预期，验证代码能够按照我们的要求毫无差错地进行工作。

上面讲述的这几种典型的代码质量分析和评价的标准中，可读性、可维护性和可扩展性3种是最常用的。

9.7　软件实现实例

软件实现实例

【例9-1】某公司采用公用电话传递数据，数据是4位整数，并且在传递过程中是加密的。加密规则如下：每位数字都加上5，然后用和除以10的余数代替该数字，再将第1位与第4位交换、第2位与第3位交换。源程序代码如下，请按照良好的编码风格规范代码。

```
Phone(int a,aa[])
{int a,i,t;
aa[0]=a%10;
aa[1]=a%100/10;
aa[2]=a%1000/100;
aa[3]=a/1000;
for(i=0;i<=3;i++)
  {aa[i]+=5;
   aa[i]%=10;
}
for(i=0;i<=3/2;i++)
  {t=aa[i];
   aa[i]=aa[3-i];
   aa[3-i]=t;
   }
for(i=3;i>=0;i--)
printf("%d",aa[i]);
}
```

【解析】

良好的布局结构应该能体现出代码的层次。对空行、空格的使用及对代码缩进的控制与编码的视觉效果密切相关，因此，这里对源代码添加了空格并进行了换行，使得代码更易于阅读、理解，并且添加了如下注释。

（1）声明变量的注释：①、③。

（2）对过程进行说明的注释：②、④、⑤、⑥、⑦。

按照良好的编码风格，规范后的代码如下：

```
void Phone(int data,int dataDigits[],int digitsNum)
{
        //定义数组索引和临时变量·············································①
        int idx,temp;

        //拆分data为dataDigits[]············································②
        //dataDigits[0～3]分别记录个、十、百、千位·····················③
        temp=data;
        for (idx=0;idx<digitsNum;idx++)
        {
                dataDigits[idx]=temp%10;
                temp=temp/10;
        }

        //对dataDigits[]进行加密处理········································④
        for (idx=0;idx<digitsNum;idx++)
        {
                temp=dataDigits[idx]+5;
                dataDigits[idx]=temp%10;
        }

        //交换·····························································⑤
        //声明交换次数·····················································⑥
        int count=digitsNum/2;
        for (idx=0;idx<count;idx++)
        {
                temp=dataDigits[idx];
                dataDigits[idx]=dataDigits[digitsNum-1-idx];
                dataDigits[digitsNum-1-idx]=temp;
        }

        //从高位到低位输出加密后的数字······································⑦
        for (idx=digitsNum-1;idx>=0;idx--)
        {
                printf("%d",dataDigits[idx]);
        }
}
```

9.8 案例："'墨韵'读书会图书共享平台"的源代码

由于篇幅所限，此处不展示本案例源代码，读者可到人邮教育社区下载。

本章小结

本章主要讨论了与编码相关的问题。编码就是把软件设计的结果翻译成用某种编程语言编写的程序。编写代码不是一项简单的工作，而是一个复杂的迭代过程，包括对设计成果的理解、编写代码、代码检查、代码调试、软件集成及代码优化等。

选择编程语言时要综合考虑各方面的因素，并做出合理的平衡。通常需要考虑的因素有待开发系统的应用领域、用户的要求、软件开发人员的喜好和能力、系统的可移植性要求、算法和数据结构的复杂性以及平台依赖性等。

编码风格是指源程序的编写习惯。规范的编码风格会给后期的软件维护带来很多便利。规范编码风格可从源程序文档化、数据说明、语句构造、输入输出和效率几个方面进行。

本章还讲述了面向对象实现、代码复用与分析和评价代码的质量方面的内容。

习题

1. 选择题

（1）软件实现是软件产品由概念到实体的一个关键过程，它将（　　）的结果翻译成用某种程序设计语言编写的且最终可以运行的程序代码。虽然软件的质量取决于软件设计，但是规范的程序设计风格将会给后期的软件维护带来不可忽视的影响。

  A. 软件设计   B. 详细设计   C. 架构设计   D. 总体设计

（2）（　　）是一种纯面向对象语言。

  A. C   B. Pascal   C. Eiffel   D. LISP

（3）第一个体现结构化编程思想的程序设计语言是（　　）。

  A. FORTRAN B. C   C. Pascal   D. COBOL

（4）面向对象设计的结果，实现时（　　）。

  A. 只能使用面向对象语言

  B. 只能使用非面向对象语言

  C. 可以使用第四代语言

  D. 既可使用面向对象语言，也可使用非面向对象语言

2. 判断题

（1）C语言是一种纯面向对象语言。   （　　）

（2）进行程序设计语言的选择时，首先考虑的是应用领域。   （　　）

（3）良好的个人编码风格是一个优秀的程序员所应具备的素质。 （　　）

（4）项目的应用领域是选择程序设计语言的关键因素。   （　　）

（5）FORTRAN、Pascal、C语言和汇编语言都是科学计算中可选用的语言。（　　）

3. 填空题

（1）机器语言采用_____为指令代码来编写程序。

（2）汇编语言采用一组_____来代替机器语言中晦涩、难懂的二进制代码。

（3）开发软件时，应该根据待开发软件的特征及_____的情况考虑使用合适的编程语言。

（4）编码风格是指源程序的编写习惯，例如变量的命名规则、_____的注释方法、缩进等。

（5）注释可以分为_____注释和行内注释。

（6）注释的位置应与被描述的代码相邻，注释可以放在代码的上方或右方，不可放在_____。

（7）比较知名的命名规则有微软公司的_____法。

（8）标识符的长度应当符合_____与最大信息量原则。

（9）命名规则尽量与采用的操作系统或_____工具的风格一致。

（10）效率是对计算机_____利用率的度量。

4．简答题

（1）在选择编程语言时，通常要考虑哪些因素？

（2）请简述编码风格的重要性。要形成良好的编码风格可以从哪些方面做起？

（3）编程语言主要有哪几类？总结每类语言的优缺点。

（4）对标识符命名时，要注意哪些原则？

（5）为什么要对源程序进行注释？

5．应用题

（1）请对下面代码的布局进行改进，使其符合规范，更容易理解。

```
for (i = 1;i <= n-1;i++){
t = i;
for(j = i+1;j <= n;j++)
    if(a[j]<a[t]) t = j;
    if(t!= i){
    temp = a[t];
    a[t] = a[i];
    a[i] = temp;
    }
}
```

（2）使用Python对求两个整数的最大公约数算法进行编程。

（3）有这样一个程序的过程性描述：输入任意长度的一段正文（text），列表输出其中的单字（word）和每个字出现的频率。

正文输出的例子

第10章
软件测试与维护

本章将首先介绍软件测试的基本概念，包括软件测试原则、软件测试分类和软件测试模型；接着介绍测试用例，包括测试用例编写、设计和场景；之后讲述黑盒测试的方法，包括等价类划分法、边界值分析法、错误推测法、因果图法、决策表法和场景；再讲述白盒测试的方法，包括代码检查法、静态结构分析法、程序插桩技术、逻辑覆盖法和基本路径法；接着阐述软件测试的一般步骤，包括单元测试、集成测试、系统测试、验收测试；最后针对回归测试、面向对象测试、自动化测试、软件调试和软件维护进行介绍。

本章目标

- ❑ 掌握软件测试的原则。
- ❑ 了解软件测试的常用模型。
- ❑ 了解软件测试的分类。
- ❑ 了解测试用例和测试用例设计方法。
- ❑ 掌握等价类划分法；熟悉黑盒测试的其他方法。
- ❑ 掌握逻辑覆盖法；熟悉白盒测试的其他方法。
- ❑ 掌握软件测试的一般步骤，以及每个阶段性测试的关注点。
- ❑ 了解回归测试、面向对象测试和自动化测试。
- ❑ 了解软件调试。
- ❑ 熟悉软件维护。

10.1　软件测试的基本概念

软件测试是发现软件中错误和缺陷的主要手段。为了保证软件产品的质量，软件开发人员需要通过软件测试发现软件产品中存在的问题，并对其进行及时的修改。

软件缺陷是指软件产品中存在的问题，具体表现为用户所需的功能没有实现，无法满足用户的需求。由于软件开发是以人为中心的活动，开发人员之间交流的不畅、开发人员对需求理解的偏差、开发过程中的失误、所使用工具的误差、开发环境的限制等因素都可能造成软件缺陷，因此缺陷的产生是不可避免的，即软件测试的工作是必需的。

在软件开发过程的任何阶段都可能会引入缺陷。缺陷被引入的阶段越早，在软件开发的后期修复这些缺陷所需的成本就越大。尽早地发现并修复软件缺陷有利于减小已有缺陷对后续软件开发工作的影响，从而节约软件开发的时间和成本，提高软件开发的质量。

软件测试是软件开发过程中的一个重要阶段。在软件产品正式投入使用之前，软件开发人员需要保证软件产品正确地实现了用户的需求，并满足稳定性、安全性、一致性、完全性等各个方面的要求，因此可以通过软件测试对产品的质量加以保证。实际上，软件测试过程与整个软件开发过程是同步的，也就是说，软件测试工作应该贯穿于整个开发过程。

10.1.1 软件测试的原则

软件测试的主要目的是检测软件故障，以便可以发现并纠正错误或缺陷。软件测试并不可能找出所有的错误，但是可以减少潜在的错误或缺陷。人们在长期进行软件测试实践的过程中，不断地总结出一些软件测试的经验或原则，可供我们参考。

（1）完全测试是不可能的。测试并不能找出所有的错误。由于时间、人员、资金或设备等方面的限制，测试人员不可能对软件产品进行完全的测试。在设计测试用例时，也不可能考虑到软件产品所有的执行情况或路径。

（2）测试中存在风险。每个软件测试人员都有自己独特的思维习惯或思考问题的方式，在设计测试用例或者进行产品测试时，难免会考虑问题不全面。此外，并不存在十全十美的测试方法，不论是黑盒测试还是白盒测试，不论采用自动测试还是进行手工测试，被测试的软件产品中都会有被忽略的环节。而且，测试人员所使用的测试工具本身也是一种软件产品，即测试工具本身也是存在缺陷的，所以利用测试工具来查找软件缺陷时，也会出现异常情况。综合各种因素，软件测试中是存在风险的，因此测试的结果不一定是准确无误的。例如，对一段判定变量a是否大于0的伪代码：

```
if (a >= 0)
    print"a > 0"
else
    print"a <= 0"
```

如果选用a=5为测试用例，那么本段代码的错误则不能被发现。

（3）软件测试只能表明缺陷的存在，而不能证明软件产品已经没有缺陷。即使测试人员使用了大量的测试用例和不同的测试方法对软件产品进行测试，测试成功以后也不能说明软件产品已经准确无误，并且完全符合用户的需求。

（4）软件产品中潜在的错误数与已发现的错误数成正比。通常情况下，软件产品中发现的错误越多，则潜在的错误就越多。如果在一个阶段内，软件产品中发现的错误越多，就说明还有更多的错误或缺陷有待于去发现和改正。

（5）让不同的测试人员参与到测试工作中。在软件开发中，存在着"杀虫剂现象"。农业中的"杀虫剂现象"是指如果长期使用某种药物，那么生物就会对该药物产生抗药性，从而降低了杀虫剂的威力。同样，在软件开发中，也存在着类似的"杀虫剂现象"。每个测试人员在进行软件测试时，都有自己的思维习惯、喜欢的测试方法、擅长的测试工具。如果同一个软件产品总是由特定的测试人员去测试，那么由于这个测试人员的思维方式、测试方法和所使用的测试工具的局限，有些软件缺陷是很难被发现的。因此，在软件的测试工作中，应该让多个测试人员参与到同一产品或同一模块的测试工作中。

（6）让开发小组和测试小组分离，开发工作和测试工作不能由同一部分人来完成。如果开发人员对程序的功能要求理解错了，就很容易按照错误的思路来设计测试用例。如果让开发人员同时完成测试工作，那么测试工作就很难取得成功。

（7）尽早并不断地进行测试，使测试工作贯穿于整个软件开发的过程中。软件开发的各个阶段都可能出现软件错误。软件开发早期出现的小错误如果不能及时被改正，其影响力就会随着项目的进行而不断地扩散，越到后期，改正该错误所付出的代价就越大，因此，应该尽早地进行测试工作。而且，测试工作应该贯穿在软件开发的各个阶段，这样才能提高软件开发的效率和质量。

（8）在设计测试用例时，应包括输入数据和预期的输出结果两个部分，并且，输入数据不仅应该包括合法的情况，还应该包括非法的情况。测试用例必须由两部分组成：对程序输入数据的描述和由这些输入数据产生的程序的正确结果的精确描述。这样在测试的过程中，测试人员就可以通过对实际的测试结果与测试用例预期的输出结果进行对比，从而方便地检验程序运行的正确与否。

此外，用户在使用软件产品时，不可避免地会输入一些非法的数据。为了检验软件产品是否能对非法输入做出准确的响应，测试用例应当包括合理的输入条件和不合理的输入条件。测试人员应该特别注意用非法输入的测试用例进行测试，因为人们总是习惯性地过多考虑合法和期望的输入条件。实际上，用不合理的输入数据来进行测试，往往会发现较多的错误。

（9）要集中测试容易出错或错误较多的模块。在软件测试工作中，存在着二八定律，即80%的错误会集中存在于20%的代码中。为了提高测试的工作效率，应该对容易出错或错误较多的模块给予充分的关注，并集中测试这些模块。

（10）应该长期保留所有的测试用例。测试的主体工作完成之后，还要进行回归测试。为了方便进行回归测试，有时还可以用已经使用过的测试用例。保留所有的测试用例有助于后期的回归测试。

10.1.2　软件测试的分类

软件测试可以从不同的角度划分为多种类型，如图10-1所示。

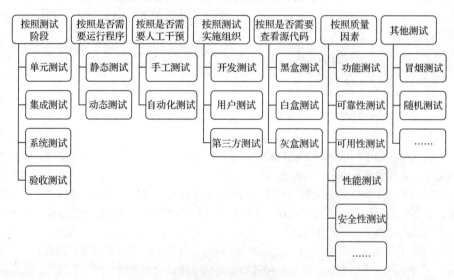

图10-1　软件测试的分类

10.1.3　软件测试模型

软件测试模型是指软件测试的全部过程、活动或任务的结构框架。通常情况下，一个软件测试模型应该阐明的问题有：

- 测试的时间；
- 测试的步骤；
- 如何对测试进行计划；
- 不同阶段的测试中应该关注哪些测试对象；

- 测试过程中应该考虑哪些问题；
- 测试需要达到的目标。

一个好的软件测试模型可以简化测试的工作，加速软件开发的进程。常用的软件测试模型有V模型、W模型和H模型。

可以说V模型是最具代表意义的软件测试模型，它是软件开发中瀑布模型的变种。V模型的重要意义在于它非常明确地表明了测试过程中存在的不同级别，并且清楚地描述了这些测试阶段和开发过程中的各阶段的对应关系，即反映了测试活动与分析和设计活动的对应关系。V模型如图10-2所示。

从V模型中可以看出，它从左到右描述了基本的开发过程和测试行为。左侧从上往下的各部分，描述的是开发过程中的各阶段，与此对应的是右侧依次上升的各部分，即与开发过程中的各阶段对应的测试过程中的各阶段。不

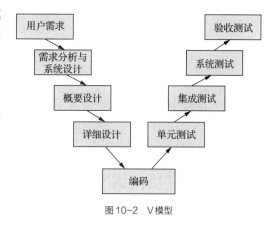

图10-2　V模型

难发现，在V模型中，测试工作在编码之后才能进行，所以在软件开发早期各阶段引入的错误不能及时被发现，尤其是需求分析阶段的错误只有等到最后的验收测试才能被识别。在分析、设计阶段产生的错误不能及时发现并改正会给后期的修复工作带来诸多不便，造成更多资源的浪费和时间的延迟。

为了解决V模型开发和测试不能同步的问题，évolutif公司发明了W模型。它在V模型的基础上，增加了软件开发阶段中应同步进行的测试活动。图10-3所示为W模型。可以看出，W模型由两个分别代表开发过程和测试过程的V模型组成。

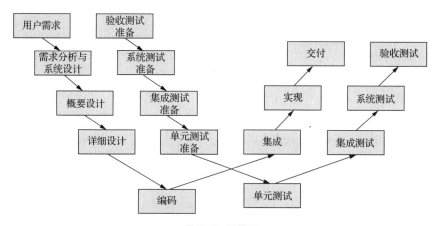

图10-3　W模型

W模型的最大优势在于，测试活动可以与开发活动同步进行，这样有利于及早地发现错误，但是W模型也有一定的局限性。在W模型中，需求、设计、编码等活动依然是依次进行的，只有等上一阶段完全结束，才有可能开始下一阶段的工作。与迭代的开发模型相比，这种线性的开发模型在灵活性和对环境的适应性上有很大差距。

H模型强调测试的独立性和灵活性。在H模型中，软件测试活动完全独立，它贯穿于整个软件产品的生命周期，与其他流程同步进行。当软件测试人员认为测试准备完成时，即某个测试点准备就绪时，就可以从测试准备阶段进入测试执行阶段。H模型如图10-4所示。

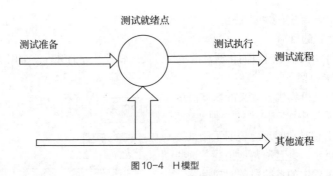

图 10-4 H 模型

10.2 测试用例

本节将讲述测试用例的编写、设计和场景。

10.2.1 测试用例编写

如何将软件需求转换为测试用例——以图书馆信息管理系统为例

为达到最佳的测试效果或高效地揭露隐藏的错误而精心设计的少量测试数据，称为测试用例。简单地说，测试用例就是设计一种情况，软件程序在这种情况下，必须能够正常运行且达到程序所设计的执行结果。

我们不可能进行穷举测试，为了节省时间和资源，提高测试效率，必须从数量极大的可用测试数据中精心挑选出具有代表性或特殊性的测试数据来进行测试。一个好的测试用例能发现至今未发现的错误。

10.2.2 测试用例设计

在测试用例设计过程中，有一些经验和方法可循。在接下来的章节中我们将会介绍其中的几种方法：

- 在任何情况下都必须选择边界值分析法。经验表明用这种方法设计出的测试用例发现程序错误的能力最强；
- 必要时用等价类划分法补充一些测试用例；
- 用错误推测法再追加一些测试用例；
- 对照程序逻辑，检查已设计出的测试用例的逻辑覆盖度。如果没有达到要求的逻辑覆盖标准，应当再补充足够的测试用例；
- 如果程序的功能说明中含有输入条件的组合情况，则可选用因果图法。

从测试用例设计的角度，我们经常使用的软件测试方法主要包括黑盒测试和白盒测试。

10.2.3 测试用例场景

测试用例场景是通过描述流经用例的路径来确定的，流经路径要从用例开始到结束，遍历其中所有的基本流和备选流。用例场景如图10-5所示，其中包括多种场景，例如场景之一为基本流；场景之二为基本流、备选流1、备选流2等。

10.3 软件测试方法

在10.1.2小节中已经介绍过，按照执行测试时是否需

图 10-5 用例场景

要运行程序，软件测试可以划分为静态测试和动态测试。静态测试以人工测试为主，通过测试人员认真阅读软件产品的文档和代码，仔细分析其正确性、一致性及逻辑结构的正确性，从而找出软件产品中的错误或缺陷。静态测试对自动化工具的依赖性较小，通常是通过人脑的思考和逻辑判断来查找错误，因而可以更好地发挥人的主观能动性。根据软件开发实践经验的总结，静态测试的成效非常显著，一般静态测试检测出的错误数可以达到总错误数的80%以上。

审查和走查是静态测试的常用形式。审查是指通过阅读并讨论各种设计文档以及程序代码，来检查其是否有错。审查的工作可以独自进行，也可以通过会议的形式将相关的人员召集起来共同发现并纠正错误。而走查的对象只是代码，不包括设计文档。代码走查以小组会议的形式进行，相关测试人员提供所需的测试用例，参会人员模拟计算机，跟踪程序的执行过程，对其逻辑和功能提出各种疑问，并通过讨论发现问题。

总而言之，静态测试的效率比较高，而且要求测试人员具有丰富的经验。

与静态测试不同的是，动态测试需要通过实际运行被测试程序来发现问题。测试人员可以输入一系列的测试用例，通过观察测试用例的输出结果是否与预期相符来检验系统内潜在的问题或缺陷。

动态测试中有两种非常流行的测试技术，即黑盒测试和白盒测试。下面将重点介绍这两种技术。

10.4 黑盒测试

在黑盒测试里，测试人员把被测试的软件系统看成一个黑盒子，并不需要关心盒子的内部结构和内部特性，而只关注软件产品的输入数据和输出结果，从而检查软件产品是否符合它的功能说明。与黑盒测试不同，白盒测试关注软件产品内部的实现细节和逻辑结构，即把被测试的程序看成一个透明的盒子。黑盒测试和白盒测试的示意分别如图10-6和图10-7所示。

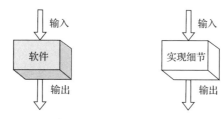

图10-6 黑盒测试的示意　　图10-7 白盒测试的示意

不论是黑盒测试还是白盒测试，它们都可以发现被测试系统的问题。但是由于它们侧重的角度不同，因此发现的问题也不尽相同。一般在软件测试的过程中，既要用到黑盒测试，又要用到白盒测试。大的功能模块采用黑盒测试，小的组件采用白盒测试。

可以说，黑盒测试和白盒测试都是基于用例的测试方法，因为它们都通过运行测试用例来发现问题。

根据设计用例的方法的不同，黑盒测试包括等价类划分法、边界值分析法、错误推测法、因果图法等方法，而白盒测试包括逻辑覆盖法和基本路径法等方法。下面将重点对黑盒测试和白盒测试进行详细的介绍。

10.4.1 等价类划分法

等价类划分是指把程序的输入域划分为若干子集，然后从每个子集中选取少数具有代表性的数据作为测试用例，所选取的输入数据对于揭露程序中的错误都是等效的。对于测试来说，某个等价类的代表值与该等价类的其他值是等价的，因此可以把所有的输入数据划分为若干等价类，在每一个等价类中取少部分数据进行测试。等价类分为有效等价类和无效等价类。

有效等价类是指对程序的规格说明是有意义的、合理的输入数据所构成的集合。

无效等价类是指对程序的规格说明是无意义的、不合理的输入数据构成的集合。

在划分等价类时，有以下一些可供遵循的原则。

（1）如果输入条件规定了取值范围或个数，则可确定一个有效等价类和两个无效等价类。例如，输入值是学生人数，在0到100之间，那么有效等价类是"0≤学生人数≤100"；无效等价类是"学生人数<0"和"学生人数>100"。

（2）如果输入条件规定了输入值的集合或规定了"必须如何"的条件，则可确定一个有效等价类和一个无效等价类。例如，输入值是日期类型的数据，那么有效等价类是日期类型的数据；无效等价类是非日期类型的数据。

（3）如果输入条件是布尔表达式，则可确定一个有效等价类和一个无效等价类。例如，要求密码非空，则有效等价类为非空密码，无效等价类为空密码。

（4）如果输入条件是一组值，且程序对不同的值有不同的处理方式，则每个允许的输入值对应一个有效等价类，所有不允许的输入值的集合为一个无效等价类。例如，输入条件"职称"的值是初级、中级或高级，那么有效等价类应该有3个，即初级、中级、高级，无效等价类有一个，即其他任何职称。

（5）如果规定了输入数据必须遵循的规则，则可以划分出一个有效的等价类（符合规则）和若干个无效的等价类（从不同的角度违反规则）。例如，在Pascal语言中对变量标识符规定为"以字母开头的……串"，那么有效等价类是"以字母开头的串"，而"以非字母开头的串"为其中的一个无效等价类。

（6）如果已划分的等价类各元素在程序中的处理方式不同，则应将此等价类进一步划分成更小的等价类，如最终用户与系统交互的提示。

划分好等价类后，就可以设计测试用例了。设计测试用例的步骤可以归结为以下3步。

（1）对每个输入和外部条件进行等价类划分，画出等价类划分表，并为每个等价类进行编号。

（2）设计一个测试用例，使其尽可能多地覆盖有效等价类，并重复这一步，直到所有的有效等价类被覆盖。

（3）为每一个无效等价类设计一个测试用例。

下面将以一个测试NextDate()函数的具体实例为出发点，讲解使用等价类划分法的细节。输入3个变量（年、月、日），函数返回输入日期后面一天的日期：1≤月份≤12，1≤日期≤31，1812≤年≤2012。给出等价类划分表并设计测试用例。

（1）划分等价类，得到等价类划分表，如表10-1所示。

表10-1　等价类划分表

输入及外部条件	有效等价类	等价类编号	无效等价类	等价类编号
日期的类型	数字字符	1	非数字字符	8
年	在1812与2012之间	2	年小于1812	9
			年大于2012	10
月	在1与12之间	3	月小于1	11
			月大于12	12
非闰年的2月	日在1与28之间	4	日小于1	13
			日大于28	14
闰年的2月	日在1与29之间	5	日小于1	15
			日大于29	16
1月、3月、5月、7月、8月、10月、12月	日在1与31之间	6	日小于1	17
			日大于31	18
4月、6月、9月、11月	日在1与30之间	7	日小于1	19
			日大于30	20

（2）为有效等价类设计测试用例，如表10-2所示。

表 10-2　有效等价类的测试用例

序号	输入数据			预期输出			覆盖范围（等价类编号）
	年	月	日	年	月	日	
1	2003	3	15	2003	3	16	1、2、3、6
2	2004	2	13	2004	2	14	1、2、3、5
3	1999	2	3	1999	2	4	1、2、3、4
4	1970	9	29	1970	9	30	1、2、3、7

（3）为无效的等价类设计测试用例，如表10-3所示。

表 10-3　无效等价类的测试用例

序号	输入数据			预期输出	覆盖范围（等价类编号）
	年	月	日		
1	xy	5	9	输入无效	8
2	1700	4	8	输入无效	9
3	2300	11	1	输入无效	10
4	2005	0	11	输入无效	11
5	2009	14	25	输入无效	12
6	1989	2	−1	输入无效	13
7	1977	2	30	输入无效	14
8	2000	2	−2	输入无效	15
9	2008	2	34	输入无效	16
10	1956	10	0	输入无效	17
11	1974	8	78	输入无效	18
12	2007	9	−3	输入无效	19
13	1866	4	35	输入无效	20

10.4.2　边界值分析法

人们从长期的测试工作中得知，大量的错误往往发生在输入和输出范围的边界上，而不是范围的内部。因此，针对边界情况设计测试用例，能够更有效地发现错误。

边界值分析法是一种补充等价类划分法的黑盒测试方法，它不是选择等价类中的任意元素，而是选择等价类边界的测试用例。实践证明，这些测试用例往往能取得很好的测试效果。边界值分析法不仅重视输入范围边界，还需要从输出范围中导出测试用例。

通常情况下，软件测试所包含的边界条件有以下几种类型：数字、字符、位置、质量、大小、速度、方位、尺寸、空间等。相应的边界值对应：最大/最小、首位/末位、上/下、最快/最慢、最高/最低、最短/最长、空/满等情况。

用边界值分析法设计测试用例时应当遵守以下几条原则：

- 如果输入条件规定了取值范围，应以该范围的边界内及刚刚超出范围的边界外的值作为测试用例，如以a和b作为输入条件，测试用例应当包括a和b，以及略大于a和略小于b的值；
- 若规定了值的个数，应分别以最大、最小个数和稍小于最小、稍大于最大个数作为测试用例，例如，一个输入文件有1～300个记录，设计测试用例时则可以分别设计有1个记录、300个记录以及0个记录和301个记录的输入文件；

- 针对每个输出条件，也使用上面的两条原则；
- 如果软件需求规格说明书中提到的输入或输出范围是有序的集合，如顺序文件、表格等，应注意选取有序集的第一个和最后一个元素作为测试用例；
- 分析软件需求规格说明书，找出其他的可能边界条件。

通常，设计测试方案时总是联合使用等价类划分法和边界值分析法两种方法。例如，为了测试10.4.1小节中的NextDate()函数的程序，除了10.4.1小节中已经用等价类划分法设计出的测试方案外，还应该用边界值分析法补充下述测试方案（见表10-4）。

表 10-4　用边界值分析法设计测试用例

序号	边界值	输入数据			预期输出		
		年	月	日	年	月	日
1	使年刚好等于最小值	1812	3	15	1812	3	16
2	使年刚好等于最大值	2012	3	15	2012	3	16
3	使年刚刚小于最小值	1811	3	15	输入无效		
4	使年刚刚大于最大值	2013	3	15	输入无效		
5	使月刚好等于最小值	2000	1	15	2000	1	16
6	使月刚好等于最大值	2000	12	15	2000	12	16
7	使月刚刚小于最小值	2000	0	15	输入无效		
8	使月刚刚大于最大值	2000	13	15	输入无效		
9	使闰年的2月的日正好等于最小值	2000	2	1	2000	2	2
10	使闰年的2月的日正好等于最大值	2000	2	29	2000	3	1
11	使闰年的2月的日正好小于最小值	2000	2	0	输入无效		
12	使闰年的2月的日正好大于最大值	2000	2	30	输入无效		
13	使非闰年的2月的日正好等于最小值	2001	2	1	2001	2	2
14	使非闰年的2月的日正好等于最大值	2001	2	28	2001	3	1
15	使非闰年的2月的日正好小于最小值	2001	2	0	输入无效		
16	使非闰年的2月的日正好大于最大值	2001	2	29	输入无效		
17	使1月、3月、5月、7月、8月、10月、12月的日正好等于最小值	2001	10	1	2001	10	2
18	使1月、3月、5月、7月、8月、10月、12月的日正好等于最大值	2001	10	31	2001	11	1
19	使1月、3月、5月、7月、8月、10月、12月的日正好小于最小值	2001	10	0	输入无效		
20	使1月、3月、5月、7月、8月、10月、12月的日正好大于最大值	2001	10	32	输入无效		
21	使4月、6月、9月、11月的日正好等于最小值	2001	6	1	2001	6	2
22	使4月、6月、9月、11月的日正好等于最大值	2001	6	30	2001	7	1
23	使4月、6月、9月、11月的日正好小于最小值	2001	6	0	输入无效		
24	使4月、6月、9月、11月的日正好大于最大值	2001	6	31	输入无效		

10.4.3　错误推测法

错误推测法在很大程度上靠直觉和经验进行。它的基本想法是列举出程序中可能有的错误和容易发生错误的特殊情况，并且根据它们选择测试方案。例如，输入数据为0或输出数据为0往往容易发生错误；如果输入或输出的数量允许变化（如被检索的或生成的表的项数），则输入或输出的数量为0或1的情况（如表为空或只有一项）是容易出错的情况。此外，还应该仔细分析软件需求规格说明书，找出其中遗漏或省略的部分，以便设计相应的测试方案，并检测程序员对这些部分的处理是否正确。

10.4.4　因果图法

等价类划分法和边界值分析法都主要考虑的是输入条件，而没有考虑输入条件的各种组合以及各个输入条件之间的相互制约关系。然而，输入条件的组合方式非常多，其数量甚至是一个天文数字。因此，必须考虑描述多种条件的组合，相应地产生多个动作的形式来考虑设计测试用例。这就需要利用因果图法。

因果图法是一种黑盒测试方法，它从自然语言书写的程序规格说明书中寻找因果关系，即输入条件与输出和程序状态的改变，通过因果图产生判定表。它能够帮助人们按照一定的步骤高效地选择测试用例，同时还能指出程序规格说明书中存在的问题。

在因果图中，用C表示原因，E表示结果，各节点表示状态，取值为0表示某状态不出现，取值为1表示某状态出现。因果图有4种基本符号，如图10-8所示。

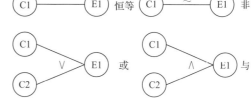

图10-8　因果图基本符号

- 恒等：若原因出现则结果出现，若原因不出现则结果不出现。
- 非（～）：若原因出现则结果不出现，若原因不出现则结果反而出现。
- 或（∨）：若几个原因中有一个出现则结果出现，若几个原因都不出现则结果不出现。
- 与（∧）：若几个原因都出现结果才出现，若其中一个原因不出现则结果不出现。

为了表示原因与原因之间、结果与结果之间可能存在的约束关系，在因果图中可以附加一些表示约束条件的符号，如图10-9所示。从输入条件考虑，有以下4种约束。

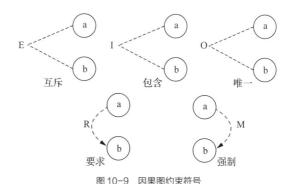

图10-9　因果图约束符号

- E约束（互斥）：表示a和b两个原因不会同时成立，最多有一个可以成立。
- I约束（包含）：表示a和b两个原因至少有一个必须成立。
- O约束（唯一）：表示a和b两个条件必须有且仅有一个成立。
- R约束（要求）：表示a出现时，b也必须出现。

从输出考虑，有以下1种约束。

M约束（强制）：表示a是1时，b必须为0。

因果图法设计测试用例的步骤如下：

- 分析程序规格说明书的描述中，哪些是原因，哪些是结果，原因常常是输入条件或输入条件的等价类，而结果常常是输出；

- 分析程序规格说明书中描述的语义内容，并将其表示成连接各个原因与各个结果的因果图；
- 由于语法或环境的限制，有些原因和结果的组合情况是不可能出现的，为表明这些特定的情况，在因果图上使用若干特殊的符号标明约束条件；
- 把因果图转换为决策表；
- 为决策表中每一列表示的情况设计测试用例。

后面两个步骤中提到的决策表将在10.4.5小节进行详细介绍。如果项目在设计阶段已存在决策表，则可以直接使用而不必再画因果图。

下面以一个自动饮料售货机软件为例，展示因果图法。该自动饮料售货机程序的规格说明书如下。

有一个处理单价为1元5角的盒装饮料的自动售货机软件。若投入1元5角硬币，按"可乐"按钮、"雪碧"按钮或"红茶"按钮，相应的饮料就送出来。若投入的是2元硬币，在送出饮料的同时退还5角硬币。

首先从程序规格说明书中分析原因、中间状态以及结果。自动饮料售货机软件分析结果如表10-5所示。

表 10-5 自动饮料售货机软件分析结果

原因	C1：投入1元5角硬币； C2：投入2元硬币； C3：按"可乐"按钮； C4：按"雪碧"按钮； C5：按"红茶"按钮
中间状态	I1：已投币； I2：已按按钮
结果	E1：退还5角硬币； E2：送出"可乐"； E3：送出"雪碧"； E4：送出"红茶"

根据表10-5中的原因、中间状态以及结果，结合程序规格说明书，连接成图10-10所示的因果图。

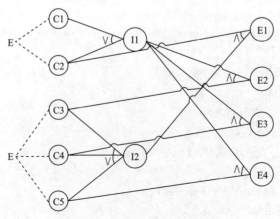

图 10-10 自动饮料售货机软件因果图

10.4.5 决策表法

在一些数据处理问题中，某些操作是否实施依赖于多个逻辑条件的取值。在这些逻辑条件取值的不同组合所构成的多种情况下，将分别执行不同的操作。处理这类问题的一个非常有力的工具就是决策表。

决策表（也称判定表）是分析和表达在多逻辑条件下执行不同操作的工具，可以把复杂逻辑关系和多种条件组合的情况表达得比较明确。决策表通常由4部分组成，如图10-11所示。

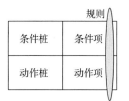

图10-11 决策表组成

- 条件桩：列出问题的所有条件。
- 条件项：列出所有条件下的取值，即在所有可能情况下的真假值。
- 动作桩：列出问题规定可能采取的动作。
- 动作项：列出在条件项的各种取值情况下应采取的动作。

决策表的规则规定了任何一个条件组合的特定取值及其相应要执行的操作。在决策表中贯穿条件项和动作项的一列就是一条规则。若有两条或多条规则具有相同的动作，并且其条件项之间存在着极为相似的关系，则可以进行规则合并。

决策表的建立应当根据软件需求规格说明书，分为以下几个步骤：

- 确定规则条数；
- 列出所有条件桩和动作桩；
- 填入条件项；
- 填入动作项，并制定初始决策表；
- 简化，即合并相似规则或者相同动作。

在简化初始决策表并得到最终决策表后，只要选择适当的输入，使决策表每一列的输入条件得到满足即可生成测试用例。

将10.4.4小节中得到的自动饮料售货机软件因果图转换为决策表，如表10-6所示。

表 10-6　自动饮料售货机软件决策表

选项	规则	1	2	3	4	5	6	7	8	9	10	11
条件	C1：投入1元5角硬币	1	1	1	1	0	0	0	0	0	0	0
	C2：投入2元硬币	0	0	0	0	1	1	1	1	0	0	0
	C3：按"可乐"按钮	1	0	0	0	1	0	0	0	1	0	0
	C4：按"雪碧"按钮	0	1	0	0	0	1	0	0	0	1	0
	C5：按"红茶"按钮	0	0	1	0	0	0	1	0	0	0	1
中间状态	I1：已投币	1	1	1	1	1	1	1	1	0	0	0
	I2：已按按钮	1	1	1	0	1	1	1	0	1	1	1
动作	E1：退还5角硬币	0	0	0	0	1	1	1	0	0	0	0
	E2：送出"可乐"	1	0	0	0	1	0	0	0	0	0	0
	E3：送出"雪碧"	0	1	0	0	0	1	0	0	0	0	0
	E4：送出"红茶"	0	0	1	0	0	0	1	0	0	0	0

我们可以根据上述决策表设计测试用例，验证适当的输入组合能否得到正确的输出。特别是在本例中，利用因果图法和决策表法能够很清晰地验证自动饮料售货机软件的功能完备性。

10.4.6 场景法

现在很多软件都是用事件触发来控制流程的，事件触发时的情形形成场景，而同一事件不同的触发顺序和处理结果就形成了事件流。这种在软件设计中的思想也可以应用到软件测试中，可生动地描述出事件触发时的情形，有利于测试者执行测试用例，同时测试用例也更容易得到理解和执行。

用例场景通过描述流经用例的路径来确定过程，这个流经过程要从用例开始到结束遍历其中所有的基本流和备选流。

- 基本流：采用黑直线表示，是经过用例的最简单路径，表示无任何差错，程序从开始执行到结束。
- 备选流：一个备选流可以从基本流开始，在某个特定条件下执行，然后重新加入基本流中，也可以起源于另一个备选流，或终止用例，不再加入基本流中。

使用场景法进行黑盒测试的步骤如下：

- 根据程序规格说明书，描述出程序的基本流和各个备选流；
- 根据基本流和各个备选流生成不同的场景；
- 对每一个场景生成相应的测试用例；
- 对生成的所有测试用例进行复审，去掉多余的测试用例，并对每一个测试用例确定测试数据。

下面以经典的ATM取款为例，介绍使用场景法设计测试用例的过程。ATM取款流程的场景分析如图10-12所示，其中蓝色框构成的流程为基本流。

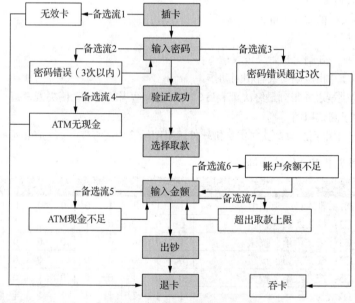

图10-12 ATM取款流程的场景分析

得到的该例用例场景如表10-7所示。

表10-7 用例场景

场景序号	预期输出	流程1	流程2
场景1	成功取款	基本流	—
场景2	无效卡	基本流	备选流1
场景3	密码错误（3次以内）	基本流	备选流2
场景4	密码错误超过3次	基本流	备选流3
场景5	ATM无现金	基本流	备选流4
场景6	ATM现金不足	基本流	备选流5
场景7	账户余额不足	基本流	备选流6
场景8	超出取款上限	基本流	备选流7

接下来设计用例覆盖每个用例场景，如表10-8所示。

表 10-8 场景法测试用例

序号	场景	账户	密码	操作	预期输出
1	场景1	621226××××××××3481	123456	插卡，取500元	成功取款500元
2	场景2	—	—	插入一张无效卡	系统退卡，显示该卡无效
3	场景3	621226××××××××3481	123456	插卡，输入密码111111	系统提示密码错误，请求重新输入
4	场景4	621226××××××××3481	123456	插卡，输入密码111111超过3次	系统提示密码输入错误超过3次，卡被吞掉
5	场景5	621226××××××××3481	123456	插卡，选择取款	系统提示ATM无现金，退卡
6	场景6	621226××××××××3481	123456	插卡，取款2000元	系统提示ATM现金不足，返回输入金额界面
7	场景7	621226××××××××3481	123456	插卡，取款3000元	系统提示账户余额不足，返回输入金额界面
8	场景8	621226××××××××3481	123456	插卡，取款3500元	系统提示超出取款上限（3000），返回输入金额界面

10.4.7 黑盒测试方法选择

黑盒测试的优缺点

此外，黑盒测试还有正交实验设计法等方法，本书不再展开叙述。黑盒测试的每种测试方法都有各自的优缺点，需要测试人员根据实际项目的特点，选择合适的方法设计测试用例。

选择合适的测试方法能够极大地提高黑盒测试的效率和效果。除了选择合适的测试方法，还需要测试人员积累实际的测试经验，做出合适的选择。

10.5 白盒测试

白盒测试，有时也称为玻璃盒测试，它关注软件产品的内部细节和逻辑结构，即把被测的程序看成一个透明的盒子。白盒测试利用组件层设计的一部分而描述的控制结构来生成测试用例。白盒测试需要对系统内部结构和工作原理有清楚的了解。白盒测试也有多种技术，例如代码检查法、逻辑覆盖法、基本路径法等。白盒测试的示意如图10-13所示。

图 10-13 白盒测试的示意

10.5.1 代码检查法

代码检查法包括桌面检查、代码审查（Code Review）和走查等。它主要检查代码和设计的一致性、代码对标准的遵循、可读性、代码逻辑表达正确性、代码结构合理性等方面；发现程序中不安全、不明确和模糊的部分，找出程序中不可移植的部分；发现违背程序编写风格的问题，其中包括变量检查、命名和类型审查、程序逻辑审查、程序语法检查和程序结构检查等内容。

代码检查应该在编译和动态测试之前进行。在检查前，应准备好需求描述文档、程序设计文档、程序的源代码清单、代码编写标准和代码错误检查表等。

在实际使用中，代码检查法能快速找到缺陷，发现30%～70%的逻辑设计缺陷和编码缺陷，而且代码检查法看到的是问题本身而非征兆。但是代码检查法非常耗费时间，并且需要经验和知识的积累。

代码检查法可以使用测试软件进行自动化测试，以提高测试效率，降低劳动强度；或者使用人工进行测试，以充分发挥人的逻辑思维能力。

图10-14所示是一段未经过桌面检查的源代码，由集成开发环境进行了初步的检查，并指出了基本的拼写、语法、标点错误。

第28行：返回数据类型应该为int，写成了Int。

第33行：缺少标点符号";"。

第37行：返回的关键字"return"拼写错误。

第41行：关键字"this"写成了"that"。

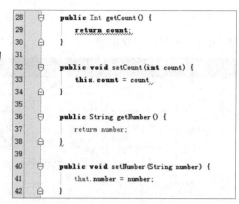

图10-14　未经过桌面检查的源代码

10.5.2　静态结构分析法

静态结构分析法主要是以图的形式表现程序的内部结构，供测试人员对程序结构进行分析。程序结构形式是白盒测试的主要依据。研究表明，程序员38%的时间耗费在理解软件系统上，因为代码以文本格式被写入多重文件中，这是很难阅读和理解的，所以需要其他一些东西来帮助人们阅读和理解，如各种图表等，而静态结构分析法满足了这样的需求。

静态结构分析法是一种对代码机械性的、程式化的特性进行分析的方法。在静态结构分析中，测试人员使用测试工具分析程序源代码的系统结构、数据接口、内部控制逻辑等内部结构，生成函数调用关系图、模块控制流图、内部文件调用关系图、子程序表、宏和函数参数表等各类图表，可以清晰地标识整个软件系统的组成结构，使其便于阅读和理解，然后可以通过分析这些图表，检查软件是否存在缺陷或错误。静态结构分析包括控制流分析、数据流分析、信息流分析、接口分析、表达式分析等。

10.5.3　程序插桩技术

在调试程序时，常常需要插入一些输出语句，进而在运行程序时能够输出有关信息，进一步通过这些信息来了解程序运行时的一些动态特性，例如程序的执行路径或特定变量在特定时刻的取值。这一思想发展出来的程序插桩技术在软件动态测试中，作为一种基本的测试手段，有着广泛的应用。

简单来说，程序插桩技术是借助往被测试程序中插入操作来实现测试目的的方法，即向源程序中添加一些语句，实现对程序语句的执行、变量的变化等情况的检查。例如想要了解一个程序在某次运行中所有可执行语句被覆盖的情况，或是每个语句的实际执行次数，就可以利用程序插桩技术。

10.5.4　逻辑覆盖法

逻辑覆盖法以程序内在的逻辑结构为基础，根据程序流程图设计测试用例。根据覆盖的目标不同，又可分为语句覆盖、分支覆盖、条件覆盖、分支-条件覆盖、条件组合覆盖和路径覆盖。

下面以如下一段代码为例，用各种覆盖方法对其进行逻辑覆盖测试。

```
Dim x, y As Integer
Dim z As Double
IF(x>0 AND y>0) THEN
z = z/x
END IF
IF(x>1 OR z>1) THEN
z = z + 1
END IF
z = y + z
```

对其进行逻辑覆盖测试的第一步就是绘制出它的程序流程图，如图10-15所示。

这时就该设计测试用例了。

（1）语句覆盖的基本思想是，设计若干个测试用例，然后运行被测试的程序，使程序中的每个可执行语句至少执行一次。该程序段的语句覆盖测试用例如下所示。

输入：{x = 2, y = 3, z = 4}。执行路径：abd。

可见，根据测试用例，执行语句1、2、3都执行了一次。

（2）分支覆盖的思想是，使每个判断的取真分支和取假分支至少执行一次。其测试用例如下所示。

输入：{x = 3, y = 4, z = 5}。执行路径：abd。

输入：{x = −1, y = −2, z = 0}。执行路径：ace。

（3）条件覆盖的思想是，使每个判断的所有逻辑条件的每种可能取值至少执行一次。下面给出其测试用例设计的过程。

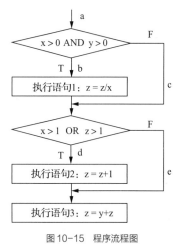

图10-15 程序流程图

对于判断语句x>0 AND y>0：

  条件x>0取真为T1，取假为-T1

  条件y>0取真为T2，取假为-T2

对于判断语句x>1 OR z>1：

  条件x>1取真为T3，取假为-T3

  条件z>1取真为T4，取假为-T4

条件覆盖的测试用例如表10-9所示。

表 10−9　条件覆盖的测试用例

输入	执行路径	条件取值	覆盖分支
x = 7, y = 1, z = 3	abd	T1, T2, T3, T4	bd
x = −1, y = −3, z = 0	ace	−T1, −T2, −T3, −T4	ce

（4）分支-条件覆盖就是要同时满足分支覆盖和条件覆盖的要求。其测试用例取分支覆盖的测试用例和条件覆盖的测试用例的并集即可。

（5）条件组合覆盖的思想是使每个判断语句的所有逻辑条件的可能取值组合至少执行一次。下面给出其测试用例设计的过程。

对各判断语句的逻辑条件的取值组合标记如下：

①x>0, y>0，记作T1,T2，条件组合取值M；

②x>0, y<=0，记作T1,T2，条件组合取值-M；

③x<=0, y>0，记作T1,T2，条件组合取值-M；

④x<=0, y<=0，记作T1,T2，条件组合取值-M；

⑤x>1, z>1，记作T3,T4，条件组合取值N；

⑥x>1, z<=1，记作T3,T4，条件组合取值N；

⑦x<=1, z>1，记作T3,T4，条件组合取值N；

⑧x<=1, z<=1，记作T3,T4，条件组合取值-N。

条件组合覆盖的测试用例如表10-10所示。

表 10-10　条件组合覆盖的测试用例

输入	执行路径	条件取值	覆盖组合号
x = 1, y = 3, z = 2	abd	T1, T2, -T3, T4	1, 7
x = 2, y = 0, z =8	acd	T1, -T2, T3, T4	2, 5
x = -1, y =1, z = 1	ace	-T1, T2, -T3, -T4	3, 8
x = -2, y = -3, z = 0	ace	-T1, -T2, -T3, -T4	4, 8
x = 5, y = 9, z = 0	abd	T1, T2, T3, -T4	1, 6

（6）路径覆盖的思想是覆盖被测试程序中的所有可能的路径，其测试用例如表10-11所示。

表 10-11　路径覆盖的测试用例

输入	通过路径	覆盖条件
x = 2, y = 4, z = 3	abd	T1, T2, T3, T4
x = 1, y = 3, z = 0	abe	T1, T2, -T3, -T4
x = -1, y = -1, z = 3	acd	-T1, -T2, -T3, T4
x = -2, y = -3, z = 1	ace	-T1, -T2, -T3, -T4

一般情况下，这6种逻辑覆盖法的覆盖率是不一样的，其中路径覆盖的覆盖率最高，语句覆盖的覆盖率最低。

10.5.5　基本路径法

基本路径法是在程序控制流图的基础上，通过分析控制构造的环路复杂性，导出基本可执行的路径集合，从而设计测试用例的方法。在基本路径测试中，设计出的测试用例要保证在测试中程序的每条可执行语句至少执行一次。在基本路径法中，需要使用程序的控制流图进行可视化表达。

程序的控制流图是描述程序控制流的一种图示方法。其中，圆圈称为控制流图的一个节点，表示一个或多个无分支的语句或源程序语句；箭头称为边或连接，代表控制流。在将程序流程图简化成程序的控制流图时，应注意：

在选择或多分支结构中，分支的汇聚处应有一个汇聚节点；

边和节点圈定的地方叫作区域，当对区域计数时，图形外的地方也应记为一个区域。

程序的控制流图如图10-16所示。

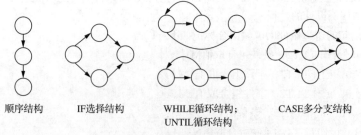

| 顺序结构 | IF选择结构 | WHILE循环结构；
UNTIL循环结构 | CASE多分支结构 |

图 10-16　程序的控制流图

环路复杂度是一种为程序逻辑复杂性提供定量测度的软件度量，将该度量用于计算程序的基本的独立路径数量，为确保所有语句至少执行一次的测试数量的上界。独立路径必须包含一条在定义之前不曾用到的边。有以下3种方法用于计算环路复杂度。

（1）控制流图中区域的数量对应于环路的复杂度。

（2）给定控制流图 G 的环路复杂度 $V(G)$，定义为 $V(G)=E-N+2$，其中 E 是控制流图中边的数量，N 是控制流图中节点的数量。

（3）给定控制流图G的环路复杂度$V(G)$，定义为$V(G)=P+1$，其中P是控制流图G中判定节点的数量。基本路径法适用于模块的详细设计及源程序。其步骤如下：

- 以详细设计或源代码为基础，导出程序的控制流图；
- 计算得出控制流图G的环路复杂度$V(G)$；
- 确定线性无关的路径的基本集；
- 生成测试用例，确保路径的基本集中每条路径的执行。

每个测试用例执行后的结果与预期结果进行比较，如果所有测试用例都执行完毕，则可以确信程序中所有可执行语句至少被执行了一次。但是必须注意，一些独立路径往往不是完全孤立的，有时它是程序正常控制流的一部分，这时对这些路径的测试可以是另一条测试路径的一部分。

下面将以一个具体实例为出发点，讲解使用基本路径法的细节。

对于下面的程序，假设输入的取值范围是1000<year<2021，使用基本路径法为变量year设计测试用例，使其满足基本路径覆盖的要求。

```
int IsLeap(int year)
{
    if(year%4 == 0)                    1
    {
        if(year%100 == 0)              2
        {
            if(year%400 == 0)          4
            leap = 1;                  6
            else
            leap = 0;                  7
        }
        else
            leap = 1;                  5
    }
    else
        leap = 0;                      3
    return leap;                       8
}
```

根据源代码绘制程序的控制流图如图10-17所示。

通过程序的控制流图，可计算出环路复杂度$V(G)$=区域数=4。

线性无关的路径的基本集为：

（1）1→3→8；

（2）1→2→5→8；

（3）1→2→4→7→8；

（4）1→2→4→6→8。

设计测试用例如下。

路径1：输入数据为year=1999，预期结果为leap=0。

路径2：输入数据为year=1996，预期结果为leap=1。

路径3：输入数据为year=1800，预期结果为leap=0。

路径4：输入数据为year=1600，预期结果为leap=1。

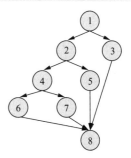

图10-17 程序的控制流图

10.5.6 白盒测试方法选择

此外，白盒测试还有静态质量度量、域测试、Z路径覆盖等方法，本书不再展开叙述。白盒测试的每种测试方法都有各自的优点和不足，需要测试人员

白盒测试的
优缺点

根据实际软件特点、实际测试目标和测试阶段选择合适的方法设计测试用例，这样能有效地发现软件错误，提高测试效率和测试覆盖率。以下是选择测试方法的几条经验。

- 在测试中，可采取先静态再动态的组合方式，先进行代码检查和静态结构分析，再进行覆盖测试。
- 利用静态分析的结果作为引导，通过代码检查和动态测试的方式对静态分析的结果做进一步确认。
- 覆盖测试是白盒测试的重点，一般可使用基本路径法达到语句覆盖标准。对于软件的重点模块，应使用多种覆盖标准衡量测试的覆盖率。
- 在不同的测试阶段测试重点不同，在单元测试阶段，以代码检查、覆盖测试为主；在集成测试阶段，需要增加静态结构分析等；在系统测试阶段，应根据黑盒测试的结果，采用相应的白盒测试方法。

10.5.7　白盒测试与黑盒测试比较

白盒测试和黑盒测试是两类软件测试方法，传统的软件测试活动基本上都可以划分到这两类测试方法中。表10-12给出了两种方法的基本比较。

表 10-12　白盒测试与黑盒测试比较

白盒测试	黑盒测试
考察程序逻辑结构	不涉及程序逻辑结构
用程序结构信息生成测试用例	用软件需求规格说明书生成测试用例
主要适用于单元测试和集成测试	从单元测试到系统验收测试均适用
对所有逻辑路径进行测试	某些代码段得不到测试

白盒测试和黑盒测试各有侧重点，不能相互取代。在实际测试活动中，这两种测试方法不是截然分开的。通常在白盒测试中交叉着黑盒测试，黑盒测试中交叉着白盒测试。相对来说，白盒测试比黑盒测试成本要高得多，它需要测试在被计划前就产生源代码，并且在确定合适数据和决定软件是否正确的方面需要耗费更多的工作量。

在实际测试活动中，应当尽可能使用可获得的软件规格从确定黑盒测试方法开始测试计划，白盒测试计划应当在黑盒测试计划已成功通过之后再开始，并使用已经产生的流程图和路径判定。路径应当根据黑盒测试计划进行检查并决定和使用额外需要的测试。

灰盒测试是介于白盒测试与黑盒测试之间的测试方法，它关注输出对于输入的正确性，同时也关注内部表现，但是不像白盒测试那样详细、完整，只是通过一些表征性的现象、事件、标志来判断内部的运行状态。有时候输出是正确的，但是程序内部是错误的，这种情况非常多，如果每次都通过白盒测试来操作，效率会很低，因此可采取灰盒测试这种方法。

灰盒测试结合了白盒测试和黑盒测试的要素，考虑了用户端、特定的系统知识和操作环境。它在系统组件的协同性环境中评价应用软件的设计。可以认为，集成测试就是一类灰盒测试。关于灰盒测试，本书不再展开叙述。

10.6　软件测试的一般步骤

除非是测试一个小程序，否则一开始就把整个系统作为一个单独的实体来测试是不现实的。与开发过程类似，测试过程也必须分步骤进行，后一个步骤在逻辑上是前一个步骤的继续。

从过程的观点来考虑测试，在软件工程环境中的测试过程，实际上是按顺序进行的包含4个步骤的序列。最开始，着重测试每个单独的模块，以确保它作为一个单元来说功能是正确的，这种测试称为单元测试。单元测试大量使用白盒测试技术，检查模块控制结构中的特定路径，以确保做到完全覆盖并发现最大数量的错误。接下来，必须把模块装配（即集成）在一起形成完整的软件包，在装配的同时进行测试，因此称为集成测试。集成测试同时解决程序验证和程序构造这两个问题。在集成过程中最常用的是黑盒测试技术。当然，为了保证覆盖主要的控制路径，也可能使用一定数量的白盒测试。在软件集成完成之后，还需要进行一系列高级测试。必须测试在需求分析阶段确定下来的确认标准，确认测试是对软件满足所有功能的、行为的和性能需求的最终保证。在确认测试过程中仅使用黑盒测试技术。

软件一旦经过确认，就必须与其他系统元素（如硬件、人员、数据库）结合在一起。系统测试的任务是，验证所有系统元素都能正常配合，以确保可以完成整个系统的功能，并能达到预期的性能。验收测试以用户测试为主，分为α测试和β测试。α测试指的是由用户、测试人员、开发人员等共同参与的内部测试，而β测试指的是完全交给最终用户的测试。

10.7 单元测试

本节对单元测试进行概述，介绍单元测试的内容和方法。

10.7.1 单元测试概述

编写一个函数，执行其功能，并检查功能是否正常，有时还要输出一些数据来辅助进行判断，如果弹出信息窗口，可以把这种单元测试称为临时单元测试。只进行了临时单元测试的软件，针对代码的测试很不充分，代码覆盖率要超过70%都很困难，未覆盖的代码可能遗留有大量细小的错误，而且这些错误还会相互影响。当bug暴露出来的时候难以调试，会大幅度增加后期测试和维护成本，因此进行充分的单元测试是提高软件质量、降低开发成本的必由之路。

单元测试是开发人员通过编写代码来检验被测试代码的某单元功能是否正确而进行的测试。通常而言，一个单元测试用于判断某个特定条件（或者场景）下某个特定函数的行为。例如，将一个很大的值放入一个有序表中，然后确认该值是否出现在表的尾部，或者从字符串中删除匹配某种模式的字符，然后确认字符串确实不再包含这些字符。

单元测试与其他测试不同，可以看作编码工作的一部分，是由程序员自己完成的，最终受益的也是程序员自己。可以这么说，程序员有责任编写功能代码，也就有责任为自己的代码进行单元测试。执行单元测试，就是为了证明这段代码的行为与我们期望的一致。经过了单元测试的代码才是已完成的代码，提交产品代码时也要同时提交测试代码。

单元测试是软件测试的基础，其效果会直接影响到软件后期的测试，最终在很大程度上影响软件质量。做好单元测试能够在接下来的集成测试等活动中节省很多时间、发现很多集成测试和系统测试无法发现的深层次问题、降低定位问题和解决问题的成本、从整体上提高软件质量。

10.7.2 单元测试内容

单元测试侧重于模块的内部处理逻辑和数据结构，利用组件级设计描述作为指南，测试重要的控制路径以发现模块内的错误。测试的相对复杂度和这类测试发现的错误受到单元测试约束范围的限制，测试可以对多个组件并行执行。

图10-18简要描述了单元测试。测试模块的接口是为了保证被测试程序单元的信息能够正常地流入和流出；检查局部数据结构是为了确保临时存储的数据在算法的整个执行过程中能够维持其完整性；执行控制结构中的所有独立路径（基本路径）以确保模块中的所有语句至少执行一次；测试错误处理以确保被测试模块在工作中发生错误后能够做出有效的错误处理措施；测试边界条件以确保模块在到达边界值的极限或受限处理的情形下仍能正确执行。

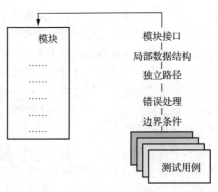

图 10-18　单元测试内容

10.7.3　单元测试方法

一般情况下，在代码编写之后就可以进行单元测试。测试用例设计应与复审工作结合，根据设计规约选取数据，以增大发现各类错误的可能性。

在进行单元测试时，被测试的单元本身不是独立的程序，需要为其开发驱动模块和桩模块。驱动模块是用来模拟待测试模块的上级模块，驱动模块在集成测试中接收测试数据，将相关的数据传递给待测试模块，启动待测试模块，并输出相应的结果；桩模块也称为存根程序，用以模拟待测试模块在工作过程中所调用的模块。桩模块由待测试模块调用，它们一般只进行很少的数据处理，例如输出入口和返回，以便于检验待测试模块与下级模块的接口。

开发驱动模块和桩模块会产生额外的开销，因为这两个模块属于必须开发但是又不能和最终软件一起提交的部分。如果驱动模块和桩模块相对简单，则额外开销相对较少；如果在比较复杂的情况下，则完整的测试需要推迟到集成测试阶段才能完成。

下面举一个例子，针对图5-25，即学生档案管理系统优化的系统结构图。

这里要测试"输出数据"模块。由于它不是独立运行的程序，需要有一个驱动模块来调用它，驱动模块要说明必需的变量、接收测试数据——模拟总控模块来调用它。另外，还需要准备桩模块来代替调用的子模块，例如，查询报表和打印报表。对于多个子模块可以用一个桩模块来代替。在测试时，用控制变量Output-Type标记是查询报表还是打印报表。

下面是用伪代码编写的驱动模块和桩模块。

（1）驱动模块的伪代码

```
Test Driver
  While 未到文件尾部
    读取输入信息
    If 输入信息是调用"输出数据"模块
        调用"输出数据"模块
    End If
  End While
End Test Driver
```

（2）桩模块的伪代码

```
Test Stub
  If  Output-Type="查询报表"
    输出"查询报表"
  Else
    输出"打印报表"
  End If
End Test Stub
```

10.8 集成测试

本节对集成测试进行概述，并介绍集成测试的策略。

10.8.1 集成测试概述

集成是指把多个单元组合起来形成更大的单元。集成测试是在假定各个软件单元已经通过单元测试的前提下，检查各个软件单元之间的接口是否正确。集成测试是构造软件体系结构的系统化技术，同时也是进行一些旨在发现与接口相关的错误的测试。其目标是利用已通过单元测试的组件建立设计中描述的程序结构。

集成测试是将多个单元进行聚合的过程，许多单元聚合成模块，而这些模块又聚合成程序的更大部分，如子系统或系统。集成测试（也称组装测试、联合测试）是单元测试的逻辑扩展，它的最简单形式是将两个已经通过测试的单元组合成一个组件，并且测试它们之间的接口。集成测试是在单元测试的基础上，测试在将所有的软件单元按照概要设计规约的要求组装成模块、子系统或系统的过程中，各部分功能是否达到或实现相应技术指标及要求的活动。集成测试主要是测试软件单元的组合能否正常工作以及能否与其他组件的模块集成起来工作，还要测试构成系统的所有模块组合能否正常工作。集成测试参考的主要标准是软件概要设计，任何不符合该设计的程序模块行为，都应该加以记录并上报。

在集成测试之前，单元测试应该已经完成，集成测试中所使用的对象应该是已经经过单元测试的软件单元。这一点很重要，因为如果不经过单元测试，那么集成测试的效果将会受到很大程度的影响，并且会大幅增加软件单元代码纠错的代价。单元测试和集成测试所关注的范围不同，因此它们发现问题的集合包含不相交的区域，即二者之间不能相互替代。

10.8.2 集成测试策略

由模块集成软件系统有两种方法：一种方法是先分别测试每个模块，再将所有模块按照设计要求放在一起结合成所要的程序，这种方法称为非增量式集成；另一种方法是将下一个要测试的模块同已经测试好的那些模块结合起来进行测试，测试完后再将下一个要测试的模块结合起来进行测试，这种每次增加一个模块的方法称为增量式集成。

对两个以上模块进行集成时，需要考虑它们与周围模块之间的关系。为了模拟这些联系，需要设计驱动模块或者桩模块这两种辅助模块。

1. 非增量式集成测试

在软件开发中，通常存在进行非增量式集成的倾向，即利用"一步到位"的方式来构造程序。非增量式集成测试采用一步到位的方式来进行测试，即对所有模块进行独立的单元测试后，按程序结构图将各模块连接起来，把连接后的程序当作一个整体进行测试，其结果往往是混乱不堪的。它会遇到许许多多的错误，错误的修正也是非常困难的。一旦修正了这些错误，可能又会出现新的错误。这个过程似乎会以一种无限循环的方式继续下去。

图10-19所示为采用非增量式集成测试的一个示例，被测试程序的结构如图10-19（a）所示，它由7个模块组成。在进行单元测试时，根据它们在结构图中的位置，对模块C和模块D配备了驱

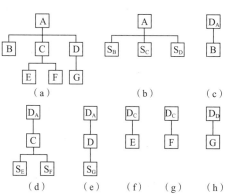

图 10-19 非增量式集成测试示例

动模块和桩模块，对模块B、E、F、G配备了驱动模块。主模块A由于处于结构图的顶端，无其他模块调用它，因此仅为它配备了3个桩模块，以模拟被它调用的3个模块B、C、D，如图10-19（b）～图10-19（h）所示，分别进行单元测试后，再按图10-19（a）所示的结构图形式连接起来进行集成测试。（注：D代表驱动模块，S代表桩模块）

2. 增量式集成测试

增量式集成测试中单元的集成是逐步实现的，集成测试也是逐步完成的。按照实施的不同次序，增量式集成测试可以分为自顶向下和自底向上两种方式。

（1）自顶向下增量式集成测试

自顶向下增量式集成测试表示逐步集成和逐步测试是按结构图自上而下进行的，即模块集成顺序是首先集成主控模块，然后按照软件控制层次接口向下进行集成。从属于主控模块的模块按照深度优先策略或广度优先策略集成到结构中去。

深度优先策略：首先将一个主控路径下的所有模块集成在结构中，主控路径的选择是任意的，一般根据问题的特性来确定。

广度优先策略：首先沿着水平方向，把每一层中所有直接隶属于上一层的模块集成起来，直至底层。

自顶向下的增量式集成测试步骤如下。

① 以主模块为被测试模块，主模块的直接下属模块则用桩模块代替。

② 采用深度优先或广度优先策略，用实际模块替换相应的桩模块（每次仅替换一个或少量几个桩模块，视模块接口的复杂程度而定）。它们的直接下属模块则又用桩模块代替，与已测试的模块或子系统集成为新的子系统。

③ 对新形成的子系统进行测试，发现和排除模块集成过程中引起的错误，并进行回归测试。

④ 若所有模块都已集成到系统中，则结束集成，否则转到步骤②。

图10-20所示为采用自顶向下的深度优先策略进行增量式集成测试的过程。读者可以自行求解广度优先策略集成方式。

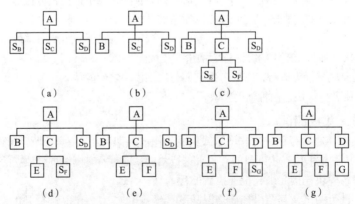

图10-20　深度优先策略进行自顶向下增量式集成测试

自顶向下增量式集成测试的主要优点是：可以及早地发现和修复模块结构图中主要控制点存在的问题，以减少以后的返工，因为在一个模块划分合理的模块结构图中，主要控制点多出现在较高的控制层次上；能较早地验证功能的可行性；最多只需要一个驱动模块，减少驱动模块的开发成本；支持故障隔离，若模块A通过了测试，而加入模块B后测试出现错误，则可以肯定错误处于模块B内部或模块A、模块B的接口上。

自顶向下增量式集成测试的主要缺点是：需要开发和维护大量的桩模块；桩模块很难模拟实际子模块的功能，而涉及复杂算法和真正输入输出的模块一般在底层，它们是最容易出问题的模块，如果到集成的后期才测试这些模块，一旦发现问题，将导致要进行大量的回归测试。

为了有效进行集成测试，软件系统的控制结构应具有较高的可测试性。

随着测试的逐步推进，集成的系统越复杂，越容易导致对底层模块测试得不充分，尤其是那些被复用的模块。

在实际使用中，自顶向下的集成测试很少单独使用，这是因为该方法需要开发大量的桩模块，增加了集成测试的成本，违背了应尽量避免开发桩模块的原则。

（2）自底向上增量式集成测试

自底向上增量式集成测试是从底层的模块开始，按结构图自下而上逐步进行集成并逐步进行测试工作。由于是从底层开始集成，测试到较高层模块时，所需的下层模块功能已经具备，因此不需要再使用被调用模拟子模块来辅助测试。

因为是自底向上进行集成，对于一个给定层次的模块，它的所有下属模块已经集成并测试完成，所以不再需要桩模块。测试步骤如下。

① 为底层模块开发驱动模块，并对底层模块进行并行测试。

② 用实际模块替换驱动模块，与已被测试过的直属子模块集成为一个子系统。

③ 为新形成的子系统开发驱动模块（若新形成的子系统对应为主控模块，则不必开发驱动模块），并对该子系统进行测试。

④ 若该子系统已对应为主控模块，即最高层模块，则结束集成，否则转到步骤②。

图10-21所示为自底向上增量式集成测试过程。

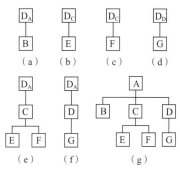

图 10-21　自底向上增量式集成测试

自底向上增量式集成测试的主要优点是：大大减少了桩模块的开发，虽然需要开发大量驱动模块，但其开发成本要比开发桩模块小；涉及复杂算法和真正输入输出的模块往往在底层，它们是最容易出错的模块，先对底层模块进行测试，减少了回归测试成本；在集成的早期实现对底层模块的并行测试，提高了集成的效率；支持故障隔离。

自底向上增量式集成测试的主要缺点是：需要大量的驱动模块；主要控制点存在的问题要到集成后期才能修复，需要耗费较大成本，故此类集成方法不适合那些控制结构对整个体系至关重要的软件产品；随着测试的逐步推进，集成的系统愈加复杂，对底层模块的异常很难测试。

在实际应用中，自底向上增量式集成测试比自顶向下增量式集成测试应用更为广泛，尤其是在如下场景中，更应使用自底向上增量式集成测试：软件的高层接口变化比较频繁、可测试性不强、软件的底层接口较稳定。

（3）三明治集成测试

三明治集成测试是将自顶向下增量式集成测试与自底向上增量式集成测试两种模式有机结合起来，采用并行的自顶向下、自底向上集成测试形成的方法。三明治集成测试更重要的是采取持续集成的策略，软件开发中各个模块不是同时完成的，根据进度将完成的模块尽可能早地进行集成，有助于尽早发现缺陷，避免集成阶段大量缺陷涌现。同时，自底向上集成时，前期完成的模块将是后期模块的驱动模块，从而使后期模块的单元测试和集成测试出现了部分交叉，不仅省略了测试代码的编写，也有利于提高工作效率。

如果通过分解树考虑三明治集成测试，则只需要在树上进行大爆炸集成（大爆炸集成也称为一次性组装或整体拼装，这种集成测试策略的做法就是把所有通过单元测试的模块一次性集成到一起进行测试，不考虑组件之间的互相依赖性及可能存在的风险）。桩模块和驱动模块的开发工作量都比较小，不过其代价是作为大爆炸集成的后果在一定程度上增加了定位缺陷的难度。

此外，在考虑集成测试环境时，应包含硬件环境、操作系统环境、数据库环境和网络环境等内容。集成测试主要测试软件结构问题，因为测试建立在模块接口上，所以多采用黑盒测试方法，辅以白盒测试方法。

10.9 系统测试

本节对系统测试进行概述，并介绍系统测试类型。

10.9.1 系统测试概述

系统测试的对象包括源程序、需求分析阶段到详细设计阶段中的各种技术文档、管理文档、提交给用户的文档、软件所依赖的硬件、外设，甚至包括某些数据、某些支持软件及其接口等。

随着测试概念的发展，当前系统测试逐渐侧重于验证系统是否符合需求规定的非功能指标。其测试范围可分为功能测试、性能测试、压力测试、容量测试、安全性测试、图形用户界面测试、可用性测试、安装测试、配置测试、异常测试、备份测试、健壮性测试、文档测试、在线帮助测试、网络测试、稳定性测试等。

10.9.2 系统测试类型

由于系统测试涉及范围广泛，本书将仅从功能测试、性能测试、安装测试、可用性测试、压力测试、容量测试、安全性测试、健壮性测试、图形用户界面测试和文档测试这10个方面进行介绍。更多的测试类型及详细内容，建议读者阅读一些专门讲解系统测试的图书。

（1）功能测试

功能测试是系统测试中最基本的测试。它不管软件内部是如何实现的，而只是根据需求规格说明书和测试需求列表，验证产品的功能是否符合需求规格。

（2）性能测试

性能测试用于测试软件系统在实际的集成系统中的运行性能。因为无论是在单元测试中还是在集成测试中，都没有将系统作为一个整体放入实际环境中运行，所以只有在性能测试阶段，才能真正看到系统的实际性能。

对于实时系统和嵌入式系统，提供符合功能需求但不符合性能需求的软件是不能接受的。性能测试的目的是度量系统相对于预定义目标的差距，将需要的性能级别与实际的性能级别进行比较，并把其中的差距文档化。

（3）安装测试

安装测试用于确保软件在正常情况和异常情况的不同条件下都不丢失数据或者功能，具体测试活动包括首次安装、升级、完整安装、自定义安装、卸载等。测试对象包括测试安装代码以及安装手册。安装代码可提供能够使安装的某些程序运行的基础数据，安装手册可提供如何进行安装的指导。

（4）可用性测试

所谓可用性测试，即对软件"可用性"进行测试，检验其是否达到可用性标准。目前的可用性测试方法超过20种，按照参与可用性测试的人员，可用性测试可划分为专家测试和用户测试；按照测试所处的软件开发阶段，可用性测试可划分为形成性测试和总结性测试。形成性测试是指在软件开发或改进过程中，请用户对产品或原型进行测试，通过测试后收集的数据来改进产品或设计，直至达到所要求的可用性目标。总结性测试是指用指标度量可用性，用来评估软件效果，其中又分为基准测试和比较测试。形成性测试的目的是发现尽可能多的可用性问题，通过修复可用性问题实现软件可用性的提高，总结性测试的目的是横向测试多个版本或者多个产品，并输出测试数据进行对比。

（5）压力测试

压力测试是一种基本的质量保证行为，它是每个重要软件测试工作的一部分。压力测试的基本思路很简单：不是在常规条件下运行手工或自动测试，而是长时间或超大负荷地运行测试软件来测试系统的性能、可靠性、稳定性等。通俗地讲，压力测试是为了发现在什么条件下应用程序的性能会变得不可接受。

性能测试和压力测试常常被人混淆，认为二者是同一种测试。其实性能测试与压力测试的测试过程和方法没有太大区别，二者主要的区别在于它们的测试目的不同。

软件性能测试是为了检查系统的反应、运行速度等性能指标，它要求在一定负载下，如检查一个网站在100人同时在线的情况下的性能指标，检查每个用户是否都还可以正常地完成操作等。所以一句话概括就是：在一定负载下，测试获得系统的性能指标。

软件压力测试是在系统异常情况下，执行可重复的负载测试，以检查程序对异常情况的抵抗能力，找出性能瓶颈和隐藏缺陷。异常情况主要指峰值、极限值、大量数据的长时间处理等，例如某个网站的用户峰值为500，则检查用户数为750～1000时系统的性能指标。所以一句话概括就是：在异常情况下，测试获得系统的性能指标。

（6）容量测试

在进行压力测试时，如果发现了被测试系统在可接受的性能范围内的极限负载，则在一定程度上完成了容量测试。

容量测试的目的是通过测试预先分析出反映软件系统应用特征的某项指标的极限值（如最大并发用户数、数据库记录数等），以确保系统在该极限值下没有出现任何软件故障或还能保持主要功能正常运行，或者说容量测试是为了确定测试对象在给定时间内能够持续处理的最大负载或工作量。例如对于一个从数据库中检索数据的测试，在功能测试阶段，只需验证能够正确检索出结果即可，数据库中的数据量可能只有几十条。但进行容量测试时，就需要往数据库中添加几十万甚至上百万条数据，测试这时的检索时间是否在用户可接受的范围内，并要找出数据库中数据的数量级达到多少时性能变得不可接受。

容量测试的完成标准可以定义为：所计划的测试已全部执行，而且达到或超出指定的系统限制时没有出现任何软件故障。

（7）安全性测试

安全性测试的目的是验证系统的保护机制是否能够在实际的环境中抵御非法入侵、恶意攻击等非法行为。任何包含敏感信息或能够对个人造成不正当伤害的计算机系统都会成为被攻击的目标。入侵者可能是仅仅为了练习技术而试图入侵的黑客；为了报复而试图破坏系统的内部雇员；为了获取非法利益而试图入侵系统的非法个人，甚至组织。

（8）稳健性测试

稳健性是指在故障存在的情况下，软件还能正常运行的能力。有些人认为稳健性测试就是容错性测试，或者认为容错性测试与恢复测试一般无二。其实容错性测试与恢复测试是有区别的，而稳健性测试包含这两种测试。健壮性有两层含义：一是容错能力；二是恢复能力。

容错性测试通常依靠输入异常数据或进行异常操作来检验系统的容错性。如果系统的容错性好，系统只给出提示或内部消化掉，而不会导致系统出错甚至崩溃。

恢复测试通过各种手段，让软件强制性地发生故障，然后验证系统已保存的用户数据是否丢失、系统和数据是否能尽快恢复。

（9）图形用户界面测试

图形用户界面（Graphical User Interface，GUI）测试包含两方面内容：一是界面实现与界面设计是否吻合；二是界面功能是否正确。为了更好地进行GUI测试，一般将界面与功能设计分离，例如分成界面层、界面与功能接口层、功能层。这样GUI的测试重点就可以放在前两层上。

（10）文档测试

文档测试是检验文档的完整性、正确性、一致性、易理解性、易浏览性。文档的种类包括开发文档、管理文档、用户文档。这3类文档中，一般最主要的测试对象是用户文档，因为用户文档中的错误可能会误导用户对软件的使用，而且如果用户在使用软件时遇到的问题没有通过用户文档中的解决方案得到解决，用户将因此对软件质量产生不信赖感，甚至会放弃使用该软件，这对软件的宣传和推广是很不利的。

10.10 验收测试

本节对验收测试进行概述，并讲述验收测试内容，以及α测试和β测试。

10.10.1 验收测试概述

验收测试是在系统测试之后进行的测试，目的是验证新建系统产品是否能够满足用户的需要，产品通过验收测试工作才能最终结束。具体说来，验收测试就是根据软件需求规格说明书的标准，利用工具进行的一项检查工作，其中包括对软件开发进程的验收、检查进程质量是否达到软件需求规格说明书的要求，以及是否符合工程的设计要求等，可分为前阶段验收和竣工验收两个阶段。

验收测试是依据软件开发商与用户之间的合同、软件需求规格说明书以及相关行业标准、国家标准、法律法规等方面的要求对软件的功能、性能、可靠性、易用性、可维护性、可移植性等特性进行的测试，用于验证软件的功能、性能及其他特性是否与用户需求一致。

10.10.2 验收测试内容

验收测试是在软件开发结束后，用户实际使用软件产品之前，进行的最后一次质量检验活动，主要回答开发的软件是否符合预期的各项要求以及用户能否接受的问题。验收测试主要验证软件功能的正确性和需求符合性。单元测试、集成测试和系统测试的目的是发现软件错误，将软件缺陷排除在交付客户之前；验收测试需要客户共同参与，目的是确认软件是否符合需求规格，实施验收测试如图10-22所示。

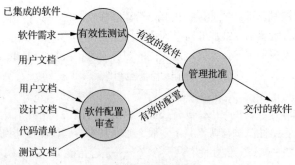

图10-22　实施验收测试

验收测试主要包括配置复审、合法性检查、文档检查、软件一致性检查、软件功能和性能测试与测试结果评审等内容。

10.10.3 α测试和β测试

α测试是用户在开发环境下进行的测试，或者是由开发公司组织内部人员来模拟各类用户行为，对即将面市的软件产品进行的测试。在α测试中，主要是对使用的功能和任务进行确认，测试的内容由软件需求规格说明书决定。α测试是试图发现软件产品的错误的测试，它的关键在于尽可能逼真地模拟实际运行环境和用户对软件产品的操作并尽最大努力涵盖所有可能的用户操作方式。

β测试由最终用户实施，通常开发（或其他非最终用户）组织对其进行的管理很少或不进行管理。β测试是所有验收测试策略中最主观的：测试人员负责创建自己的环境、选择数据，并决定要研究的功能、特性或任务，采用的方法完全由测试人员决定。

单元测试、集成测试、系统测试和验收测试在各阶段的测试依据、测试人员、测试方式和主要测试内容的对应关系如表10-13所示。

表 10-13　4 种测试阶段的对应关系

测试阶段	测试依据	测试人员、测试方式	主要测试内容
单元测试	模块功能规格说明书	由开发小组执行白盒测试	接口测试、路径测试
集成测试	软件需求规格说明书、概要设计说明书	由开发小组执行白盒测试和黑盒测试	接口测试、路径测试、功能测试、性能测试
系统测试	需求文档	由独立测试小组执行黑盒测试	功能测试、稳健性测试、性能测试、图形用户界面测试、安全性测试、压力测试、可用性测试、安装测试
验收测试	需求文档、验收标准	由用户执行黑盒测试	

10.11　回归测试

回归测试不是一个测试阶段，而是一种可以用于单元测试、集成测试、系统测试和验收测试各个测试过程的测试技术。图10-23展示了回归测试与V模型之间的关系。

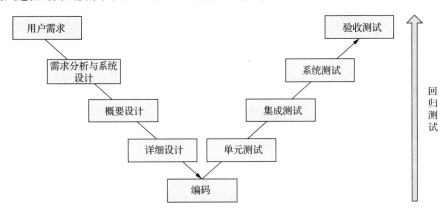

图 10-23　回归测试与V模型之间的关系

回归测试指软件系统被修改或扩充后重新进行的测试，是为了保证对软件修改后，没有引入新的错误。软件增加了新的功能或软件中的缺陷被修正，这些变更都可能影响软件原来的结构和功能。为了防止软件变更产生的无法预料的副作用，不仅要对内容进行测试，还要重复进行过去已经进行的测试，以证明修改软件没有引起未曾预料的后果或证明修改后软件仍能够满足实际的需求。

若软件系统运行环境发生了改变，或者发生了一个特殊的外部事件，也可以采用回归测试。

10.12　面向对象测试

在基于面向对象思想的软件开发中，由于面向对象的软件工程方法与传统的软件工程方法有诸多不同，传统的软件测试模型对面向对象的软件系统已经不再适用。

在传统的软件工程中，测试是按照单元测试、集成测试、系统测试到验收测试的顺序进行的。单元测试一般针对一个过程或者函数。当单元测试通过后，就把相应的单元按照一定的策略集成起来，然后测试集成之后的模块之间的接口及交互是否正常。最后进行系统测试和验收测试。

然而，在面向对象的软件开发中，程序的基本单元是类或对象，而不再是函数或者过程。所以单元测试通常以类或对象为单位。类的本质和特征会对单元测试造成很多影响，例如，类具有多态性，不论与特定对象确切相关的类是什么，测试者都要保证代码能够正常工作。类还支持信息隐藏的特性，这个特性会使测试复杂化，有时需要向类的接口中添加一些操作才能完成特定的测试工作。

此外，传统的软件工程中的集成测试所要求的逐步将开发模块搭建在一起进行测试的方法，对面向对象的软件开发已经不再适用。在面向对象的系统中，程序结构已经不再是传统的功能模块结构，所以不再适宜将模块按照自顶向下或者自底向上的策略进行集成。因为类的组件之间存在着交互，一次集成一个操作或属性到类中不太可行。系统集成策略的改变必然会使集成测试时的策略发生相应的变化。通常，面向对象的集成测试会采用基于线程或者基于使用的测试方法。在基于线程的测试中，首先把响应系统的某个事件所需要的一组类集成起来，然后分别集成并测试每个线程。在基于使用的测试中，首先测试系统中不与服务器相关联的类，然后逐层往下测试，直到测试完整个系统。

实际上，在面向对象的软件开发中，人们已经抛弃了传统的测试模型。针对面向对象的开发模型中的面向对象分析、面向对象设计、面向对象实现3个阶段，同时结合传统的测试步骤的划分，面向对象测试可以分为：

- 面向对象分析的测试；
- 面向对象设计的测试；
- 面向对象实现的测试；
- 面向对象的单元测试；
- 面向对象的集成测试；
- 面向对象的系统测试及验收测试。

下面举一个例子，来说明对HelloWorld类的测试。

1．类说明

相信读者对HelloWorld这个例子不会陌生，因为每一种编程语言的学习用书中的第一个例子通常都是最简单的HelloWorld。在此，我们以HelloWorld为例来说明如何进行面向对象的单元测试。代码如下：

```
//HelloWorld.java
package HelloWorld;

public class HelloWorld {
   public String sayHello() {
      return str;
   }
   private String str="Hello Java!";
}
```

2．设计测试用例

为了对HelloWorld 类进行测试，可以编写以下测试用例，它本身也是一个Java类文件。代码如下：

```
//HelloworldTest.java;
package hello.Test;
import helloWorld.*;
public class HelloWorldTest {
    static boolean testResult;          //测试结果
    static HelloWorld Jstring;
    public static void main(String[] args) {
        setUp();
        //实现对sayHello()方法的测试
        testSayHello();
        System.out.print(testResult);
    }
    public static void testSayHello() {
    //测试sayHello()方法
        if("Hello Java!" == Jstring.sayHello()) {
            testResult=true;
        }
        else testResult=false;
        //如果两个值相等,则测试结果为真,否则为假
    }
    protected static void setUp() {
        //覆盖setUp()方法
        Jstring =new HelloWorld();
    }
}
```

在本例中需要对HelloWorld类进行测试,首先需要看HelloWorld的类说明。

HelloWorld类中只有一个函数sayHello()和一个private类型的成员变量str。sayHello()函数用于返回测试的字符串str(即私有成员变量str)。对HelloWorld进行测试的主要任务就是对sayHello()这个函数进行测试。

在HelloWorldTest类中,使用testResult变量对测试结果进行存储,还声明了一个HelloWorld类型的对象Jstring,这个对象将被用于接下来进行的测试。

通过setUp()方法对Jstring进行构造。由于Jstring是HelloWorld类的对象,因此也具有函数sayHello()和成员变量str。注意,在构造时已经对Jstring中的str进行了初始化,Jstring中的str的值为"Hello Java!"。

对sayHello()进行测试,是想测试这个函数是否可以正确地返回字符串str。而在Jstring中,str的值为"Hello Java!",因此在进行测试的时候将"Hello Java!"和Jstring.sayHello()返回的结果进行比较。如果相同,则说明测试通过,该函数可以正确返回字符串str;如果不相同,则测试不通过,该函数不能正确返回字符串str,开发者需要进行进一步的调试。

如果使用JUnit这一工具进行单元测试,则可以更加方便、快捷地完成测试。

10.13 自动化测试

软件质量工程协会对自动化测试的定义为:自动化测试就是利用策略、工具等减少人工介入的非技术性、重复性、冗长的测试活动。更通俗地说,软件自动化测试就是执行用某种程序设计语言编写的自动测试程序,控制被测试软件的执行,并模拟手工测试步骤,完成全自动或者半自动的测试。

手工测试与
自动化测试

全自动测试就是指在测试过程中,完全不需要人工干预,由程序自动完成测试的全部过程。半自动测试就是指在自动测试的过程中,需要由人工输入测

试用例或选择测试路径，再由自动测试程序按照人工制定的要求完成自动测试。

手工测试是指软件测试员通过安装和运行被测试软件，以及根据测试文档的要求，执行测试用例，并观察软件运行结果是否正常的过程。在实际软件开发生命周期中，手工测试具有以下局限性：

（1）通过手工测试无法做到覆盖所有的代码路径；

（2）简单的功能性测试用例在每一轮测试中都不能少，而且具有一定的机械性、重复性，工作量较大；

（3）许多与时序、死锁、资源冲突、多线程等有关的错误，通过手工测试很难捕捉到；

（4）进行系统负载、性能测试时，需要模拟大量数据或大量并发用户等各种应用场合，这很难通过手工测试来进行；

（5）进行系统高可靠性测试时，需要模拟系统运行达数年或数十年之久的情况，以验证系统能否稳定运行，这也是手工测试无法实现的；

（6）如果有大量的测试用例，需要在短时间内完成，手工测试也很难做到；

（7）在进行回归测试时，手工测试难以做到全面测试。

表10-14给出了手工测试与自动化测试情况的比较。只是在制定测试计划时，自动化测试要更加耗费时间，在其余各项中，自动化测试与手工测试相比都有巨大的效率优势。

表 10-14　手工测试与自动化测试情况的比较

测试步骤	手工测试（小时）	自动化测试（小时）	改进百分率
测试计划制定	22	40	-82%
测试程序开发	262	117	55%
测试执行	466	23	95%
测试结果分析	117	58	50%
错误状态/纠正监视	117	23	80%
报告生成	96	16	83%
总持续时间	1080	277	74%

10.14　大语言模型赋能软件测试

大语言模型
赋能软件测试

10.15　软件调试

调试（也称为纠错）作为成功测试的后续步骤而出现，也就是说，调试是在测试发现错误之后排除错误的过程。虽然调试应该是一个有序的过程，但是在很大程度上它仍然是一项技巧。软件工程师在评估测试结果时，往往仅面对着软件问题的症状，也就是说，错误的外部表现和它的内在原因之间可能并没有明显的联系。调试就是把症状和原因联系起来的尚未被人很好理解的智力过程。

10.15.1　调试过程

调试不是测试，但是它总是发生在测试之后。调试过程总会有以下两种结果之一：①找到了问题的原因并把问题改正和排除掉了；②没找出问题的原因。在后一种情况下，调试人员可以猜想一个原因，并设计测试用例来验证这个假设，重复此过程直至找到原因并改正错误。

10.15.2　调试途径

无论采用什么方法，调试的根本目标都是寻找软件错误的原因并改正。这个目标是通过把系统的评估、直觉和运气组合起来实现的。一般来说，有下列3种调试途径可以采用：蛮干法、回溯法和原因排除法。每一种方法都可以使用调试工具辅助完成，但是调试工具并不能代替对全部设计文档和源程序的仔细评估。

如果各种调试方法和调试工具都用过了却仍然找不出错误的原因，则应该请求别人帮助。把遇到的问题向同行陈述并一起分析、讨论，往往能开阔思路，很快找出错误原因。

10.16　软件维护

软件维护是软件产品生命周期的最后一个阶段。在产品交付并投入使用之后，为了解决在使用过程中不断发现的各种问题，保证系统正常运行，同时使系统功能随着用户需求的更新而不断升级，软件维护的工作是非常必要的。概括地说，软件维护就是指在软件产品交付给用户之后，为了改正软件测试阶段未发现的缺陷、提高软件产品的性能、补充软件产品的新功能等，所进行的修改软件的过程。

进行软件维护通常需要软件维护人员与用户建立一种工作关系，使软件维护人员能够充分了解用户的需要，及时解决系统中存在的问题。通常，软件维护是软件生命周期中延续时间最长、工作量最大的阶段。据统计，软件开发机构60%以上的精力都用在维护已有的软件产品上。对于大型的软件系统，一般开发周期是1～3年，而维护周期会长达5～10年，维护费用甚至会高达开发费用的4～5倍。

软件维护不仅工作量大、任务重，而且如果维护得不恰当，还会产生副作用，引入新的软件缺陷。因此，进行维护工作要相当谨慎。

10.16.1　软件部署与软件交付

简单地说，软件部署就是将开发的软件拿给用户使用，给用户配置环境（包括硬件、软件的安装以及环境变量的设置等），使开发的软件能被用户正常使用的过程。

为了成功地将开发的软件交付给用户，首先需要完成软件的安装部署、验收测试并交付验收结果，然后需要对用户进行必要的培训，同时交付必要的文档（如验收测试报告、用户手册、系统管理员手册以及软件交付文档等）。之后软件就可进入维护阶段了。

10.16.2　软件维护的过程

我们可以把软件维护过程看成一个简化或修改了的软件开发过程。为了提高软件维护工作的效率和质量，降低维护成本，同时使软件维护过程工程化、标准化、科学化，在软件维护的过程中需要采用软件工程的原理、方法和技术。

导致维护困难的一些因素

维护工作流程

维护的代价及其主要因素

典型的软件维护的过程可以概括为：建立维护机构，用户提出维护申请并提交维护申请报告，维护人员确认维护类型并实施相应的维护工作，整理维护记录并对维护工作进行评审，对维护工作进行评价。

1．建立维护机构

对于大型的软件开发公司，建立独立的维护机构是非常必要的。维护机构中要有维护管理员、系统监督员、配置管理员和具体的维护人员。对于一般的软件开发公司，虽然不需要专门建立一个维护机构，但是设立一个产品维护小组是必需的。

2. 用户提出维护申请并提交维护申请报告

当用户发现问题并需要解决问题时，首先应该向维护机构提交一份维护申请报告。维护申请报告中需要详细记录软件产品在使用过程中出现的问题，例如数据输入、系统反应、错误描述等。维护申请报告是维护人员研究问题和解决问题的基础，因此它的正确性、完整性是后续维护工作的关键。

3. 维护人员确认维护类型并实施相应的维护工作

软件维护有多种类型，对不同类型的维护工作所采取的具体措施也有所不同。维护人员根据用户提交的维护申请报告，对维护工作进行类型划分，并确定每项维护工作的优先级，从而确定多项维护工作的顺序。

在实施维护的过程中，需要完成多项技术性的工作，例如：

- 对软件开发过程中的相关文档进行更新；
- 对源代码进行检查和修改；
- 单元测试；
- 集成测试；
- 软件配置评审等。

4. 整理维护记录并对维护工作进行评审

为了方便后续的维护评价工作，以及对软件产品运行状况的评估，需要对维护工作进行简单的记录。与维护工作相关的数据量非常庞大，需要记录的数据一般有：

- 程序标识；
- 使用的程序设计语言以及源程序中语句的数量；
- 机器指令的条数；
- 程序交付的日期和程序安装的日期；
- 程序安装后的运行次数；
- 程序安装后运行时发生故障而导致运行失败的次数；
- 进行程序修改的次数、修改内容及日期；
- 修改程序而增加的源代码数量；
- 修改程序而删除的源代码数量；
- 每次进行修改所消耗的人力和时间；
- 程序修改的日期；
- 软件维护人员的姓名；
- 维护申请表的标识；
- 维护类型；
- 维护的开始和结束日期；
- 维护工作累计耗费的人力和时间；
- 与维护工作相关的纯收益。

维护的实施工作完成后，最好对维护工作进行评审。维护评审可以为软件开发机构的有效管理提供反馈信息，对以后的维护工作产生重要的影响。在进行维护评审时，评审人员应该对以下问题进行总结。

- 在当前的环境下，设计、编码或测试的工作中是否还有改进的余地和必要？
- 缺乏哪些维护资源？

- 维护工作中遇到的障碍有哪些？
- 从维护申请的类型来看，是否还需要有预防性维护？

5. 对维护工作进行评价

当维护工作完成时，需要对维护工作完成的好坏进行评价。维护记录中的各种数据是维护评价的重要参考。如果维护记录完成得全面、具体、准确，会在很大程度上方便维护的评价工作。

对维护工作进行评价时，可以参考的评价标准有：

- 程序运行时的平均出错次数；
- 各类维护申请的比例；
- 处理不同类型的维护，分别消耗的人力、物力、财力、时间等资源；
- 维护申请报告的平均处理时间；
- 维护不同语言的源程序所耗费的人力和时间；
- 维护过程中，增加、删除或修改一条源程序语句所耗费的平均时间和人力。

10.16.3 软件维护的分类

前面多次提到了维护的类型。接下来将对维护的分类做具体介绍。

根据维护工作的特征以及维护目的的不同，软件维护可以分为纠错性维护、适应性维护、完善性维护和预防性维护4种类型，如图10-24所示。

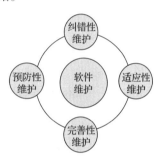

图 10-24　软件维护的分类

（1）纠错性维护是为了识别并纠正软件产品中所潜藏的错误，弥补软件性能上的缺陷所进行的维护。在软件的开发和测试阶段，必定有一些缺陷是没有被发现的。这些潜藏的缺陷会在软件系统投入使用之后逐渐暴露出来。用户在使用软件产品的过程中，如果发现了这类错误，则可以报告给维护人员，并要求其对软件产品进行维护。根据资料统计，在软件产品投入使用的前期，纠错性维护的工作量比较大，随着潜藏的错误不断地被发现并处理，纠错性维护的工作量会日益减少。

（2）适应性维护是为了使软件产品适应软硬件环境的变更而进行的维护。随着计算机的飞速发展，软件的运行环境也在不断地升级或更新，例如，软硬件配置的改变、输入数据格式的变化、数据存储介质的变化、软件产品与其他系统接口的变化等。如果原有的软件产品不能适应新的运行环境，维护人员就需要对软件产品做出修改。适应性维护是不可避免的。

（3）完善性维护是软件维护的主要部分，它是针对用户对软件产品提出的新需求所进行的维护。随着市场的变化，用户可能要求软件产品能够增加一些新的功能，或者某方面的功能能够有所改进，这时维护人员就应该对原有的软件产品进行功能上的修改和扩充。完善性维护的过程一般会比较复杂，可以看成对原有软件产品的"再开发"。在所有类型的维护工作中，完善性维护所占的比重最大。此外，进行完善性维护的工作，一般都需要更改软件开发过程中形成的相应文档。

（4）预防性维护主要是采用先进的软件工程方法对已经过时的、很可能需要维护的软件系统的某一部分进行重新设计、编码、测试，以达到结构上的更新，它为以后进一步维护软件打下了良好的基础。实际上，预防性维护是为了提高软件的可维护性和可靠性而进行的维护。形象地讲，预防性维护就是"把今天的方法用于昨天的系统以满足明天的需要"。在所有类型的维护工作中，预防性维护的工作量最小。

据统计，一般情况下，在软件维护过程中，各种类型维护的工作量占比如图10-25所示。

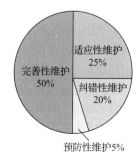

图 10-25　各种类型维护的工作量占比

10.16.4　软件的可维护性

软件的可维护性是用来衡量对软件产品进行维护的难易程度的标准，它是软件质量的主要特征。软件产品的可维护性越高，纠正并修改其错误或缺陷，以及对其功能进行扩充或完善时，消耗的资源就越少，工作就越容易。开发可维护性高的软件产品是软件开发的一个重要目标。

影响软件可维护性的因素有很多，如可理解性、可测试性、可修改性等。

（1）可理解性是指人们通过阅读软件产品的源代码和文档，来了解软件的系统结构、功能、接口和内部过程的难易程度。可理解性高的软件产品应该具备一致的编程风格，准确、完整的文档，有意义的变量名称和模块名称，清晰的源程序语句等特点。

（2）可测试性是指诊断和测试软件缺陷的难易程度。程序的逻辑复杂度越低，就越容易进行测试。透彻地理解源程序有利于测试人员设计出合理的测试用例，从而有效地对程序进行检测。

（3）可修改性是指在定位软件缺陷以后，对程序进行修改的难易程度。一般来说，具有较好的结构且编码风格好的代码比较容易修改。

实际上，可理解性、可测试性和可修改性这三者是密切相关的。可理解性较好的软件产品，有利于测试人员设计合理的测试用例，从而提高产品的可测试性和可修改性。显然，可理解性、可测试性和可修改性越高的软件产品，它的可维护性一定就越好。

要想提高软件产品的可维护性，软件开发人员需要在开发过程和维护过程中都对其非常重视。提高可维护性的措施有以下几种。

（1）建立明确的软件质量目标和优先级。一个可维护的程序应该是可理解的、可靠的、可测试的、可修改的、可移植的、效率高的、可使用的，但要实现所有目标，需要付出很大的代价，而且也不一定行得通。因为质量特性是相互促进的，所以尽管可维护性要求每一种质量特性都要满足，但它们的相对重要性应根据程序的用途及计算环境的不同而不同。

（2）建立完整、准确的文档。完整、准确的文档有利于提高软件产品的可理解性。文档包括系统文档和用户文档，它是对软件开发过程的详细说明，是用户及开发人员了解系统的重要依据。完整的文档有助于用户及开发人员对系统进行全面的了解。

（3）采用先进的维护工具和技术。先进的维护工具和技术可以直接提高软件产品的可维护性，例如，采用面向对象的软件开发方法、高级程序设计语言以及自动化的软件维护工具等。

（4）注重可维护性的评审环节。在软件开发过程中，每一阶段的工作完成前，都必须通过严格的评审。由于软件开发过程中的每一个阶段都与产品的可维护性相关，因此对软件可维护性的评审应该贯穿于每个阶段完成前的评审活动中。

在需求分析阶段的评审中，应该重点标识将来有可能更改或扩充的部分。在软件设计阶段的评审中，应该注重逻辑结构的清晰性，并且尽量使模块之间的功能独立。在编码阶段的评审中，要考查代码是否遵循统一的编写标准，是否逻辑清晰、容易理解。严格的评审工作，可以在很大程度上对软件产品的质量进行控制，提高其可维护性。

10.16.5　软件维护的副作用

软件维护是存在风险的。原有软件产品的一个微小的改动都有可能引入新的错误，造成意想不到的后果。软件维护的副作用主要有3类，包括修改代码的副作用、修改数据的副作用和修改文档的副作用。

（1）人类通过编程语言与计算机进行交流，每种编程语言都有严格的语义和语法结构。编程语言的微小错误，哪怕是一个标点符号的错误，都会造成软件系统无法正常运行。因此，每次对代码的修改都有可能产生新的错误。虽然每次对代码的修改都可能导致新的错误产生，但是相对而言，以下修改更具危险性：

- 删除或修改一个子程序；

- 删除或修改一个语句标号；
- 删除或修改一个标识符；
- 为改进性能所做的修改；
- 修改文件的打开或关闭模式；
- 修改运算符，尤其是逻辑运算符；
- 把对设计的修改转换成对代码的修改；
- 修改边界条件的逻辑测试。

（2）修改数据的副作用是指数据结构被改动时有新的错误产生的现象。当数据结构发生变化时，可能新的数据结构不适应原有的软件设计，从而导致错误的产生。例如，为了优化程序的结构将某个全局变量修改为局部变量，如果该变量所存在的模块已经有一个同名的局部变量，那么就会引入命名冲突的错误。会产生副作用的数据修改经常发生在以下一些情况中。

- 重新定义局部变量或全局变量。
- 重新定义记录格式或文件格式。
- 更改一个高级数据结构的规模。
- 修改全局数据。
- 重新初始化控制标志或指针。
- 重新排列输入输出或子程序的自变量。

（3）修改文档的副作用是指在软件产品的内容更改之后没有对文档进行相应的更新而为以后的工作带来不便的情况。文档是软件产品的一个重要组成部分，它不仅会为用户的使用过程提供便利，还会为维护人员的工作带来方便。如果对源程序的修改没有反映到文档中或对文档的修改没有反映到源程序中，造成文档与源程序不一致，那么对后续的使用和维护工作都会带来极大的不便。

对文档资料的及时更新以及有效的回归测试有助于减少软件维护的副作用。

10.16.6 软件运维

软件运维指的是对信息技术（Information Technology，IT）系统或者软件应用的日常维护和管理工作，其包括以下几方面。

- 系统监控和故障排除：对IT系统或者软件应用进行监控并及时发现和解决系统故障和异常情况，以保证IT系统或软件应用的正常、稳定运行；
- 配置管理：对IT系统或者软件应用进行配置管理，包括安装、升级、备份、恢复等，并保证配置的正确性和安全性；
- 数据管理和备份：对IT系统或者软件应用进行数据管理和备份，以确保数据的安全性和完整性；
- 安全管理：采取各种安全措施，诸如访问控制、漏洞修复、日志监控等，以确保IT系统或者软件应用的安全性；
- 性能优化：对IT系统或软件应用的性能进行监控和优化，提高其性能和吞吐量；
- 用户支持和培训：提供技术支持并进行用户培训，帮助用户更好地使用IT系统或者软件应用。

软件运维是确保IT系统或者软件应用正常运行和提供良好用户体验的关键工作，它涉及系统监控和故障排除、配置管理、数据管理和备份、安全管理、性能优化以及用户支持和培训等方面。

近年来，DevOps被广泛使用。DevOps是一种将软件开发和运维紧密结合的方法论，旨在通过加强开发团队与运维团队之间的协作和沟通，实现快速、可靠的软件交付和运维。

DevOps的核心理念是将开发与运维两个环节紧密结合，通过自动化和持续集成/持续交付（Continuous Integration/Continuous Delivery，CI/CD）的实践，实现软件开发、测试、部署和运维的高效协同。

它旨在提高软件开发与运维的效率和质量，加快软件的上线和迭代速度，提供更好的用户体验。

10.16.7　软件再工程——重构、正向工程、逆向工程

软件再工程是一类软件工程活动，通过对旧软件进行处理，增进了对软件的理解，同时又提高了软件自身的可维护性、可复用性等。软件再工程可以帮助软件机构降低软件演化的风险，可使软件将来易于变更，有助于推动软件维护自动化的发展等。

1. 重构

软件重构是对源代码和（或）数据进行修改，使其易于理解或维护，以适应将来的变更。通常情况下，重构并不修改整个软件程序的体系结构，而主要关注模块的细节。如果重构扩展到模块边界之外并涉及软件体系结构，则重构变成了正向工程。

软件重构中代码重构的目标是生成提供相同功能但质量更高的程序。为此，需要用重构工具分析源代码，标注出和结构化设计思想相违背的部分，然后重构此代码，并复审和测试生成的重构代码，最后更新代码的内部文档。

与代码重构不同，数据重构发生在相当低的抽象层次上，它是一种全范围的软件再工程活动。当数据结构较差时，其程序将难以进行适应性修改和功能增强。数据重构在多数情况下由逆向工程活动开始理解现存的数据结构，我们称之为数据分析。数据分析完成后则开始重新设计数据，包括数据记录标准化、数据命名合理化、文件格式转换、数据库类型转换等。

软件重构的好处是，它可以提高程序的质量、提高软件生产率、减少维护工作量、使软件易于测试和调试等。

2. 正向工程

正向工程也称为改造，用从现存软件的设计恢复中得到的信息去重构现存系统，以提高其整体质量。在大多数情况下，实行再工程的软件需重新实现现存系统的功能，并加入新功能和（或）提高整体性能。正向工程将应用软件工程的原则、概念和方法来重构现存系统。由于软件的原型（现存系统）已经存在，正向工程的生产率将远高于平均水平；同时，由于用户已对该软件有了使用经验，因而正向工程可以很容易地确定新的需求和变化的方向。这些优越性使得软件再工程比重新开发更有吸引力。

3. 逆向工程

术语"逆向工程"源自硬件领域，是通过对产品的实际样本进行检查分析，得出一个或多个关于这个产品的设计和制造规格的一种活动。软件的逆向工程与此类似，通过对程序的分析，导出更高抽象层次的表示，如从现存的程序中抽取数据、体系结构、过程的设计信息等，这是一个设计恢复过程。

逆向工程从源代码重构开始，将无结构的源代码转换为结构化的程序代码，这使得源代码易于阅读，并为后续的逆向工程活动提供了基础。抽取是逆向工程的核心，其内容包括处理抽取、界面抽取和数据抽取。处理抽取可在不同的层次对代码进行分析，包括语句、语句段、模块、子系统、系统。在进行更细的分析之前应先理解整个系统的整体功能。由于GUI给系统带来了越来越多的好处，因此进行用户界面的图形化已成为较常见的再工程活动。界面抽取应先对现存用户界面的结构和行为进行分析和观察，同时，还应从相应的代码中提取有关附加信息。数据抽取包括内部数据结构的抽取、全局数据结构的抽取、数据库结构的抽取等。

逆向工程所抽取的信息，一方面可以提供给软件工程师，以便在维护活动中使用这些信息；另一方面可以用来重构原来的系统，使新系统更易维护。

10.17 软件测试实例

【例10-1】这是一个有关"俄罗斯方块游戏排行榜"的单元测试实例。

【解析】

1. 测试策划

（1）目的

俄罗斯方块游戏的排行榜功能经过编码后，在与其他模块进行集成之前，
需要经过单元测试，需测试其功能点的正确性和有效性，以便在后续的集成工作中不引入更多的
问题。

俄罗斯方块
游戏排行榜的
单元测试实例

（2）背景

俄罗斯方块是一款电视游戏机和掌上游戏机游戏，它由俄罗斯人阿列克谢·帕基特诺夫发
明，故得此名。俄罗斯方块的基本规则是移动、旋转和摆放游戏自动输出的各种方块，使之排列
成完整的一行或多行并消除得分。其因入门简单、老少皆宜而家喻户晓、风靡世界。

排行榜功能是俄罗斯方块游戏中不可或缺的一部分，用以将当前用户的得分与历史得分记录
进行比较并重新排序。

俄罗斯方块游戏主要涉及的功能点有历史记录文件的读取、分数排名的计算与排序、新
记录文件的保存、新记录的显示等。这些功能将在一局游戏结束，并获取到该局游戏的得分
后启动。

待测试源代码如下。

```
private void _gameOver(int _score)                      //游戏结束
{
  //显示游戏结束
  string s = "您的得分为:";
  string a1="";
  char[] A ={ };
  int i=1;
  _blockSurface.FontStyle = new Font(FontFace, BigFont);   //设置基本格式
  _blockSurface.FontFormat.Alignment = StringAlignment.Near;
  _blockSurface.DisplayText = "GAME OVER !!";
  string sc = Convert.ToString(_score);                   //得到当前玩家的分数
  //写入文件
  string path = "D:\\test1.txt";                          //文件路径
  try
  {
    FileStream fs = new FileStream(path, FileMode.OpenOrCreate, FileAccess.ReadWrite);
    StreamReader strmreader = new StreamReader(fs);        //建立读文件流
    String[] str=new String[5];
    String[] split=new String[5];
    while (strmreader.Peek()!=-1)                //从文件中读取数据不为空时
    {
      for (i = 0; i < 5; i++)
      {
        str[i] = strmreader.ReadLine();          //以行为单位进行读取,赋数组 str[i]
        split[i] = str[i].Split(':')[1];    //用":"将文字分开,赋数组 split[i]
      }
    }
```

```
        person1 = Convert.ToInt32(split[0]);              // split[0] 的值赋第一名
        person2 = Convert.ToInt32(split[1]);              // split[1] 的值赋第二名
        person3 = Convert.ToInt32(split[2]);              // split[2] 的值赋第三名
        person4 = Convert.ToInt32(split[3]);              // split[3] 的值赋第四名
        person5 = Convert.ToInt32(split[4]);              // split[4] 的值赋第五名
        strmreader.Close();                               //关闭流
        fs.Close();
        FileStream ffs = new FileStream(path, FileMode.OpenOrCreate, FileAccess.ReadWrite);
        StreamWriter sw = new StreamWriter(ffs);          //建立写文件流
        if (_score > person1)                             //如果当前分数大于第一名,排序
        { person5 = person4; person4 = person3; person3 = person2; person2 =
person1; person1 = _score; }
        else if (_score > person2)                        //如果当前分数大于第二名,排序
        {person5 = person4; person4 = person3; person3 = person2;person2 = _score; }
        else if (_score > person3)                        //如果当前分数大于第三名,排序
        { person5 = person4; person4 = person3;person3 = _score; }
        else if (_score > person4)                        //如果当前分数大于第四名,排序
        { person5 = person4; person4 = _score; }
        else if (_score > person5)                        //如果当前分数大于第五名,排序
        { person5 = _score; }

        //在文件中的文件内容
        string pp1 = "第一名:"+Convert.ToString(person1);
        string pp2 = "第二名:"+Convert.ToString(person2);
        string pp3 = "第三名:"+Convert.ToString(person3);
        string pp4 = "第四名:"+Convert.ToString(person4);
        string pp5 = "第五名:"+Convert.ToString(person5);
        string ppR = pp1 + "\r\n" + pp2 + "\r\n" + pp3 + "\r\n" + pp4 + "\r\n" +
pp5 + "\r\n";
        byte[] info = new UTF8Encoding(true).GetBytes(ppR);
        sw.Write(ppR);                                    //将内容写入文件
        sw.Close();
        ffs.Close();
    }
    catch (Exception ex)                                  //异常处理
    {
        Console.WriteLine(ex.ToString());
    }
    s=s+" "+ sc;
    //绘制界面以显示文本
    //Draw();
    MessageBox.Show(s);                                   //在界面中显示排行榜内容
}
```

2. 测试设计

我们将利用白盒测试方法对本实例进行相应的测试，得到测试报告与错误列表，在实际项目中可进一步反馈给开发方，并进行bug的确认与修复。

（1）代码走查

首先利用代码走查的方法检查该模块的代码（见表10-15），对代码质量进行初步的评估。

表 10-15　排行榜模块代码走查情况记录

序号	项目	初步评估结果
1	程序结构	1. 结构清晰，具有良好和整齐的结构外观 2. 函数定义清晰 3. 结构设计能够满足机能变更 4. 整个函数组合合理 5. 所有主要的数据构造描述清楚、合理 6. 模块中所有的数据结构都定义为局部的 7. 为外部定义了良好的函数接口
2	函数组织	1. 函数都有一个标准的函数头声明 2. 函数组织包括头、函数名、参数、函数体 3. 函数都能够在最多两页纸上打印 4. 所有的变量声明每行只声明一个 5. 函数名小于64个字符
3	代码结构	1. 每行代码都小于80个字符 2. 所有的变量名都小于32个字符 3. 每行最多只有一句代码或一个表达式 4. 复杂的表达式具备可读性 5. 续行缩进 6. 括号在合适的位置 7. 注解在代码上方，注释的位置不太好
4	函数	1. 函数头清楚地描述函数和它的功能 2. 代码中几乎没有相关注解 3. 函数的名字清晰地定义了它的目标以及函数所做的事情 4. 函数的功能定义清晰 5. 函数高内聚：只做一件事情并做好 6. 参数遵循一个明显的顺序 7. 所有的参数都被调用 8. 函数的参数个数少于7个 9. 使用的算法说明清楚
5	数据类型与变量	1. 数据类型不存在数据类型解释 2. 数据结构简单，以便降低复杂性 3. 每一种变量都没有明确分配正确的长度、类型和存储空间 4. 每一个变量都初始化了，但并不是每一个变量都在接近使用它的地方才初始化 5. 每一个变量都在最开始的时候初始化 6. 变量的命名不能完全、明确地描述该变量代表什么 7. 命名不与标准库中的命名相冲突 8. 程序没有使用特别的、易误解的、发音相似的命名 9. 所有的变量都用到了

续表

序号	项目	初步评估结果
6	条件判断	1. 条件检查和结果在代码中清晰 2. if/else 使用正确 3. 普通的情况在if下处理而不是else 4. 判断的次数降到最少 5. 判断的次数不多于6次，无嵌套的if链 6. 数字、字符、指针和0/NULL/FALSE判断明确 7. 所有的情况都考虑到了 8. 判断体足够短，使得一次性可以看清楚 9. 嵌套层次少于3层
7	循环	1. 循环体不为空 2. 循环之前做好初始化代码 3. 循环体能够一次看清楚 4. 代码中不存在无穷次循环 5. 循环的头部进行循环控制 6. 循环索引没有有意义的命名 7. 循环设计得很好，只干一件事情 8. 循环终止的条件清晰 9. 循环体内的循环变量起到指示作用 10. 循环嵌套的次数少于3次
8	输入输出	1. 所有文件的属性描述清楚 2. 所有OPEN/CLOSE调用描述清楚 3. 文件结束的条件进行检查 4. 显示的文本无拼写和语法错误
9	注释	1. 注释不清楚，主要的语句没有注释 2. 注释过于简单 3. 看到代码不一定能明确其意义

从表10-15的分析中可以看出，本模块的代码基本情况如下：

- 代码直观；
- 代码和设计文档对应；
- 无用的代码已经删除；
- 注释过于简单。

（2）基本路径法

基本路径法是在程序控制流图的基础上，通过分析控制构造的环路复杂性，导出基本可执行的路径集合，从而设计测试用例的方法。首先需要简化程序流程，绘制程序流程图，如图10-26所示。

接着按照程序流程图设计路径覆盖策略，主要分为以下4步执行。

① 绘制程序的控制流图。

设计路径覆盖策略的第一步是绘制控制流图，根据程序流程图的逻辑关系，获得该程序的控制流图，如图10-27所示，其中节点11在图10-26中没有画出来，这里可将它理解为结束节点。

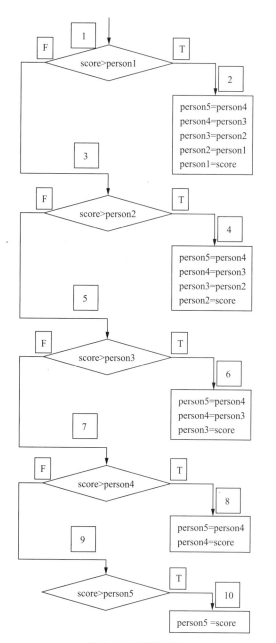

图 10-26　程序流程图

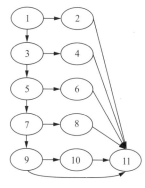

图 10-27　程序控制流图

② 计算环路复杂度。

第二步是根据控制流图计算环路复杂度。

$$V(G) = P+1 = 5+1 = 6$$

根据计算出的环路复杂度，确定至少要覆盖6条路径。

③ 导出独立路径。

第三步是根据程序控制流图得到以下6条路径。

- 路径1：1→2→11。
- 路径2：1→3→4→11。
- 路径3：1→3→5→6→11。
- 路径4：1→3→5→7→8→11。

- 路径5：1→3→5→7→9→10→11。
- 路径6：1→3→5→7→9→11。

④ 设计测试用例。

第四步是设定一组初始参数，并设计测试用例。我们令：

- person1=23；
- person2=20；
- person3=10；
- person4=6；
- person5=4。

将score作为输入数据，设计基本路径法测试用例如表10-16所示。

表 10-16 基本路径法测试用例

编号	输入数据	输出数据					路径覆盖	判断覆盖
	score	person1	person2	person3	person4	person5		
1	24	24	23	20	10	6	1→2→11	T
2	21	23	21	20	10	6	1→3→4→11	FT
3	15	23	20	15	10	6	1→3→5→6→11	FFT
4	8	23	20	10	8	6	1→3→5→7→8→11	FFFT
5	5	23	20	10	6	5	1→3→5→7→9→10→11	FFFFT
6	0	23	20	10	6	4	1→3→5→7→9→11	FFFFF

3．测试执行

测试时，有时需要开发相应的驱动模块和桩模块。本次测试需要开发一个驱动模块，用于初始化相应的参数，并调用待测试模块，以达到测试效果。驱动模块代码如下：

```java
import java.io.BufferedReader;
import java.io.IOException;
import java.io.InputStreamReader;
/**
*
* @author xiaotao
*/
public class Main {
  /**
  * 命令行参数
  */
  public static void main(String[] args) throws IOException {
    //代码应用程序逻辑
    int person1=23,person2=20,person3=10,person4=6,person5=4;
    int score;
    String s;
    BufferedReader bf=new BufferedReader(new InputStreamReader(System.in));
    s=bf.readLine();
    score=Integer.valueOf(s);
    _gameOver(score);
  }
}
```

4. 测试总结

测试结果可利用bug记录平台（BugFree等）进行记录，在实际项目中可反馈给开发人员进行确认并修复。

在测试结束后，形成测试报告。

【例10-2】JUnit是一个Java语言的单元测试框架。它由Kent Beck和Erich Gamma建立，逐渐成为源于Kent Beck的SUnit的xUnit家族中最为成功的一个。JUnit有自己的扩展生态圈。Java的多数开发环境已经集成了JUnit作为单元测试的工具。本实例将简要介绍在IDEA中使用JUnit 4进行单元测试的方法。

使用JUnit进行
单元测试的例子

【解析】

第一步，新建Maven项目JUnit_Test，编写Calculator类，这是一个能够简单实现加、减、乘、除、平方、开方的计算器类，然后对这些功能进行单元测试。这个类中保留了一些bug用于演示，这些bug在注释中都有说明。该类代码如下：

```java
package org.example;

public class Calculator {
    private static int result;      //静态变量，用于存储运行结果
    public void add(int n){
        result = result + n;
    }
    public void subtract(int n){
        result = result - 1;        //bug，正确的语句应该是result = result - n;
    }
    public void multiply(int n){
        result = result * n;
    }
    public void divide(int n){
        result = result / n;
    }
    public void square(int n){
        result = n * n;
    }
    public void squareRoot(int n){
        for(;;);                    //死循环
    }
    public void clear(){
        result = 0;                 //将结果清零
    }
    public int getResult(){
        return  result;
    }
}
```

第二步，在项目中导入JUnit。打开pom.xml，在\<dependency>中加入如下坐标：

```xml
<dependency>
  <groupId>junit</groupId>
  <artifactId>junit</artifactId>
  <version>4.11</version>
  <scope>test</scope>
</dependency>
```

这样JUnit 4软件包就被导入此项目中了。

第三步，生成JUnit测试框架。在IDEA中将鼠标指针放在Calculator类名上，单击"更多操作"后单击"创建测试"，如图10-28和图10-29所示。

图10-28　更多操作

图10-29　创建测试

在弹出的对话框中进行相应选择，如图10-30所示。在此实例中，仅对加、减、乘、除4个方法进行测试。

图10-30　选择测试方法

之后IDEA会自动创建一个新类CalculatorTest，里面包含一些空的测试用例。只需要对这些测试用例稍加修改即可使用。CalculatorTest代码如下：

```
package org.example;

import org.junit.Before;
import org.junit.Test;
import static org.junit.Assert.*;
public class CalculatorTest {
    public static Calculator calculator = new Calculator();
    @Before
    public void setUp() throws Exception {
        calculator.clear();
    }

    @Test
    public void testAdd() {
        calculator.add(2);
        calculator.add(3);
        assertEquals(5, calculator.getResult());
    }
```

```
@Test
public void testSubtract() {
    calculator.subtract(2);
    assertEquals(-2,calculator.getResult());
}

@Test
public void testMultiply() {
    calculator.add(2);
    calculator.multiply(2);
    assertEquals(4, calculator.getResult());
}

@Test
public void testDivide() {
    calculator.add(2);
    calculator.divide(2);
    assertEquals(1,calculator.getResult());
}
}
```

第四步，运行测试代码。按照上述代码修改完后，单击CalculatorTest类左边的三角形运行测试，如图10-31所示。运行结果如图10-32所示。叉号表示发现错误，共进行了4个测试，2个测试失败。

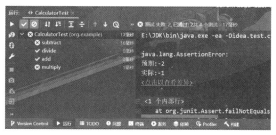

图10-31　运行测试代码

图10-32　运行结果

10.18　案例："'墨韵'读书会图书共享平台"的测试报告和部署文档

"墨韵"读书会
图书共享平台
测试报告

"墨韵"读书会
图书共享平台
部署文档

本章小结

本章主要讨论了与软件测试相关的内容。软件测试的目的是发现软件产品中存在的软件缺陷，进而保证软件产品的质量。可以说，目前保证软件产品质量、提高软件产品可靠性的最主要方法仍然是软件测试。

由于穷举测试是不现实的，因此应当选择合适的测试用例。为达到最佳的测试效果或高效地揭露隐藏的错误而精心设计的少量测试数据，称为测试用例。读者应该掌握设计测试用例的一些方法和测试用例场景描述。

本章详细介绍了黑盒测试、白盒测试、单元测试、集成测试、系统测试、验收测试的内容以及一些可行的操作方法和操作策略；针对系统测试，介绍了10种比较基础的测试类型。本章还简要介绍了回归测试、面向对象测试、自动化测试和调试方面的内容。

软件的可维护性是用来衡量对软件产品进行维护的难易程度的标准，它与软件的可理解性、可修改性、可测试性密切相关。软件维护具有副作用，所以在进行软件维护时要慎之又慎。

本章还讲述了有关软件部署与软件交付、软件运维和逆向工程、重构、正向工程方面的内容。

习题

1. 选择题

（1）软件测试的目的是（   ）。

    A. 证明软件是正确的 　　　　　　　B. 发现软件的错误

    C. 找出软件中的所有错误 　　　　　D. 评价软件的质量

（2）白盒测试法又称为逻辑覆盖法，主要用于（   ）。

    A. 确认测试 　　　B. 系统测试 　　　C. α测试 　　　D. 单元测试

（3）在软件工程中，白盒测试方法可用于测试程序的内部结构，此方法将程序作为（   ）。

    A. 循环的集合 　　　B. 路径的集合 　　　C. 目标的集合 　　　D. 地址的集合

（4）成功的测试是指运行测试用例后（   ）。

    A. 发现了程序错误 　　　　　　　　B. 未发现程序错误

    C. 证明程序正确 　　　　　　　　　D. 改正了程序错误

（5）白盒测试是根据程序的（   ）来设计测试用例的方法。

    A. 输出数据 　　　B. 内部逻辑 　　　C. 功能 　　　D. 输入数据

（6）在软件测试中，逻辑覆盖法属于（   ）。

    A. 黑盒测试方法 　　　　　　　　　B. 白盒测试方法

    C. 灰盒测试方法 　　　　　　　　　D. 软件验收方法

（7）黑盒测试是从（   ）角度进行的测试，白盒测试是从（   ）角度进行的测试。

    A. 开发人员、管理人员 　　　　　　B. 用户、开发人员

    C. 用户、管理人员 　　　　　　　　D. 开发人员、用户

（8）软件测试用例主要由输入数据和（   ）两部分组成。

    A. 测试计划 　　　　　　　　　　　B. 测试规则

    C. 以往测试记录分析 　　　　　　　D. 预期输出结果

（9）使用白盒测试方法时，确定测试数据应根据（　　）和指定的覆盖标准。

    A. 程序的内部逻辑   B. 程序的复杂程度

    C. 程序的难易程度   D. 程序的功能

（10）黑盒测试方法根据（　　）设计测试用例。

    A. 程序的调用规则   B. 软件要完成的功能

    C. 模块间的逻辑关系   D. 程序的数据结构

（11）集成测试的主要方法有两个：一个是（　　）；另一个是（　　）。

    A. 白盒测试方法、黑盒测试方法   B. 等价类划分法、边界值分析法

    C. 增量式测试方法、非增量式测试方法   D. 因果图法、错误推测法

（12）软件测试的目的是尽可能发现软件中的错误，通常（　　）是代码编写阶段可进行的测试，它是整个测试工作的基础。

    A. 集成测试   B. 系统测试   C. 验收测试   D. 单元测试

（13）单元测试主要针对模块的几个基本特征进行测试，该阶段不能完成的测试是（　　）。

    A. 系统功能   B. 局部数据结构   C. 重要的执行路径   D. 错误处理

（14）软件维护的副作用，是指（　　）。

    A. 运行时误操作   B. 隐含的错误

    C. 因修改软件而造成的错误   D. 开发时的错误

（15）影响软件可维护性的主要因素不包括（　　）。

    A. 可修改性   B. 可测试性   C. 可用性   D. 可理解性

2．判断题

（1）软件测试是对软件需求规格说明、软件设计和编码的最全面也是最后的审查。（　　）

（2）如果通过软件测试没有发现错误，则说明软件是正确的。（　　）

（3）白盒测试无须考虑模块内部的执行过程和程序结构，只需了解模块的功能即可。

（　　）

（4）软件测试的目的是尽可能多地发现软件中存在的错误，并将它作为纠错的依据。

（　　）

（5）测试用例由输入数据和预期的输出结果两部分组成。（　　）

（6）白盒测试是结构测试，主要以程序的内部逻辑为基础设计测试用例。（　　）

（7）软件测试的目的是证明软件是正确的。（　　）

（8）单元测试通常应该先进行"人工走查"，再以白盒测试为主，辅以黑盒测试进行动态测试。（　　）

（9）白盒测试是一种静态测试方法，主要用于模块测试。（　　）

（10）在等价类划分法中，为了提高测试效率，一个测试用例可以覆盖多个无效等价类。

（　　）

（11）功能测试是系统测试的主要内容，用于检查系统的功能、性能是否与需求规格说明相同。（　　）

（12）适应性维护是在软件使用过程中，用户对软件提出新的功能和性能要求，为了满足这些新的要求而对软件进行修改，使之在功能和性能上得到完善和增强的活动。（　　）

3．填空题

（1）在软件测试工作中，存在_____，即约80%的错误会集中存在于约20%的代码中。

（2）软件测试模型是指软件测试全部_____、活动或任务的结构框架。

（3）软件测试按照是否运行程序可分为_____测试和_____测试。

（4）通过描述每个经过用例的可能路径，可以确定不同的用例场景，这个流经路径要从用例

开始到结束，遍历其中所有基本流和_____。

（5）一般在软件测试过程中，既要用到黑盒测试，又要用到白盒测试。大的功能模块采用_____，小的组件采用_____。

（6）在确认测试的过程中仅使用_____测试技术。

（7）在进行单元测试时，被测试的单元本身不是独立的程序，需要为其开发_____模块和桩模块。

（8）集成测试一般由测试人员和_____完成。

（9）_____是系统测试中最基本的测试，它不管软件内部是如何实现的。

（10）系统测试中，_____包含容错性测试和恢复测试。

（11）β测试由最终_____实施，通常开发组织对其的管理很少或不管理。

（12）软件维护可分为纠错性维护、适应性维护、完善性维护、_____4类。

（13）简单地说，软件部署就是将开发的软件拿给用户使用，给用户_____环境（包括硬件、软件的安装以及环境变量的设置等），使开发的软件能被用户正常使用的过程。

（14）软件再工程是一类工程_____，它将逆向工程、重构和正向工程组合起来，将现存系统重新构造为新的形式。

4．简答题

（1）请对比白盒测试和黑盒测试。

（2）为什么软件开发人员不能同时完成测试工作？

（3）软件测试的目的是什么？

（4）软件测试应该划分为几个阶段？各个阶段应重点测试的内容是什么？

（5）请简述软件测试的原则。

（6）请简述静态测试和动态测试的区别。

（7）单元测试、集成测试和验收测试各自的主要目标是什么？它们之间有什么不同？相互间有什么关系？

（8）什么是集成测试？非增量式集成测试与增量式集成测试有什么区别？增量式集成测试如何集成模块？

（9）为什么要进行软件维护？软件维护的作用有哪些？

（10）什么是软件的可维护性？软件的可维护性与哪些因素有关？

（11）传统软件维护分为哪几大类？

5．应用题

（1）某程序功能说明书指出，该程序的输入数据为每个学生的学号。其中，学号由以下3个部分构成。

① 入学年份：4位数字（1900～2999的数字）。

② 专业编码：0或1开头的4位数字。

③ 序号：2位数字。

试用等价类划分法设计测试用例。

（2）图10-33给出了用盒图描述的一个程序的算法，请用逻辑覆盖法设计测试方案，要求做到语句覆盖和路径覆盖。

（3）如果一个程序有两个输入数据，每个输入数据都是一个32位的二进制整数，那么这个程序有多少种可能的输入？如果每微秒可进行一次测试，那么对所有可能的输入进行测试需要多长时间？

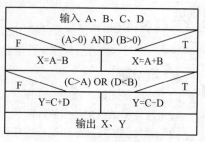

图10-33　用盒图描述的算法

第六部分　软件工程管理

第11章
软件工程管理

本章将介绍软件估算、软件开发进度计划、软件开发人员组织、软件开发风险管理、软件质量保证、软件配置管理、软件工程标准与软件文档、软件过程能力成熟度模型和软件项目管理等相关的概念。

本章目标

❑ 了解软件估算的概念、方法、原则与技巧。

❑ 掌握制定软件开发进度计划的方法。

❑ 了解软件开发人员组织的形式。

❑ 了解软件开发风险管理的概念。

❑ 了解软件质量保证的措施。

❑ 了解软件配置管理的相关概念。

❑ 熟悉软件工程标准与软件文档的概念。

❑ 熟悉软件过程能力成熟度模型。

❑ 了解软件项目管理的相关内容。

❑ 了解软件安全的相关内容。

11.1　软件估算

本节将介绍软件估算的内容。

11.1.1　软件估算的概念

软件估算是指以准确的调查资料和项目信息（如人员和设备信息）为依据，从估算对象的历史、现状及其规律性出发，运用科学的方法，对估算对象的软件规模、工作量、成本和进度进行测定。

软件估算的内容包括软件规模、工作量、成本和进度。对于软件估算来说，有些可以做得很仔细，而大多数只是凭主观经验判断，所以多数估算难以做到10%以内的误差，有的甚至误差达估算的几倍，尤其是在估算人员经验不足或估算项目没有可参考凭借之时。

软件估算是项目计划的依据，但是多数的软件开发组织没有意识到软件估算的重要性。调查结果显示：

- 约35%的组织没有对软件开发的成本和时间做估算；
- 约50%的组织没有记录任何正在进行的项目的相关数据；
- 约57%的组织没有使用成本会计；
- 约80%的项目在成本或时间上超出预算；
- 超出成本和时间的项目里仅有约50%是有意义的超出；
- 进行成本估算的组织里，约62%的组织是基于主观经验，仅约16%的组织使用了正式的估算方法，如成本估算模型。

一些组织希望在需求定义前就把成本估算的误差控制在10%以内。尽管项目的精确估计越早达到越好，但理论上是不可能实现的。软件开发是一个逐步改进的过程，在每个阶段，都可能出现影响项目最终成本和进度的决策或困难。如果不考虑这些问题，将会导致最终估算结果产生很大偏差。对于经验不成熟的估算人员来说，尤其如此。有的项目误差可能达到300%，最终结果就是在投入大量人力、物力和财力之后被迫放弃。

不同的软件开发阶段，估算的对象和使用的方法都会有所不同，估算的精确度也不一样。一般来说，随着项目进展，对项目内容了解越多，估算也会越来越精确。

成本估算既不要过高也不要过低，应该与实际费用尽可能接近。估算的目标是寻找估算与实际的交汇点。在软件企业中，有时估算人员会迫于领导的压力而凭直觉压缩估算，往往导致估算误差增大，也给项目组成员带来更大压力。正确估算很重要，应该根据具体情况，制定不同的估算计划，计划内容可以包括估算的对象说明、估算人员的角色和职责、估算的方法、估算的风险识别、工作量估算、估算活动进度安排。大的估算活动还需要取得参与估算人员对估算计划的承诺，可以交给机构高层管理者审阅后执行估算活动，以确保估算活动顺利进行。

11.1.2 软件估算的方法

估算的方法有很多，大致分为基于分解技术的估算方法和基于经验模型的估算方法两大类。基于分解技术的估算方法包括功能点估算法、代码行估算法、工作任务分解（Work Breakdown Structure，WBS）估算法等；基于经验模型的估算方法包括COCOMO、软件方程式估算法等。

1. 功能点估算法

功能点（Function Point，FP）估算法是在需求分析阶段基于系统功能的一种规模估算方法。这种方法适用于面向数据库应用的项目早期的规模估算，基于初始应用需求，即软件需求规格说明书，来确定外部输入和输出数、外部接口数、用户交互数和系统要使用的文件数以获得功能点。功能点估算法包括3个逻辑部分：未调整的功能点、加权因子和功能点。

2. 代码行估算法

代码行（Line Of Code，LOC）估算法往往是依据经验和组织的历史数据进行估算，其优点是计算方便、监控容易、能反映程序员的思维能力；缺点是代码行数不能正确反映一项工作的难易程度以及代码的效率，而且编码一般只占系统开发工作量的10%左右。高水平的程序员常常能以短小精悍的代码解决问题。对于相同规模的软件，如果只用代码行估算法估算，则程序员水平的改变将使估算结果失真。所以在实际中，代码行估算法只是一种辅助的估算方法。

3. COCOMO

构造性成本模型（Constructive Cost Model，COCOMO）是一种软件估算综合经验模型。
COCOMO适用于以下3种类型的软件项目。

- 组织型：组织模式较小的、简单的软件项目，开发人员对开发目标理解比较充分，对软件的使用环境很熟悉，受硬件的约束较小，有良好应用经验的小型项目组，针对一组不是很严格的需求开展工作，程序规模一般不是很大。

- 半独立型：中等规模和复杂度的软件项目，具有不同经验水平的项目组必须满足严格的或不严格的需求，如一个事务处理系统，对于终端硬件和数据库软件有确定需求，程序规模一般属于中等或较大。
- 嵌入型：要求在紧密联系的硬件、软件和操作限制条件下运行，通常与某种复杂的硬件设备紧密结合在一起，对接口、数据结构、算法的要求高。

4. 软件方程式估算法

软件方程式估算（Software Equation Estimation，SEE）法是一种用于计算软件开发成本、进度和资源需求的方法。它是基于统计学原理和历史数据的经验方法，根据软件规模、复杂度和其他因素来预测开发工作量和时间。

SEE法的优点是简单易用，不需要过多的专业知识和技能，而且能够提供比较准确的估算结果。它的缺点是依赖于历史数据，如果历史数据不足或不准确，估算结果可能会出现偏差。此外，该方法没有考虑到软件开发过程中的不确定性和变化性，因此在实际应用中需要结合其他方法来进行估算和规划。

5. 类比估算法

类比估算法通过与历史项目进行比较，来估算新项目的规模或工作量。类比估算的精确度一方面取决于项目与历史项目在应用领域、环境、复杂度等方面的相似程度，另一方面取决于历史数据的完整性和准确度。类比估算需要提前建立度量数据库，以及项目完成后的评价与分析机制，以保证可信赖的历史数据分析。

6. WBS 估算法

工作任务分解是WBS估算法的基础，以可交付成果为导向对项目要素进行细分，直至分解到可以确认的程度。每深入一层，都是对项目工作的更详细定义。WBS的三要素中，W表示可以拆分的工作任务；B表示一种逐步细分和分类的层级结构；S表示按照一定的模式组织各部分。使用这一方法有以下前提条件。

- 项目需求明确，包括项目的范围、约束、功能性需求、非功能性需求等，以便于任务分解。
- 完成任务必需的步骤已经明确，以便于任务分解。
- WBS表已确定。

WBS表可以基于开发过程，也可以基于软件结构划分来进行分解，许多时候是将两者结合进行划分。WBS估算法基本都是与其他估算方法结合使用的，如Delphi、PERT估算法等。

7. Delphi 估算法

Delphi估算法是一种专家评估法，它在没有历史数据的情况下，综合多位专家的估算结果作为最终估算结果。这种方法特别适用于需要预测和深度分析的领域，依赖于专家的评估能力，一般来说可以获得相对客观的结果。

Delphi估算法的基础假设是：

- 如果多位专家基于相同的假设独立地做出了相同的评估，那么该评估多半是正确的；
- 必须确保专家针对相同的、正确的假设进行估算工作。

8. PERT 估算法

计划评审技术（Program Evaluation and Review Technique，PERT）估算法是一种基于统计原理的估算法，对指定的估算单元（如规模、进度或工作量等）由直接负责人给出3个估算结果，分别为乐观估计、悲观估计和最可能估计，对应有最小值、最大值和最可能值。然后通过公式计算期望值和标准偏差，并用其表述估算结果。

PERT估算法通常与WBS估算法结合使用，尤其适用于专家不足的情况。当然，如果有条件结合Delphi估算法，将会大大提高估算结果的准确性。

9. 综合估算法

WBS、Delphi、PERT估算法经常综合使用，以获得更为准确的估算结果。在这种综合估算法中，WBS是估算的基础，将作业进行分解，并用WBS表给出；然后每位专家针对作业项使用PERT估算法，得出期望值；再用Delphi估算法综合评估专家结果。

11.1.3 软件估算的原则与技巧

估算毕竟只是预计，与实际值必定存在差距。注意结合以下的估算原则和技巧，有利于提高估算准确度。

（1）估算时间越早，误差越大，但有估算总比没估算好。

（2）估算能够用来辅助决策。良好的估算有利于项目负责人做出符合实际的决策。

（3）在项目计划中预留估算时间，并做好估算计划。

（4）避免无准备估算，估算前能收集到越多数据，估算结果的准确性越有保障。

（5）估算尽量实现文档化，以便于将估算经验应用于以后的估算中。

（6）尽量结合以前的项目估算数据和经验，有利于提高当前估算准确度。

（7）估算工作单元最好有一个合适粒度，而且各单元之间最好互相独立。

（8）尽量考虑到影响估算结果的各种因素，如假期、会议、验收检查等。

（9）尽量使用专业人士做估算，如涉及代码量的估算，最好使用负责实现该任务的程序员来进行估算。

（10）使用估算工具可以提高估算精度和速度。

（11）结合多种估算方法，从不同角度进行估算。

（12）不隐藏不确定的成本，应在估算中考虑潜在风险。

（13）不为满足预算和预期目标而改变估算结果，不能对估算结果进行随意删减。

估算的目的是得到准确结果，而不是寻求特定结果，例如，不要因为预算不够而刻意压低估算或隐藏不确定成本等。

11.2 软件开发进度计划

项目管理者的目标是定义全部项目任务，识别出关键任务，规定完成各项任务的起、止日期，跟踪关键任务的进展状况，以保证能及时发现拖延进度的情况。为了做到这一点，管理者必须制定一个足够详细的进度表，以便监督项目进度，并控制整个项目。甘特图和PERT图是两种常用的制订软件开发进度的图。

11.2.1 甘特图

甘特图（Gantt Chart）是一种能有效显示行动时间规划的方法，也叫作横道图或条形图。甘特图把计划和进度安排这两种职能结合在一起，纵向列出项目活动，横向列出时间跨度。每项活动计划或实际的完成情况用横道线表示，横道线还展示了每项活动的开始时间和终止时间。某项目进度计划的甘特图如图11-1所示。

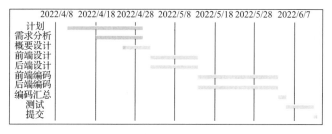

图 11-1 某项目进度计划的甘特图

11.2.2 PERT 图

PERT图是一种用于项目管理的重要工具，它通过网络图来描述和管理项目的任务流程。在一个大型项目中，可能有多个子任务需要协同完成，这些子任务之间可能存在依赖关系，也可能存在并发执行的可能性，PERT图可以很好地表达这些关系，为项目管理提供清晰可见的路径。

1. 任务

在PERT图中，任务（也称为活动）是通过有向弧来表示的。每个任务都有其所需的完成时间。这个时间是对任务完成所需的估计，可以是天数、周数或其他任何时间单位，这取决于项目的具体需求。

图11-2所示为一个PERT图示例，图11-3所示为它的简化版本。在PERT图中，一般使用实线箭头或虚线箭头来表示一个任务是否为实际任务。实线箭头表示实际任务，如图11-2中1与2之间的实线箭头表示事件1到事件2之间存在一个作业；虚线箭头表示虚拟任务，也就是实际上不存在的任务，引入它们是为了显式地表示任务之间的依赖关系，如图11-3中5与4之间的虚线箭头表示事件4必须在事件5之后发生。

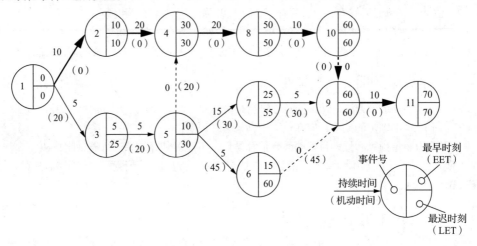

图 11-2　一个 PERT 图示例

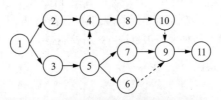

图 11-3　简化的 PERT 图

2. 事件

事件则通过图中的节点来表示，节点表示流入该节点的所有任务的结束，同时也表示流出该节点的任务的开始。事件本身并不消耗时间和资源，它仅仅表示一个特定的时间点或状态。每个事件都有一个事件号，以及出现该事件的最早时刻和最迟时刻。只有当所有流入该事件的任务都已经完成，事件才会发生，此时流出的任务才能开始执行。

在图11-2所示的PERT图里，节点1表示初始事件，即表示项目启动；节点4表示事件5发生（事件3到事件5的任务已经完成），且事件2到事件4的任务已经完成后的项目状态；节点11表示终止事件，即表示项目所有任务都已完成。

PERT图不仅可以表达子任务的计划安排，还可以在任务计划执行过程中估计任务完成的情况，并分析某些子任务完成情况对全局的影响。例如，如果某个任务的完成情况出现了问题，则可以通过PERT图快速找出这个任务对整个项目的影响程度，分析出影响全局的关键子任务，这样就可以及时采取相应的措施，以确保整个项目的顺利完成。

3. 任务和事件的时间属性

PERT图中每个任务和事件都有对应的时间属性，主要包括最早开始时间、最晚开始时间、最早结束时间、最晚结束时间、松弛时间等。这些时间属性表示了任务的调度限制。

- 最早开始时间（Earliest Start Time，EST）：任务可能开始的最早的时间，任务流出的源节点对应事件的最早发生时间。它等于所有紧前任务的最早结束时间的最大值。
- 最晚开始时间（Latest Start Time，LST）：为了不延误项目完成时间，任务必须开始的最晚的时间，任务流出的源节点对应事件的最晚发生时间。它等于最晚结束时间减去任务所需时间。
- 最早结束时间（Earliest Finish Time，EFT）：任务可能结束的最早的时间，任务流入的目标节点对应事件的最早发生时间。它等于最早开始时间加上任务所需时间。
- 最晚结束时间（Latest Finish Time，LFT）：为了不延误项目完成时间，任务必须结束的最晚的时间，任务流入的目标节点对应事件的最晚发生时间。它等于所有紧后任务的最晚开始时间的最小值。
- 松弛时间（Slack Time）：任务的开始时间或结束时间可以调整而不影响整个项目完成的时间。松弛时间等于最晚开始时间减去最早开始时间，或者最晚结束时间减去最早结束时间。

4. 时间属性的计算

计算事件的最早开始时间和最早结束时间通常需要从项目开始的节点（通常编号为0或1）开始，按照任务的顺序进行。计算步骤如下。

① 项目开始节点的最早开始时间和最早结束时间都是0。

② 对于其他的每个任务，其最早开始时间等于所有紧前任务（all predecessors）的最早结束时间的最大值，即

$$EST = max(EFT \text{ of all predecessors})$$

③ 每个任务的最早结束时间等于最早开始时间加上任务所需时间（task duration），即

$$EFT = EST + task \ duration$$

如图11-2所示，事件1是项目的开始节点，则其最早开始时间和最早结束时间都是0；事件9的前驱事件有6、7和10，最早开始时间分别为15、25、60，后继任务所需时间分别为0、5、0，则任务6-9的最早结束时间就是15+0=15，任务7-9的最早结束时间是25+5=30，任务10-9的最早结束时间就是60+0=60，事件9的最早开始时间就是max{15, 30, 60}=60。

计算最晚开始时间和最晚结束时间通常需要从项目结束的节点开始，按照任务的逆序进行。计算步骤如下。

① 项目结束节点的最晚结束时间等于其最早结束时间，最晚开始时间等于最晚结束时间减去任务所需时间。

② 对于其他的每个任务，其最晚结束时间等于所有紧后任务（all successors）的最晚开始时间的最小值，即

$$LFT = min(LST \text{ of all successors})$$

③ 每个任务的最晚开始时间等于最晚结束时间减去任务所需时间，即

$$LST = LFT - task \ duration$$

如图11-2所示，事件11是结束节点，其最晚结束时间与最早结束时间相同，都是70；事件5的后继事件有4、6、7，最晚开始时间分别是30、60、55，后继任务的持续时间分别是0、5、15，则任务5-4的最晚开始时间就是30-0=30，任务5-6的最晚开始时间为60-5=55，任务5-7的最晚开始

时间为55-15=40，则事件5的最晚结束时间为min{30, 55, 40}=30。

对于每个任务，其松弛时间等于最晚开始时间减去最早开始时间，或者最晚结束时间减去最早结束时间，即

$$\text{Slack Time} = \text{LST} - \text{EST} = \text{LFT} - \text{EFT}$$

如图11-2所示，事件3的最早开始时间是5，表示这一事件一定会在不小于5的时刻发生；其最迟开始时间为25，表示这一事件必须在不大于25的时刻发生，否则将延后整个项目的进度；那么事件3的松弛时间就是25-5=20，代表其相关进度有20个单位时间的灵活调整空间。

5. 关键路径

一个值得注意的概念是关键路径。在一个项目中，关键路径是由松弛时间为0的任务所构成的路径，这意味着这些任务的开始和结束时间没有多余的调整空间，任何一个任务的延迟都可能导致整个项目的延迟。因此，管理和监督关键任务的执行意义重大。

在PERT图中，箭头的粗细用于表示某一任务是否在关键路径上。无论任务是否为实际任务，若在关键路径上，则用粗箭头表示，如图11-2所示的任务1-2、任务2-4、任务4-8、任务8-10、任务10-9等；若不在关键路径上，则用细箭头表示，如任务1-3、任务5-6、任务6-9等。

6. 任务之间的关系

在PERT图中，任务之间的关系清晰可见。任务的依赖关系是通过图的方向来表示的。只有当一个任务的所有前驱任务（即直接指向该任务的任务）都完成后，该任务才能开始。这种清晰的表达方式能够帮助项目经理有效地确定任务的执行顺序和可能会发生的问题。如图11-2中事件9仅会在事件6、7、10都发生后才发生，其对应的后继任务都在事件9完成后才发生。

此外，PERT图还可以指出在完成整个项目过程中的关键路径，也就是那些必须按照计划时间完成的任务，因为这些任务的延误会直接导致整个项目的延误。管理和监督这些关键任务的进度对于整个项目的成功至关重要。如图11-2中事件1、2、4、8、10、9、11间的任务就构成了一条长度为70的关键路径，这些任务不可以延期，必须如期完成，否则项目必将延期。

7. PERT 图的局限性

虽然PERT图在项目管理中有着广泛的应用，但是它也存在一些局限性。例如，PERT图不能反映任务之间的并行关系。在实际的项目管理中，有些任务可能并不是串行执行的，而是并行执行的。如果仅仅通过PERT图来管理项目，可能会错过一些优化项目进度的机会。

此外，PERT图的制作和更新也需要耗费一定的时间和精力。对于一些快速变化或者任务数量巨大的项目，使用PERT图进行管理可能会变得复杂和困难。

8. 如何克服 PERT 图的局限性

尽管PERT图存在一些局限性，但是通过正确的方法，我们仍然可以发挥其强大的功能。

（1）结合其他工具使用

对于并行任务的管理，我们可以结合使用甘特图。甘特图是一种常见的项目管理工具，它可以清晰地展示任务的开始和结束时间，以及任务之间的并行关系。通过结合PERT图和甘特图，我们可以更全面地管理和控制项目的进度。

（2）及时更新

对于那些任务数量巨大或者快速变化的项目，我们需要定期更新PERT图，以确保其反映的信息是准确和最新的。此外，也可以利用现代的项目管理软件，如Microsoft Project等，这些软件可以自动创建和更新PERT图，大大降低了项目管理的复杂性。

总的来说，PERT图是一种强大的项目管理工具。虽然它存在一些局限性，但是通过正确地使用和结合其他工具，我们可以充分利用它来帮助我们成功地管理和完成项目。

11.3 软件开发人员组织

为了成功地完成软件开发工作，项目组成员必须有效地进行通信（沟通）。项目管理者的首要任务就是成立良好的项目组，使项目组有较高的效率，并能够按预定的进度计划完成相应的任务。经验表明，项目组组织得越好，其效率就越高，最终所完成的项目或产品的质量也就越高。

如何组织和建立项目组，取决于所承担项目的特点、以往的组织经验以及项目组负责人的管理技能和经验。

11.3.1 民主制程序员组

民主制程序员组的重要特点是：项目组成员不论资排辈，完全平等，享有充分民主，彼此通过协商做出技术决策，对发现错误抱着积极的态度，这种积极态度往往有助于更快速地发现错误，从而可编写出高质量的代码；项目组凝聚力高，组内具有浓厚的学习技术的氛围，互相学习、互相帮助，有助于攻克技术难关。在这种情况下，项目组成员之间的通信是平行的，如果一个项目组有n个成员，则可能的通信信道有$n(n-1)/2$条。但其缺点是，项目组如果人多的话，通信量会非常大；如果项目组内多数成员的技术水平不高，或是有很多缺乏经验的新手，项目组最后很有可能不能按时完成项目。

11.3.2 主程序员组

为了使少数经验丰富、技术高超的程序员在软件开发过程中能够发挥更大作用，项目组也可以采用主程序员组的组织方式。

主程序员组核心人员的分工如下。

- 主程序员既是成功的管理人员，又是经验丰富、能力超强的高级程序员，他们主要负责体系结构设计和关键部分（或复杂部分）的详细设计，并且负责指导其他程序员完成详细设计和编码工作。程序员之间不需要通信渠道，由主程序员来处理所有接口问题。主程序员需要对其他成员的工作成果进行复查，因为他们要对每行代码的质量负责。
- 作为主程序员的替补，后备程序员也需要技术熟练且经验丰富，他们可以协助主程序员工作且在必要时（如主程序员因故不能工作）接替主程序员的工作。因此，后备程序员在各个方面都要与主程序员一样优秀，并且对正在进行的项目的了解也应该与主程序员一样深入。在平时工作的时候，后备程序员主要负责设计测试方案、分析测试结果及一些其他独立于设计过程的工作。
- 编程秘书负责完成与项目有关的全部事务性工作，如维护项目资料库和项目文档以及编译、链接、执行源程序和测试用例等。

使用"主程序员组"的组织方式，可提高效率，减少总的人/年（或人/月）数。

11.3.3 现代程序员组

11.3.2小节提出的主程序员组核心人员的分工，现在看来有些已经过时了。实际的"主程序员"应该由两个人来担任：一个是技术负责人，负责小组的技术活动；另一个是行政负责人，负责所有非技术的管理决策。由于程序员组的成员人数不宜过多，当软件项目规模较大时，应该将程序员分成若干个小组（每组2~8人）。

我们需要一种更合理、更现实的组织程序员组的方法，这种方法应该能充分结合民主制程序员组和主程序员组的优点，并能用于实现更大规模的软件产品。

11.4 软件开发风险管理

本节将介绍软件开发风险管理。

11.4.1 软件开发风险

软件开发风险是一种不确定的事件或条件，一旦发生，会对项目目标产生某种负面的影响。风险有其成因，同时，如果风险发生，也会导致某种后果。风险大多数随着项目的进展而变化，不确定性会随之逐渐减少。

风险具有以下3个属性。

- 风险事件的随机性：风险事件是否发生、何时发生、后果怎样？许多事件的发生都遵循一定统计规律，这种性质叫作随机性。
- 风险的相对性：风险总是相对项目活动主体而言的，同样的风险对于不同的主体有不同的影响。
- 风险的可变性：辩证唯物主义认为，任何事情和矛盾都可以在一定条件下向自己的反面转化，这里的条件指活动涉及的一切风险因素，当这些条件发生变化时，必然会引起风险的变化。

按照不同的分类标准，风险可以分为以下不同的类别：

- 按风险后果划分，风险可以分为纯粹风险和投机风险；
- 按风险来源划分，风险可以分为自然风险和人为风险；
- 按风险是否可管理划分，风险可以分为可预测并可采取相应措施加以控制的、可管理的风险，反之，则为不可管理的风险；
- 按风险影响范围划分，风险可以分为局部风险和总体风险；
- 按风险的可预测性划分，风险可以分为已知风险、可预测风险和不可预测风险；
- 按风险后果的承担者划分，风险可以分为业主风险、政府风险、承包商风险、投资方风险、设计单位风险、监理单位风险、供应商风险、担保方风险和保险公司风险等。

11.4.2 软件开发风险管理

风险管理就是预测在项目中可能出现的最严重的问题（伤害或损失），以及需采取的必要的措施。风险管理不是项目成功的充分条件，但是，没有风险管理却可能导致项目失败。项目实行风险管理的好处如下。

- 通过风险分析，可加深对项目和风险的认识和理解，厘清各方案的利弊，了解风险对项目的影响，以便减少或分散风险。
- 通过检查和考虑所有到手的信息、数据和资料，可明确项目的各有关前提和假设。
- 通过风险分析不但可提高项目各种计划的可信度，还有利于改善项目执行组织内部和外部之间的沟通。
- 编制应急计划时更有针对性。
- 能够将处理风险后果的各种方式更灵活地组合起来，在项目管理中减少被动性，增加主动性。
- 有利于抓住机会、利用机会。
- 为以后的规划和设计工作提供反馈，以便在规划和设计阶段就采取措施防止和避免风险损失。
- 风险即使无法避免，也能够明确项目到底应该承受多大损失或损害。
- 为项目施工、运营选择合同形式和制定应急计划提供依据。
- 通过深入的研究和了解，可以使决策更有把握、更符合项目的方针和目标，从总体上使项目减少风险，以保证项目目标的实现。

· 可推动项目执行组织和管理班子积累有关风险的资料和数据，以便改进将来的项目管理。

软件开发风险管理内容如图11-4所示。

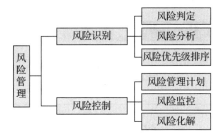

图11-4　软件开发风险管理内容

风险识别分为3步进行：风险判定；风险分析；风险优先级排序。风险可能来自计划编制、组织和管理、开发环境、客户、最终用户、承包商、需求、产品、外部环境、开发人员、设计和实现等方面。

风险分析分为6步进行：确定风险关注点；估计损失大小；评估损失的概率；计算风险暴露量；评估整个项目的延期风险；评估整个项目的缓冲。

风险优先级排序按照总体风险值降序排列所有风险，找出引起80%损失的20%的风险。

风险控制包括以下几方面。

（1）制定风险管理计划，应对每种风险都制定一份风险管理计划。

（2）找出风险管理者。

（3）建立匿名风险反馈通道。

（4）风险监控。

（5）风险化解。

一个主要的风险管理工具就是10项首要风险清单，它指明了项目在任何时候面临的最大风险。项目组应当在需求分析开始之前就初步地列一张风险清单，并且在项目结束前不断更新这张清单。项目经理、风险管理负责人应定期回顾这张清单，这种回顾应包含在计划进度表之中，以免遗忘。

一张典型的风险清单如表11-1所示。

表 11-1　风险清单

序号	风险	风险解决的情况
1	需求的逐渐增加	利用用户界面原型来收集高质量的需求； 已将需求规约置于明确的变更控制程序之下； 运用分阶段交付的方法在适当的时候来改变软件特征（如果需要的话）
2	有多余的需求或开发人员	项目要旨的陈述中要说明软件中不需要包含哪些东西； 设计的重点放在最小化； 评审中有核对清单用以检查"多余的设计或多余的实现"
3	发布的软件质量低	开发用户界面原型，以确保用户能够接受这个软件； 使用符合要求的开发过程； 对所有的需求、设计和代码进行技术评审； 制定测试计划，以确保系统测试能测试所有的功能； 系统测试由独立的测试人员来完成
4	无法按进度表完成	要避免在完成需求规约之前对进度表做出约定； 在代价最小的早期进行评审，以发现并解决问题； 在项目进行过程中，要对进度表反复估计； 运用积极的项目追踪以确保及早发现进度表的疏漏之处； 即使整个项目将延期完成，分阶段交付计划允许先交付只具备部分功能的产品

续表

序号	风险	风险解决的情况
5	开发工具不稳定，造成进度延期	在该项目中只使用一种或两种新工具，其余的都是过去项目用过的
……	……	……

11.5　软件质量保证

本节将介绍软件质量的基本概念和保证措施。

11.5.1　软件质量的基本概念

质量是产品的生命线，保证软件产品的质量是软件产品生产过程的关键。ANSI/IEEE 729-183把软件质量定义为"与软件产品满足规定的和隐含的需要的能力有关的特征或特性的组合"。也就是说，软件产品包含一系列的特征或特性，这些特征或特性可以对产品在性能、功能、开发标准化等方面的绩效进行度量。软件产品的质量越高，其相关特征或特性就越能满足用户的需求。实际上，可以通俗地说，软件质量是指软件系统满足用户需要或期望的程度。高质量的软件产品意味着较高的用户满意度及较低的缺陷等级，它较好地满足了用户需求，具有高水平的可维护性和可靠性。

不难理解，软件的质量是由多种因素决定的，它等价于软件产品的一系列的质量特性。根据ISO/IEC 9126的定义，软件质量的特性包括功能性、可靠性、可用性、效率、可维护性和可移植性。软件质量的每项特性的定义如下。

（1）功能性：符合一组功能及特定性质的属性的组合。

（2）可靠性：在规定的时间和条件下，软件维持其性能水平能力的属性的组合。

（3）可用性：衡量软件产品在运行中使用灵活、方便的程度。

（4）效率：完成预期功能所需的时间、人力、计算机资源等指标。

（5）可维护性：当系统的使用环境发生变化、用户提出新的需求或者系统在运行中产生错误时，对潜在的错误或缺陷进行定位并修改或对原系统的结构进行变更的难易程度。

（6）可移植性：反映了把软件系统从一种计算机环境移植到另一种计算机环境所需要的工作量的多少。

有关软件质量特性的定义还有很多种，除ISO/IEC 9126的定义外，McCall软件质量特性模型也很受人们欢迎。McCall软件质量特性模型把与软件质量相关的多种特性划分为运行、维护和移植3个方面，如图11-5所示。

McCall软件质量特性模型中的每种特性的定义如下。

- 正确性：系统在预定的环境下，正确完成系统预期功能的程度。
- 效率：完成预期功能所需的时间、人力、计算机资源等指标。
- 可靠性：在规定的时间和条件下，软件维持其性能水平能力的属性的组合。
- 可用性：衡量软件产品在运行中使用灵活、方便的程度。
- 完整性：保存必要的数据，使之免受偶然或有意的破坏、改动或遗失的能力。
- 可维护性：当系统的使用环境发生变化、用户提出新的需求或者系统在运行中产生错误时，对潜在的错误或缺陷进行定位并修改或对原系统的结构进行变更的难易程度。
- 可测试性：测试软件系统，使之能够完成预期功能的难易程度。
- 灵活性：对一个已投入运行的软件系统进行修改时所需工作量多少的度量。
- 可移植性：反映了把软件系统从一种计算机环境移植到另一种计算机环境所需要的工作量的多少。

- 互连性：将一个软件系统与其他软件系统相连接的难易程度。
- 可复用性：软件系统在其他场合下被再次使用的程度。

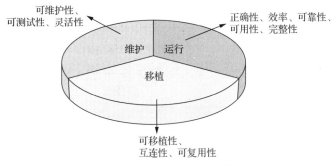

图 11-5　McCall 软件质量特性模型

11.5.2　软件质量保证的措施

在软件开发实践中，可以采取多种方法来保证软件产品的质量。下面介绍几种常用的方法。

1．基于非执行的测试

基于非执行的测试是指不具体执行程序的测试工作，也称为软件评审。非执行的测试需要贯穿于整个软件开发过程。在项目开发前期，软件开发人员需要制定详细的开发计划以及评审计划，标识各阶段的检查重点以及阶段工作的预期输出，为以后的阶段评审做准备。

在项目的阶段评审工作中，要保证评审工作的严格性和规范性。评审人员要具备相应的资格和能力，评审团队的规模及任务分配要合理。每次评审都需要做详细的评审记录，并做出明确的评审结果，对于不规范的工作成果要给出修改意见。

软件评审的具体实施手段包括设计评审、审查、走查、个人评审等。

2．基于执行的测试

基于执行的测试是指通过具体地执行程序，观察实际输出和预期输出的差异，来发现软件产品错误的方法。软件开发人员通常使用一种或几种自动测试工具对系统进行测试，但是，由于手工测试灵活性高，手工测试也是必需的。

测试人员可以使用黑盒测试或白盒测试的方法来设计测试用例进行测试。软件测试有利于及早发现软件缺陷，其相关内容在第10章中已有详细介绍。

3．程序的正确性证明

软件测试有一条重要原则是：测试可以发现程序中的错误，但是不能证明程序中没有错误。可见，软件测试并不能完全证明程序的正确性和可靠性。如果能采用某种方法对软件系统运行的正确性进行证明，那么软件产品的质量将更有保证。目前，人们已经研究出证明Pascal和LISP程序正确性的软件系统，正在对其进行完善和功能扩充。但是，这些系统还只适用于小型的软件系统，并不适合大型的软件系统。

11.6　软件配置管理

在软件的开发过程中，常常会产生大量的文档和程序版本，例如立项报告、软件需求规格说明书、概要设计文档、详细设计文档、编码设计说明、源代码、可执行程序、用户手册、测试计划、测试用例、测试结果、在线文档等，此外还可能有合同、会议记录、报告、审核等管理文档。在软件开发中，还常常存在对这些文档进行大量变更的情况。在人员方面，随着软件规模越来越大，很多项目有上千的开发人员，而且可能分布于世界各地，有不同的文化和社会背景。如何有效地组织和管理这些内容，对于项目的成败和效率影响非常重大。

11.6.1　软件配置管理术语

软件配置是软件产品在软件生命周期的各个阶段中产生的文档、程序和数据的各个配置项的合理组合。软件从建立到维护的过程中，产生变更是不可避免的。软件配置管理就是一种标识、组织和控制变更的技术，目的是使由变更而引起的错误降至最少，从而有效地保证产品的完整性和生产过程的可视性。

由于软件配置管理涉及很多概念，为了便于深入理解，下面给出一些软件配置管理的相关术语。

1．项目委托单位

项目委托单位是指为产品开发提供资金，通常也是（但有时未必）确定产品需求的单位或个人。

2．项目承办单位

项目承办单位是指为项目委托单位开发、购置或选用软件产品的单位或个人。

3．软件开发单位

软件开发单位是指直接或间接接受项目委托，并直接负责开发软件的单位或个人。

4．用户

用户是指实际只用软件来完成某项计算、控制或数据处理等任务的单位或个人（即软件的最终使用者）。

5．软件

软件是指计算机程序，以及有关的数据和文档，也包括固化到硬件中的程序。

IEEE给出的其定义是：计算机程序、方法、规则、相关的文档资料以及在计算机上运行时所必需的数据。

6．配置

配置是指在配置管理中，软件或硬件所具有的（即在技术文档中所陈述的或产品所实现的）功能特性和物理特性。

7．软件对象

软件对象是在项目进展过程中产生的、可由软件配置管理加以控制的任何实体。每个软件对象都具有唯一的一个标识符、一个包含实体信息的对象实体、一组用于描述其自身特性的属性与关系，以及用于与其他对象进行关系操作和消息传递的机制。

软件对象按其生成方式可分为源对象与派生对象，按其内部结构可分为原子对象与复合对象，按照软件开发的不同阶段可分为可变对象与不可变对象。

8．软件生命周期

软件生命周期是指从对软件系统提出应用需求开始，经过开发，产生出一个满足需求的计算机软件系统，然后投入实际运行，直至软件系统退出使用的整个过程。这一过程划分为3个主要阶段：系统分析与软件定义、软件开发、系统运行与维护。其中软件开发阶段又分为需求分析、概要设计、详细设计、编码与单元测试、组装与集成测试、系统测试、安装与验收等几个阶段。

9．软件开发库

软件开发库是指在软件生命周期的某一阶段中，存放与该阶段软件开发工作有关的计算机可读信息和人工可读信息的库。

10．配置项

配置项是为了配置管理目的而作为一个单位来看待的硬件和（或）软件成分，满足最终应用功能并被指明用于配置管理的硬件/软件或它们的集合。

软件配置管理的对象是软件配置项，它们是在软件工程过程中产生的信息项。在 ISO 9000-3 中的配置项可以是：

- 与合同、过程、计划、产品有关的文档和数据；
- 源代码、目标代码和可执行代码；
- 相关产品，包括软件工具、库内的可复用软件/组件、外购软件及用户提供的软件。

上述信息的集合构成软件配置，其中每一项称为一个软件配置项，这是配置管理的基本单位。软件配置项基本可划分为以下两种类别。

- 软件基准：经过正式评审和认可的一组软件配置项（文档和其他软件产品），它们作为下一步的软件开发工作基础。只有通过正式的变更控制规程才能更改基准。例如详细设计是编码工作的基础，详细设计文档是软件基准的配置项之一。
- 非基准配置项：没有经过正式评审或认可的一组软件配置项。

配置项标识的命名必须唯一，以便用于追踪和报告配置项的状态。通常情况下，配置项标识常常采用层次命名的方式，以便能够快速地识别配置项，例如某一即时通信软件的登录配置项可以命名为 IM_Log_001、IM_Log_002等。

根据软件的生命周期，一般把配置项分为4种状态，如图11-6所示。4种状态之间的联系具有方向性，实线箭头所指方向的状态变化是允许的，虚线箭头表示为了验证、检测某些功能或性能而重新执行相应的测试，正常情况下不沿虚线方向变化。

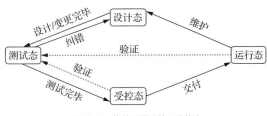

图 11-6 软件配置项的4种状态

11. 配置标识

配置标识由系统所选的配置项及记录它们功能和物理特性的技术文档组成；经核准的配置项的技术文档由说明书、图、表等组成。为了方便对配置项进行控制和管理，需要对它们进行唯一的命名。

配置标识的主要目的是对变更配置项的软件行为及变更结果提供一个可跟踪的手段，避免软件开发行为在不受控或混乱的情况下进行，也有利于软件开发工作以基线渐进的方式完成。

12. 配置管理

配置管理是指对配置管理过程中的各个对象进行监视和管理，如对配置项的功能特性和物理特性进行标识并写成文档；对这些特性的更改进行控制；对更改处理过程和实施状态进行记录和报告；对是否符合规定需求进行验证等。

13. 版本

版本是某一配置项的已标识的实例。或者定义为，不可变的源对象经质量检验合格后所形成的新的相对稳定的状态（配置）。

14. 基线

基线是指一个配置项在其生命周期的某一特定时间，被正式标明、固定并经过正式批准的版本。也可以说，基线是软件生命周期中各开发阶段末尾的特定点，也常称为里程碑。所有成为基线的软件配置项协议和软件配置的正式文本必须经过正式的技术审核。通过基线，各阶段的任务划分更加清晰，本来连续的工作在这些点上断开，并作为阶段性的成果。基线的作用就是进行质量控制，是开发进度表上的一个参考点与度量点，是后续开发的稳定基础。基线的形成实际上就是对某些配置项进行冻结。一般情况下，不允许跨越基线修改另一阶段的文档。例如，一旦完成系统设计，经过正式审核之后，设计规格说明就成为基线，在之后的编码和测试等阶段，一般不允许修改设计文档；如果存在重大的设计变更，则必须通过正式的流程，由系统设计人员对系统设计进行修正，并重新生成基线。

基线又分为功能基线、分配基线、产品基线、过程能力基线等。

15．版本控制

版本控制就是管理在整个软件生命周期中建立起来的某一配置项的不同版本。

11.6.2　配置管理的过程

配置管理的过程一般包括4步：标识配置项、进行配置控制、记录配置状态、执行配置审计。

1．标识配置项

所谓配置项就是配置管理中的基本单元，每个配置项应该包含相应的基本配置管理的信息。标识配置项就是给配置项取一个合适的名字。所有的软件产品都要进行配置项的标识，该标识符应该具有唯一性，并且要遵循特定的版本命名规律，以便于进行管理和追踪。例如配置项标识为V2020.0.1、V2021.1.2。

2．进行配置控制

进行配置控制是配置管理的关键，包括访问控制、版本控制、变更控制和产品发布控制等。

（1）访问控制通过配置管理中的"软件开发库""软件基线库""软件产品库"来实现，每个库对应着不同级别的操作权限，可以为团队成员授予不同的访问权利。

（2）版本控制是指用户能够对适当的版本进行选择，从而获得需要的系统配置。它往往使用自动的版本控制工具来实现，例如Git。

（3）变更控制是应对软件开发过程中各种变化的机制，可以通过建立控制点和报告与审查制度来实现。

（4）产品发布控制面向最终发布版本的软件产品，旨在保证提交给用户的软件产品版本是完整、正确和一致的。

3．记录配置状态

记录配置状态的目的是使配置管理的过程具有可追踪性。配置状态报告记录了软件开发过程中每一次配置变更的详细信息，包括改动的配置项、改动内容、改动时间和改动人等。配置状态报告是开发人员之间进行交流的重要工具，对项目的成功开发非常重要。

4．执行配置审计

执行配置审计是为了保证软件工作产品的一致性和完整性，从而保证最终软件版本产品发布的正确性。

软件的配置管理贯穿于整个软件开发过程，可以建立和维护在整个软件生命周期内软件产品的完整性。目前市场上流行的配置管理工具有很多，例如微软公司的Visual Source Safe（VSS）、Rational公司的ClearCase以及GitHub的Git等。

11.7　软件工程标准与软件文档

本节将介绍软件工程标准和软件文档。

11.7.1　软件工程标准

1．软件工程标准化的定义

在软件工程项目中，为了便于项目内部不同人员之间交流信息，要制定相应的标准来规范软件开发过程和产品。

随着软件工程学的发展，软件开发工作的范围从只是使用程序设计语言编写程序，扩展到整个软件生命周期，包括软件需求分析、设计、实现、测试、运行和维护，直到软件退役。

软件工程还有一些管理工作，如过程管理、产品质量管理和开发风险管理等。所有这些工作都应当逐步建立其标准或规范。由于计算机技术发展迅速，在未形成标准之前，计算机行业中先使用一些约定，然后逐渐形成标准。软件工程标准化就是对软件生命周期内的所有开发、维护和管理工作都逐步建立起标准。

软件工程标准化给软件开发工作带来的好处主要有以下几点：

- 提高软件的可靠性、可维护性和可移植性，从而可提高软件产品的质量；
- 提高软件生产率；
- 提高软件开发人员的技术水平；
- 改善软件开发人员之间的通信效率，减少差错；
- 有利于软件工程的管理；
- 有利于降低软件成本和缩短软件开发周期。

2. 软件工程标准的分类

软件工程标准的类型有许多，包括过程标准（如方法、技术及度量等）、产品标准（如需求、设计、描述及计划报告等）、专业标准（如职业、道德准则、认证、特许及课程等）以及记法标准（如术语、表示法及语言等）。

软件工程标准的分类主要有以下3种。

（1）FIPS 135是美国国家标准局发布的《软件文档管理指南》（National Bureau of Standards, Guideline for Software Documentation Management, FIPS PUB 135, June 1984）。

（2）NSAC-39是美国核子安全分析中心发布的《安全参数显示系统的验证与确认》（Nuclear Safety Analysis Center, Verification and Validation from Safety Parameter Display Systems, NASC-39, December 1981）。

（3）ISO 5807:1985是国际标准化组织公布的《信息处理 数据流程图、程序流程图、程序网络图和系统资源图的文件编制符号及约定》，现已成为中华人民共和国国家标准GB/T 1526—1989。

GB/T 1526—1989规定了图表的使用，而且对软件工程标准的制定具有指导作用，可启发人们去制定新的标准。

3. 软件工程标准的层次

根据软件工程标准的制定机构与适用范围，软件工程标准可分为国际标准、国家标准、行业标准、企业规范及项目（课题）规范5个等级。

（1）国际标准

国际标准是由国际标准化组织制定和公布，供世界各国参考的标准。该组织所公布的标准具有很高的权威性，如ISO 9000是质量管理和质量保证标准。

（2）国家标准

国家标准是由政府或国家级的机构制定或批准，适用于全国范围的标准，主要有以下几类。

- GB：中华人民共和国国家标准化管理委员会是我国的最高标准化机构，它所公布实施的标准，简称为"国标"。
- 美国国家标准协会（American National Standards Institute，ANSI）：这是美国一些民间标准化组织的领导机构，具有一定的权威性。
- 英国标准协会（British Standard Institute，BSI）。
- 德国标准化协会（Deutsches Institut Für Normung，DIN）、德国标准化组织（German Standardization Organization，GSO）。
- 日本工业标准（Japanese Industrial Standard，JIS）。

（3）行业标准

行业标准是由行业机构、学术团体或国防机构制定的适合某个行业的标准，主要有以下几类。

- 美国电气电子工程师学会（IEEE）。
- 中华人民共和国国家军用标准：GJB。
- 美国国防部标准（Department Of Defense STanDard，DOD-STD）。
- 美国军用标准（MILitary-Standard，MIL-S）。

（4）企业规范

大型企业或公司所制定的适用于本单位的规范。

（5）项目（课题）规范

某一项目组织为该项目制定的专用的软件工程规范。

11.7.2 软件文档

文档是指某种数据介质和其中所记录的数据。软件文档是用来表示对需求、过程或结果进行描述、定义、规定或认证的图示信息，它描述或规定了软件设计和实现的细节。在软件工程中，文档记录了从需求分析到产品设计再到产品实现及测试，甚至到产品交付以及交付后的使用情况等各个阶段的相关信息。

软件文档的编制在软件开发工作中占有突出的地位和相当的工作量。具体来讲，文档一方面充当了各个开发阶段之间的"桥梁"，作为前一阶段的工作成果及结束标志，它使分析有条不紊地过渡到设计，再使设计的成果物化为软件。另一方面，文档在团队的开发中起到了重要的协调作用。随着科学技术的发展，现在几乎所有的软件开发都需要团队的力量。团队成员之间的协调与配合不能光靠口头的交流，而是要靠编制规范的文档，它告诉每个成员应该做什么、不应该做什么、应该按照怎样的要求去做，以及要遵守哪些规范。此外，还有一些与用户打交道的文档成为用户使用软件产品时最得力的助手。

合格的软件文档应该具备以下几个特性。

（1）及时性。在一个阶段的工作完成后，此阶段的相关文档应该及时地完成，而且开发人员应该根据工作的变更及时更新文档，以保证文档是最新的。可以说，文档的组织和编写是不断细化、不断修改、不断完善的过程。

（2）完整性。文档编写人员应该按照有关标准或规范，将软件各个阶段的工作成果写入有关文档，极力防止丢失一些重要的技术细节而造成源代码与文档不一致的情况出现，从而影响文档的使用价值。

（3）实用性。文档的描述应该采用文字、图形等多种方式，语言应准确、简洁、清晰、易懂。

（4）规范性。文档编写人员应该按有关规定采用统一的书写格式，包括各类图形、符号等的约定。此外，文档还应该具有连续性、一致性和可追溯性。

（5）结构化。文档应该具有非常清晰的结构，内容上脉络要清楚，形式上要遵守标准，让人易读、易理解。

（6）简洁性。切忌无意义地扩充文档，内容才是第一位的。充实的文档在于用简练的语言，深刻而全面地对问题展开论述，而不在于文档的字数多少。

总体上说，软件文档可以分为用户文档、开发文档和管理文档3类，如表11-2所示。

表 11-2　软件文档的分类

文档类型	文档名称
用户文档	用户手册； 操作手册； 修改维护建议； 用户需求报告

文档类型	文档名称
开发文档	软件需求规格说明书； 数据要求说明书； 概要设计说明书； 详细设计说明书； 可行性研究报告； 项目开发计划
管理文档	项目开发计划； 测试计划； 测试分析报告； 开发进度月报； 开发总结报告

下面是对几个重要文档的说明。

（1）可行性研究报告：说明该软件开发项目的实现在技术上、经济上和社会因素上的可行性，评述了为了合理地达到开发目标可供选择的各种可能实施的方案。

（2）项目开发计划：为软件项目实施方案制定出的具体计划，应该包括各项工作的负责人员、开发的进度、开发经费的预算、所需的硬件及软件资源等。

（3）软件需求规格说明书：也称软件规格说明书，是对所开发软件的功能、性能、用户界面及运行环境等做出的详细的说明。

（4）概要设计说明书：是概要设计阶段的工作成果，它应说明功能分配、模块划分、程序的总体结构、输入输出以及接口设计、运行设计、数据结构设计和出错处理设计等，为详细设计奠定基础。

（5）详细设计说明书：重点描述每一模块是怎样实现的，包括实现算法、逻辑流程等。

（6）用户手册：详细描述软件的功能、性能和用户界面，使用户了解如何使用该软件。

（7）测试计划：为组织测试制定的实施计划，包括测试的内容、进度、条件、人员、测试用例的选取原则、测试结果允许的偏差范围等。

（8）测试分析报告：是在测试工作完成以后提交的测试计划执行情况的说明，对测试结果加以分析，并提出测试的结论意见。

11.8　软件过程能力成熟度模型

软件过程能力成熟度模型（Capability Maturity Model，CMM）是评估软件能力与成熟度的一套标准，它由美国卡内基梅隆大学软件工程研究所推出，侧重于软件开发过程的管理及工程能力的提高与评估，是国际软件业的质量管理标准。

软件过程能力成熟度模型认为，软件质量难以保证的问题在很大程度上是由管理上的缺陷造成的，而不是由技术方面的问题造成的。因此，软件过程能力成熟度模型从管理学的角度出发，通过控制软件的开发和维护过程来保证软件产品的质量。它的核心是对软件开发和维护的全过程进行监控和研究，使其科学化、标准化，能够合理地实现既定目标。

此外，软件过程能力成熟度模型建立在很多软件开发实践经验的基础上，汲取了成功的实践因素，指明了一个软件开发机构在软件开发方面需要管理哪些方面的工作、这些工作之间的关系，以及各项工作的优先级和先后次序等，进而保证软件产品的质量，使软件开发工作更加高效、科学。

软件过程能力成熟度模型如图11-7所示。

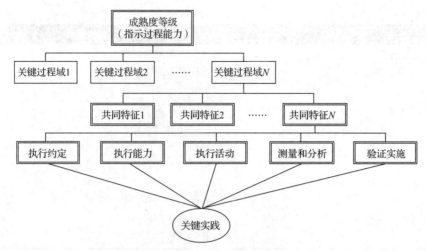

图11-7 软件过程能力成熟度模型

软件过程能力成熟度模型中包含5个成熟度等级，它们描述了过程能力，即通过遵循一系列软件过程的标准所能实现预期结果的程度。这5个等级分别是初始级、可重复级、已定义级、已管理级和优化级，如图11-8所示。5个成熟度等级构成了软件过程能力成熟度模型的顶层结构。

图11-8 软件过程能力成熟度模型的成熟度等级

初始级的软件过程是无秩序的，它几乎处于无步骤可循的状态。管理是随机的，软件产品的成功往往取决于个人。在可重复级中，已建立了基本的项目管理过程，对成本、进度和功能特性可进行跟踪，并且在借鉴以往经验的基础上制定了必要的规范。在已定义级中，用于管理和工程两个方面的过程均已文档化、标准化，并形成了整个软件组织的标准软件过程，所有项目均使用经过批准、裁剪的标准软件过程来开发和维护软件。已管理级的软件过程和产品质量有详细的度量标准并得到了定量的认证和控制。优化级的软件过程可以通过量化反馈和先进的新思想、新技术来不断地、持续地改进。

在软件过程能力成熟度模型中，每个成熟度等级都由若干个关键过程域组成。关键过程域是指相互关联的若干个软件实践活动和相关设施的集合，它指明了改善软件过程能力应该关注的区域，以及为达到某个成熟度等级应该重点解决的问题。达到某个成熟度等级的软件开发过程必须满足相应等级上的全部关键过程域。

对于每个关键过程域，都标识了一系列为完成一组相同目标的活动。这一组目标概括了关键过程域中所有活动应该达到的总体要求，表明了每个关键过程域的范围、边界和意图。关键过程域为了达到相应的目标，组织了一些活动的共同特征，用于描述相关的职责。

关键实践是指在基础设施或能力中对关键过程域的实施和规范化起重大作用的部分。关键实践以5个共同特征加以组织：执行约定、执行能力、执行活动、测量和分析及验证实施。对于每一个特征，其中的每一项操作都属于一个关键实践。

（1）执行约定：企业为保证过程建立，并在建立后继续长期有效而必须采取的行动一般包括构建组织方针、获得高级管理者的支持。

（2）执行能力：描述了组织和实施软件开发过程的先决条件，包括资源获取、人员职责分配等。

（3）执行活动：指实施关键过程域时所必需的角色和规程，一般涉及计划制定、跟踪与监督、修正措施等。

（4）测量和分析：对过程的执行状况进行测量，并对执行结果进行分析。

（5）验证实施：保证软件开发过程按照已建立的标准或计划执行。

能力成熟度模型集成（Capability Maturity Model Integration，CMMI）是一种"集成模型"，是将CMM（即软件能力成熟度模型SW-CMM、系统工程能力成熟度模型SE-CMM和集成产品开发能力成熟度模型IPD-CMM）结合在一起。它是一个参考模型，涵盖了开发产品与服务的活动。由于篇幅有限，这里就不进一步讲述CMMI了。

11.9　软件项目管理

本节对软件项目管理进行概述，并介绍软件项目管理与软件工程的关系。

11.9.1　软件项目管理概述

软件项目管理是为了使软件项目能够按照预定的成本、进度、质量顺利完成，而对人员、产品、过程和项目进行分析和管理的活动。

软件项目管理的根本目的是让软件项目尤其是大型项目的整个软件生命周期（从分析、设计、编码到测试、维护的全过程）都能在管理者的控制之下，以预定成本按期、按质地完成软件并交付用户使用。而研究软件项目管理是为了从已有的成功或失败的案例中总结出能够指导今后开发的通用原则、方法，同时避免前人的失误。

软件项目管理包含五大过程：

- 启动过程——确定一个项目或某阶段可以开始，并要求着手实行；
- 计划过程——进行（或改进）计划，并且保持（或选择）一份有效的、可控的计划安排，以确保实现项目的既定目标；
- 执行过程——协调人力和其他资源，并执行计划；
- 控制过程——通过监督和检测过程确保项目目标的实现，必要时可采取一些纠正措施；
- 收尾过程——取得项目或阶段的正式认可，并且有序地结束该项目或阶段。

同时，软件项目管理涉及9个知识领域，包括整体管理、范围管理、时间管理、成本管理、质量管理、人力资源管理、沟通管理、风险管理和采购管理。软件项目管理中9个知识领域与五大过程的关系如表11-3所示。

表 11-3　9个知识领域与五大过程的关系

知识领域	过程				
	启动过程	计划过程	执行过程	控制过程	收尾过程
整体管理	制定项目章程	制定项目计划	执行项目计划、指导与管理项目工作、管理项目知识	监控项目工作、整体变更控制	结束项目或阶段
范围管理		规划范围、收集需求、定义范围、创建工作分解结构		确认范围、控制范围	
时间管理		活动定义、安排、历时估算、进度安排		进度控制	
成本管理		资源计划编制、成本估算、预算		成本控制	
质量管理		质量计划编制	质量保证	质量控制	
人力资源管理		组织计划编制、人员获取	团队开发	人力资源控制	

续表

知识领域	过程				
	启动过程	计划过程	执行过程	控制过程	收尾过程
沟通管理		沟通计划编制	信息发布	执行状况报告	管理收尾
风险管理		风险计划编制、风险识别、定性风险分析、定量风险分析、风险应对计划编制	实施风险应对	风险监督、控制	
采购管理		采购计划编制、询价计划编制	询价、供货方选择、合同管理	采购控制	

11.9.2 软件项目管理与软件工程的关系

软件工程与软件项目管理都是围绕软件产品开发的管理。软件工程包括软件过程、工具和方法3个方面，侧重于开发；而软件项目管理侧重于管理，包括风险、配置和变更等管理。软件工程对于任何软件项目都具有指导性，而软件项目管理是落实软件工程思想的载体。

11.10 软件安全

软件安全是为了保护软件免受恶意攻击和其他黑客风险而实施的一种理念，以便软件在这种潜在风险下可以继续正常运行。安全是提供完整性、认证和可用性的必要条件。

对完整性、认证和可用性的任何妥协都会使软件不安全。软件系统可以被攻击，导致窃取信息、监控内容、引入漏洞和破坏软件等行为发生。恶意软件可以造成拒绝服务（Denial of Service，DoS）或使系统本身崩溃。

缓冲区溢出、堆栈溢出、命令注入和SQL注入是对软件最常见的攻击。

缓冲区溢出和堆栈溢出攻击分别通过写入额外的字节来覆盖堆或栈的内容。

当系统命令被大量使用时，命令注入可以在软件代码上实现。恶意攻击会将新的系统命令附加到现有的命令中。有时系统命令可能会停止服务并导致DoS。

SQL注入是指使用恶意的SQL代码从数据库服务器检索或修改重要信息。SQL注入可以被用来绕过登录凭证，有时SQL注入还可以从数据库中获取重要信息或从数据库中删除所有重要数据。

避免恶意攻击的唯一方法是练习良好的编程技术。此外，使用更好的防火墙可以提供系统级的安全，使用入侵检测和预防也可以帮助阻止攻击者轻松进入系统。

11.11 软件工程管理实例

【例11-1】下面叙述对一个小型计算机辅助设计（Computer-Aided Design，CAD）软件的需求。

代码估算的例子

该CAD软件接收由工程师提供的二维或三维几何图形数据。工程师通过用户界面与CAD系统交互并控制它，该用户界面应该表现出良好的人机界面特征。几何图形数据及其他支持信息都保存在一个CAD数据库中。开发必要的分析、设计模块，以产生所需要的输出，这些输出将显示在各种图形设备上。应该适当地设计软件，以便与外部设备交互并控制它们。所用的外部设备包括鼠标、数字化扫描仪和激光打印机。

要求：

（1）进一步精化上述要求，把CAD软件的功能分解成若干个子功能；

（2）用代码行估算法估算每个子功能的规模；

（3）用功能点估算法估算每个子功能的规模；

（4）从历史数据得知，开发这类系统的平均生产率是620LOC/pm，如果软件工程师的平均月薪是15000元，请估算开发本系统的工作量和成本；

（5）从历史数据得知，开发这类系统的平均生产率是6.5 FP/pm，请估算开发本系统的工作量和成本。

【解析】

（1）进一步精化上述要求，把CAD软件的功能分解成若干个子功能。

根据对CAD软件需求的描述，可以进一步将其功能分解为以下子功能：

- 接收几何图形数据；
- 用户界面交互与控制；
- 人机界面特征；
- CAD数据库管理；
- 分析与设计模块开发；
- 输出结果生成；
- 图形设备支持；
- 外部设备（鼠标、数字化扫描仪和激光打印机）交互与控制。

（2）用代码行估算法估算每个子功能的规模。

- 接收几何图形数据：假设该功能需要处理输入、验证和存储几何图形数据，估计为400行代码。
- 用户界面交互与控制：假设该功能需要设计用户界面、事件处理和界面控制逻辑，估计为700行代码。
- 人机界面特征：假设该功能需要处理界面布局、样式和用户交互体验，估计为500行代码。
- CAD数据库管理：假设该功能需要处理数据库连接、查询和数据存储逻辑，估计为600行代码。
- 分析与设计模块开发：假设该功能需要设计开发算法、数学模型和计算逻辑，估计为1000行代码。
- 输出结果生成：假设该功能需要处理图形渲染、文件生成和数据转换，估计为800行代码。
- 图形设备支持：假设该功能需要处理图形设备连接、驱动和渲染逻辑，估计为600行代码。
- 外部设备交互与控制：假设该功能需要处理设备连接、事件处理和控制逻辑，估计为700行代码。

（3）用功能点估算法估算每个子功能的规模。

- 接收几何图形数据：假设该功能属于简单输入功能，估计为5功能点。
- 用户界面交互与控制：假设该功能涉及用户交互和界面控制，估计为10功能点。
- 人机界面特征：假设该功能需要处理界面布局和样式，估计为5功能点。
- CAD数据库管理：假设该功能涉及数据库连接和简单查询，估计为8功能点。
- 分析与设计模块开发：假设该功能需要开发算法和计算逻辑，估计为12功能点。
- 输出结果生成：假设该功能涉及简单的图形渲染和文件生成，估计为8功能点。
- 图形设备支持：假设该功能需要简单的图形设备连接和驱动，估计为6功能点。
- 外部设备交互与控制：假设该功能涉及设备连接和简单的控制，估计为8功能点。

（4）从历史数据得知，开发这类系统的平均生产率是620LOC/pm，如果软件工程师的平均月薪是15000元，估算开发本系统的工作量和成本如下。

假设开发本系统的总代码行数为X LOC。

$$工作量 = X\,LOC / 620\,LOC/pm$$

$$成本 = 工作量 \times 15000元$$

根据上面的估算结果，代码量约为5300行，因此此处的工作量约为8.55m，成本约为128250元。

（5）如果从历史数据得知，开发这类系统的平均生产率是6.5 FP/pm，估算开发本系统的工作量和成本如下。

假设开发本系统的总功能点数为YFP。

$$工作量 = Y\,FP\,/\,6.5\;FP/pm$$

$$成本 = 工作量 \times 15000元$$

根据以上的估算结果，功能点数约为62，因此此时的工作量约为9.54m，成本约为143077元。

11.12 案例："'墨韵'读书会图书共享平台"的用户使用说明书

"'墨韵'读书会
图书共享平台"
的用户使用
说明书

本章小结

本章涵盖的内容较广，介绍了软件估算、软件开发进度计划、软件开发人员组织、软件开发风险管理、软件质量保证、软件配置管理、软件工程标准与软件文档、软件过程能力成熟度模型、软件项目管理等，这些内容都是软件工程的重要组成部分。

软件估算对于制定良好的项目计划是必需的。良好的估算不仅能够提供项目的宏观概要，还能够从估算中明确地估计到项目日后进展中可能遇到的一系列问题。

项目管理者的目标是定义所有项目任务，识别出关键任务，跟踪关键任务的进展状况，以保证能够及时发现拖延进度的情况。常用的制定进度计划的工具主要有甘特图和PERT图两种。

对任何软件项目而言，最关键的因素都是承担项目的人员。目前比较流行的是民主制程序员组、主程序员组和现代程序员组的组织方式。

当对软件项目寄予较高期望时，通常都会进行风险分析。识别、预测、评估、监控和管理风险等方面耗费的时间和人力，可以从许多方面得到回报。

软件质量是软件产品的生命线，也是软件企业的生命线。

本章还介绍了与软件配置管理相关的基础知识、配置管理中经常用到的术语，以及配置管理过程。

本章简要地介绍了几个与软件项目管理有关的国际标准，供读者在实际工作中参考、借鉴。软件文档的编制在软件开发工作中占有突出的地位和相当的工作量。

能力成熟度模型是评估软件能力与成熟度的一套标准，它侧重于软件开发过程的管理及工程能力的提高与评估，是国际软件业的质量管理标准。

此外，本章还介绍了软件项目管理、软件安全方面的内容。

习题

1. 选择题

（1）（ ）的作用是为有效地、定量地进行管理，把握软件工程过程的实际情况和它所产生的产品质量。

  A. 估算   B. 度量   C. 风险分析   D. 进度安排

（2）LOC和FP是两种估算技术，但两者有许多共同的特征，只是LOC和FP技术对于分解所需要的（ ）不同。

  A. 详细程度   B. 分解要求   C. 使用方法   D. 改进过程

（3）项目团队原来有6个成员，现在又增加了6个成员，这样沟通渠道增加了多少？（ ）

  A. 4.4倍   B. 2倍   C. 6倍   D. 6条

（4）下列哪项不是风险管理的过程？（ ）

  A. 风险规划   B. 风险识别   C. 风险评估   D. 风险收集

（5）按照软件配置管理的原始指导思想，受控制的对象应是（ ）。

  A. 软件过程   B. 软件项目   C. 软件配置项   D. 软件元素

（6）下面（ ）不是人们常用的评价软件质量的4个因素之一。

  A. 可理解性   B. 可靠性   C. 可维护性   D. 易用性

（7）软件文档是软件工程实施的重要成分，它不仅是软件开发各阶段的重要依据，而且影响软件的（ ）。

  A. 可用性   B. 可维护性   C. 可扩展性   D. 可移植性

（8）CMM表示（ ）。

  A. 软件过程能力成熟度模型   B. 软件配置管理

  C. 软件质量认证   D. 软件复用

2. 判断题

（1）代码行估算法是比较简单的定量估算软件规模的方法。   （ ）

（2）功能点估算法依据对软件信息域特性和软件复杂性的评估结果，估算软件规模。 （ ）

（3）常用的制定进度计划的工具主要有Word和Excel两种。   （ ）

（4）民主制程序员组的一个重要特点是，小组成员完全平等，享有充分民主，通过协商做出技术决策。   （ ）

（5）主程序员组的两个关键特性是专业化和层次性。   （ ）

（6）现代程序员组中，技术组长既对技术工作负责，又负责非技术事务。   （ ）

（7）风险有两个显著特点：一个是不确定性；另一个是损失。   （ ）

（8）回避风险指的是风险倘若发生，就接受后果。   （ ）

（9）软件质量保证的措施主要有基于非执行的测试（也称为复审）、基于执行的测试和程序正确性证明。   （ ）

（10）总体上说，软件工程文档可以分为用户文档、开发文档和管理文档3类。 （ ）

（11）文档是影响软件可维护性的决定因素。   （ ）

（12）软件生命周期的最后一个阶段是书写软件文档。   （ ）

（13）CMM是指导软件开发的一种面向对象的新技术。   （ ）

3. 填空题

（1）一般来说，随着项目进展，对项目内容了解越多，估算也会越来越_____。

（2）使用"主程序员组"的组织方式，可提高_____，减少总的人/年（或人/月）数。

（3）Gantt图是一种能有效显示行动时间规划的方法，也称为横道图或_____。

（4）PERT图也称"_____"，它采用网络图来描述一个项目的任务网络。

（5）进行配置控制是配置管理的关键，包括访问控制、_____、变更控制和产品发布控制等。

（6）_____是用于评估软件能力与成熟度的一套标准。

（7）软件开发风险是一种不确定的事件或条件，一旦发生，会对项目目标产生某种正面或_____的影响。

（8）总体上说，软件工程文档可以分为用户文档、开发文档和_____三类。

（9）软件项目管理是为了使软件项目能够按照预定的_____、进度、质量顺利完成，而对人员、产品、过程和项目进行分析和管理的活动。

（10）根据ISO 9126标准的定义，软件质量的特性包括_____、可靠性、可用性、效率、可维护性和可移植性。

4．简答题

（1）请简述软件项目管理与软件工程的区别和关系。

（2）请简述软件估算的意义。

（3）怎样进行代码行估算？怎样进行功能点估算？

（4）请简述做进度计划的两种方式。

（5）目前项目开发时常用的小组组织方法有哪些？

（6）请简述主程序员组的优缺点。

（7）民主制、主程序员制各存在什么问题？

（8）如何进行软件项目的风险分析？

（9）请简述软件质量的定义。

（10）针对软件质量保证问题，最有效的办法是什么？

（11）软件配置管理的目的是什么？

（12）请简述软件配置管理的工作内容。

（13）请简述CMM。

（14）请简述软件文档的意义。

5．应用题

（1）你所在的信息系统开发公司指定你为项目负责人。你的任务是开发一个应用系统，该系统类似于你的小组以前做过的那些系统，不过这一个系统规模更大且更复杂。需求已经由客户写成了完整的文档。你将选用哪种小组结构？为什么？你准备采用哪（些）种软件过程模型？为什么？

（2）有A、B、C、D、E、F、G这7个作业，用工程网络图描述如图11-9所示。

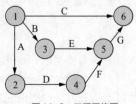

图11-9　工程网络图

其中A作业需要10个人工作2个月，B作业需要3个人工作2个月，C作业需要9个人工作4个月，D作业需要7个人工作2个月，E作业需要8个人工作3个月，F作业需要2个人工作3个月，G作业需要1个人工作4个月，圆圈内的数字是事件的编号。试求该工程的最早竣工时刻（工程起始时刻为0）和在如期竣工的前提下每阶段作业不超过10人的进度安排方案。

附录A
软件工程常用工具及其应用

本附录详细介绍了常用的计算机辅助软件工程工具，如面向通用软件设计的Visio，用于面向对象软件设计的Rational Rose，用于数据库设计的Power Designer，以及更加集成化的工具Enterprise Architect、Rational Software Architect和StarUML等。

另外，还介绍了集成开发环境，如Visual Studio、Visual Studio Code、WebStorm、PyCharm、Intellij IDEA等，以及测试工具JUnit、unittest、pytest等。

请扫描下方二维码查看。

Project 的使用

Visio 的使用

GitHub 的使用

Rational Software
Architect 的
安装与使用

Enterprise
Architect 的
安装与使用

Rational Rose 的
安装与使用

StarUML 的
安装与使用

ProcessOn 的
安装与使用

Axure 的安装与
使用

GUI Design
Studio 的使用

Markdown 的
使用

PowerDesigner
的安装与使用

Visual Studio Code
的安装与使用

Visual Studio 的
安装与使用

WebStorm
的安装与使用

（1）使用Python对求两个整数的最大公约数进行编程，并用unittest进行单元测试的微课视频及文档如下所示。

（2）使用Java对求两个整数的最大公约数进行编程，并用JUnit进行单元测试的微课视频及文档如下所示。

（3）使用JUnit对HelloWorld进行单元测试，微课视频及文档如下所示。

（4）使用unittest对"俄罗斯方块游戏排行榜"进行单元测试，微课视频及文档如下所示。

（5）使用pytest框架对Calculator函数进行单元测试，微课视频及文档如下所示。

（6）构建Postman+Newman+Jenkins接口测试框架，微课视频及文档如下所示。

构建 Postman+
Newman+
Jenkins 接口
测试框架
（微课视频）

构建 Postman+
Newman+
Jenkins 接口
测试框架
（文档）

（7）使用unittest框架对线性查找函数进行单元测试，微课视频及文档如下所示。

使用 unittest
框架对线性
查找函数进行
单元测试
（微课视频）

使用 unittest
框架对线性
查找函数进行
单元测试
（文档）

（8）使用Postman对getWeather接口进行关联测试，微课视频及文档如下所示。

使用 Postman
对 getWeather
接口进行
关联测试
（微课视频）

使用 Postman
对 getWeather
接口进行
关联测试
（文档）

（9）使用Python+Selenium+unittest完成对登录页面的自动化测试，微课视频及文档如下所示。

使用 Python+
Selenium+
unittest 完成
对登录页面的
自动化测试
（微课视频）

使用 Python+
Selenium+
unittest 完成
对登录页面的
自动化测试
（文档）

（10）使用JMeter录制一个网页的操作脚本，微课视频及文档如下所示。

（11）SoapUI接口测试工具的使用，微课视频及文档如下所示。

（12）使用Java对象HttpURLConnection发送GET请求获取页面源文件，微课视频及文档如下所示。

（13）使用pytest框架对冒泡排序函数进行单元测试，微课视频及文档如下所示。

（14）移动App的非功能性测试，微课视频及文档如下所示。

移动 App 的
非功能性测试
（微课视频）

移动 App 的
非功能性测试
（文档）

（15）使用unittest框架对线性查找函数进行单元测试，微课视频及文档如下所示。

使用 unittest
框架对 sort 函数
进行单元测试
（微课视频）

使用 unittest
框架对 sort 函数
进行单元测试
（文档）

附录B
基于"'墨韵'读书会图书共享平台"的实验

本附录主要介绍基于"'墨韵'读书会图书共享平台"各实验的微课视频和文档。

Project 的功能
及使用方法介绍
（文档）

Rose 的功能及
使用方法介绍
（文档）

Visio 的功能及
使用方法介绍
（文档）

使用 Visio 绘制
"'墨韵'读书会
图书共享平台"
的数据流图
（微课视频）

使用 Visio 绘制
"'墨韵'读书会
图书共享平台"
的数据流图
（文档）

使用 Visio 绘制
"'墨韵'读书会
图书共享平台"
的结构图 1
（微课视频）

使用 Visio 绘制
"'墨韵'读书会
图书共享平台"
的结构图 2
（微课视频）

使用 Visio 绘制
"'墨韵'读书会
图书共享平台"
的结构图
（文档）

使用 Rose 创建
"'墨韵'读书会
图书共享平台"
的用例模型
（微课视频）

使用 Rose 创建
"'墨韵'读书会
图书共享平台"
的用例模型
（文档）

使用 Rose 绘制
"'墨韵'读书会
图书共享平台"
的类图
（微课视频）

使用 Rose 绘制
"'墨韵'读书会
图书共享平台"
的类图
（文档）

使用 Rose 绘制
"'墨韵'读书会
图书共享平台"
的对象图
（微课视频）

使用 Rose 绘制
"'墨韵'读书会
图书共享平台"
的对象图
（文档）

使用 Rose 绘制
"'墨韵'读书会
图书共享平台"
的包图
（微课视频）

使用 Rose 绘制
"'墨韵'读书会
图书共享平台"
的包图
（文档）

使用 Rose 绘制
"'墨韵'读书会
图书共享平台"
的状态图
（微课视频）

使用 Rose 绘制
"'墨韵'读书会
图书共享平台"
的状态图
（文档）

使用 Rose 绘制
"'墨韵'读书会
图书共享平台"
的顺序图
（微课视频）

使用 Rose 绘制
"'墨韵'读书会
图书共享平台"
的顺序图
（文档）

使用 Rose 绘制
"'墨韵'读书会
图书共享平台"
的活动图
（微课视频）

使用 Rose 绘制
"'墨韵'读书会
图书共享平台"
的活动图
（文档）

使用 Rose 绘制
"'墨韵'读书会
图书共享平台"
的协作图
（微课视频）

使用 Rose 绘制
"'墨韵'读书会
图书共享平台"
的协作图
（文档）

使用 Rose 绘制
"'墨韵'读书会
图书共享平台"
的组件图
（微课视频）

使用 Rose 绘制
"'墨韵'读书会
图书共享平台"
的组件图
（文档）

使用 Rose 绘制
"'墨韵'读书会
图书共享平台"
的部署图
（微课视频）

使用 Rose 绘制
"'墨韵'读书会
图书共享平台"
的部署图
（文档）

使用 WebStorm
和 PyCharm
实现"'墨韵'
读书会图书
共享平台"的
"用户登录"
模块（文档）

使用 PyCharm
对"'墨韵'
读书会图书
共享平台"的
"用户登录"
模块进行单元
测试（文档）

附录C

软件开发综合项目实践详解
（图书馆信息管理系统）

本附录详细介绍了"图书馆信息管理系统"这个项目的开发过程。请扫描下方二维码查看。

图书馆信息
管理系统的
面向对象
需求分析
（微课视频）

软件开发综合
项目实践
（图书馆信息
管理系统）
（文档）

附录D
综合案例

本附录详细介绍了"问卷星球"和"在线音乐播放平台"这两个综合案例，包括开发计划书、需求规格说明书、软件设计说明书、测试报告、部署文档和用户使用说明书。请扫描下方二维码查看。源代码可到人邮教育社区下载。

案例1：问卷星球

问卷星球
（微课视频）

问卷星球需求
（文档）

问卷星球_
软件开发
计划书（文档）

问卷星球_
需求规格
说明书（文档）

问卷星球_
软件设计
说明书（文档）

问卷星球_
测试报告
（文档）

问卷星球_
部署文档
（文档）

问卷星球_
用户使用
说明书（文档）

案例2：在线音乐播放平台

在线音乐播放平台（微课视频）

在线音乐播放平台需求（文档）

在线音乐播放平台_软件开发计划书（文档）

在线音乐播放平台_需求规格说明书（文档）

在线音乐播放平台_软件设计说明书（文档）

在线音乐播放平台_测试报告（文档）

在线音乐播放平台_部署文档（文档）

在线音乐播放平台_用户使用说明书（文档）

附录E

本书配套微课视频清单

序号	视频内容标题	视频二维码位置
1	软件灾难故事	1.2 软件危机
2	怎样理解软件工程	1.3 软件工程
3	为什么应该学好软件工程	1.3 软件工程
4	怎样学习软件工程	1.3 软件工程
5	瀑布模型的补充知识	2.2.1 瀑布模型
6	快速原型模型的补充知识	2.2.2 快速原型模型
7	增量模型的补充知识	2.2.3 增量模型
8	敏捷开发的补充知识	2.2.8 敏捷模型
9	如何选择软件过程模型	2.2.11 如何选择软件过程模型
10	软件过程模型多个实例讲解	2.3 软件过程模型实例
11	可行性研究的必要性	3.2 可行性研究的内容
12	可行性研究的案例	3.3 可行性研究的步骤
13	可行性研究的应用题（1）	第3章习题
14	可行性研究的应用题（2）	第3章习题
15	需求分析补充知识	4.1 需求分析
16	需求获取补充知识	4.1.2 需求分析的步骤
17	如何应对需求变更	4.1.3 需求管理
18	某培训机构入学管理系统的结构化分析	4.5 结构化分析实例
19	模块设计启发规则	5.1.2 软件设计的原则
20	模块分割方法	5.1.2 软件设计的原则
21	结构化软件设计的任务	5.3 结构化设计概述
22	小型网上书店系统软件设计（附小型网上书店系统软件设计说明书）	5.10 软件设计实例
23	用C++理解类与对象	6.1.1 面向对象的基本概念
24	用C++理解继承与组合	6.1.1 面向对象的基本概念
25	用C++理解函数与多态	6.1.1 面向对象的基本概念
26	使用UML的准则	6.2.2 UML的应用范围
27	在统一软件开发过程中使用UML	6.2.2 UML的应用范围
28	用例的特征	6.3.1 用例图
29	用例模型的补充知识	6.3.1 用例图
30	网上计算机销售系统的用例建模	6.3.1 用例图
31	用例建模总结	6.3.1 用例图
32	用例的应用题（1）	6.3.1 用例图
33	用例的应用题（2）	6.3.1 用例图
34	项目与资源管理系统用例图的分析	6.3.1 用例图
35	医院病房监护系统用例图的分析	6.3.1 用例图
36	绘制机票预订系统的用例图	6.3.1 用例图

续表

序号	视频内容标题	视频二维码位置
37	超市购买商品系统类与对象的识别	6.3.2 类图和对象图
38	类图的应用题（1）	6.3.2 类图和对象图
39	类图的应用题（2）	6.3.2 类图和对象图
40	绘制机票预订系统的类图	6.3.2 类图和对象图
41	包图的应用题	6.3.3 包图
42	绘制机票预订系统的包图	6.3.3 包图
43	顺序图的应用题	6.4.1 顺序图
44	绘制机票预订系统登录用例的顺序图	6.4.1 顺序图
45	协作图的应用题	6.4.2 协作图
46	绘制机票预订系统查询航班用例的协作图	6.4.2 协作图
47	状态图的应用题	6.4.3 状态图
48	绘制机票预订系统航班类的状态图	6.4.3 状态图
49	活动图的应用题	6.4.4 活动图
50	绘制机票预订系统购买机票用例的活动图	6.4.4 活动图
51	组件图的应用题	6.5.1 组件图
52	绘制机票预订系统的组件图	6.5.1 组件图
53	部署图的应用题	6.5.2 部署图
54	绘制机票预订系统的部署图	6.5.2 部署图
55	用户使用ATM用例图的分析	6.6 面向对象方法与UML实例
56	某学校领书过程的用例图、顺序图和活动图	6.6 面向对象方法与UML实例
57	Switch卡带租赁商店的用例图、活动图和类图	第6章习题
58	建立网上计算机销售系统的静态模型（对象模型）	7.3.1 建立对象模型
59	商品销售管理系统的面向对象需求分析	7.3.1 建立对象模型
60	智能机场管理系统的用例模型、对象模型、动态模型和功能模型	7.4 面向对象分析实例
61	某银行储蓄系统的对象模型、动态模型和功能模型	第7章习题
62	使用桥接模式实现毛笔与蜡笔的关系	8.7.2 桥接模式
63	策略模式的补充知识	8.7.3 策略模式
64	使用策略模式实现跨平台图像浏览系统	8.7.3 策略模式
65	智能机场管理系统的面向对象设计	8.8 面向对象设计实例
66	策略模式的例子	8.8 面向对象设计实例
67	工厂模式的例子（1）	第8章习题
68	工厂模式的例子（2）	第8章习题
69	桥接模式的例子	第8章习题
70	募捐系统的面向对象的分析与设计	第8章习题
71	面向对象的实现——提高可复用性	9.3 面向对象实现
72	面向对象的实现——提高可扩充性	9.3 面向对象实现
73	面向对象的实现——提高稳健性	9.3 面向对象实现
74	软件实现实例	9.6 软件实现实例
75	正文输出的例子	第9章习题
76	如何将软件需求转换为测试用例——以图书馆信息管理系统为例	10.2.1 测试用例编写
77	黑盒测试的优缺点	10.4.7 黑盒测试方法选择
78	白盒测试的优缺点	10.5.6 白盒测试方法选择
79	手工测试与自动化测试	10.13 自动化测试
80	导致维护困难的一些因素	10.15.2 软件维护的过程
81	维护工作流程	10.15.2 软件维护的过程
82	维护的代价及其主要因素	10.15.2 软件维护的过程
83	俄罗斯方块游戏排行榜的单元测试实例	10.16 软件测试实例
84	使用JUnit进行单元测试的例子	10.16 软件测试实例
85	代码估算的例子	11.11 软件工程管理实例
86	Project的使用	附录A
87	Visio的使用	附录A
88	GitHub的使用	附录A
89	Rational Software Architect的安装与使用	附录A
90	Enterprise Architect的安装与使用	附录A

续表

序号	视频内容标题	视频二维码位置
91	Rational Rose的安装与使用	附录A
92	StarUML的安装与使用	附录A
93	ProcessOn的安装与使用	附录A
94	Axure的安装与使用	附录A
95	GUI Design Studio的使用	附录A
96	Markdown的使用	附录A
97	PowerDesigner的安装与使用	附录A
98	Visual Studio Code的安装与使用	附录A
99	Visual Studio的安装与使用	附录A
100	WebStorm 的安装与使用	附录A
101	PyCharm 的安装与使用	附录A
102	Vue的安装与使用	附录A
103	Flask的安装与使用	附录A
104	Django的安装与使用	附录A
105	IntelliJ IDEA的安装与使用	附录A
106	Spring Boot的安装与使用	附录A
107	JavaScript的基本使用	附录A
108	HTML5的基本使用	附录A
109	Dev-C++的安装与使用	附录A
110	Java环境的安装与配置	附录A
111	Java的基本使用	附录A
112	在Java中使用数据库	附录A
113	Python环境的安装与配置	附录A
114	Python基本语法	附录A
115	JUnit的安装与使用	附录A
116	unittest的安装与使用	附录A
117	pytest的安装与使用	附录A
118	Selenium的安装与使用	附录A
119	Postman的安装与使用	附录A
120	JMeter的安装与使用	附录A
121	使用Python对求两个整数的最大公约数进行编程，并用unittest进行单元测试（附文档）	附录A
122	使用Java对求两个整数的最大公约数进行编程，并用Junit进行单元测试（附文档）	附录A
123	使用JUnit对HelloWorld进行单元测试（附文档）	附录A
124	使用unittest对"俄罗斯方块游戏排行榜"进行单元测试（附文档）	附录A
125	使用pytest框架对Calculator函数进行单元测试（附文档）	附录A
126	构建Postman+Newman+Jenkins接口测试框架（附文档）	附录A
127	使用unittest框架对线性查找函数进行单元测试（附文档）	附录A
128	使用Postman对getWeather接口进行关联测试（附文档）	附录A
129	使用Python+Selenium+unittest完成对登录页面的自动化测试（附文档）	附录A
130	使用JMeter录制一个网页的操作脚本（附文档）	附录A
131	SoapUI接口测试工具的使用（附文档）	附录A
132	使用Java对象HttpURLConnection发送GET请求获取页面源文件（附文档）	附录A
133	使用pytest框架对冒泡排序函数进行单元测试（附文档）	附录A
134	移动App的非功能性测试（附文档）	附录A
135	使用unittest框架对sort函数进行单元测试（附文档）	附录A
136	基于"'墨韵'读书会图书共享平台"的实验（附文档）	附录B
137	图书馆信息管理系统的面向对象需求分析（附文档）	附录C
138	问卷星球（附文档）	附录D
139	在线音乐播放平台（附文档）	附录D

参考文献

[1] 田淑梅，廉龙颖，高辉. 软件工程——理论与实践[M]. 北京：清华大学出版社，2011.

[2] 陈明. 软件工程实用教程[M]. 北京：清华大学出版社，2012.

[3] 陶华亭，张佩英，邱罡，等. 软件工程实用教程[M]. 2版. 北京：清华大学出版社，2012.

[4] 李代平. 软件工程[M]. 3版. 北京：清华大学出版社，2011.

[5] 贾铁军，甘泉，俞小怡，等. 软件工程与实践[M]. 北京：清华大学出版社，2012.

[6] 沈文轩，张春娜，曾子维. 软件工程基础与实用教程——基于架构与MVC模式的一体化开发[M]. 北京：清华大学出版社，2012.

[7] 赵池龙，杨林，孙玮，等. 实用软件工程[M]. 3版. 北京：电子工业出版社，2011.

[8] 韩万江，姜立新. 软件工程案例教程：软件项目开发实践[M]. 2版. 北京：机械工业出版社，2011.

[9] 王华，周丽娟. 软件工程学习指导与习题解析[M]. 北京：清华大学出版社，2012.

[10] 吕云翔，王洋，王昕鹏. 软件工程实用教程[M]. 北京：机械工业出版社，2010.

[11] 吕云翔，王昕鹏，邱玉龙. 软件工程——理论与实践[M]. 北京：人民邮电出版社，2012.

[12] 吕云翔，刘浩，王昕鹏，等. 软件工程课程设计[M]. 北京：机械工业出版社，2009.

[13] 张燕，洪蕾，钟睿，等. 软件工程理论与实践[M]. 北京：机械工业出版社，2012.

[14] 耿建敏，吴文国. 软件工程[M]. 北京：清华大学出版社，2009.

[15] 陆惠恩，张成姝. 实用软件工程[M]. 2版. 北京：清华大学出版社，2009.

[16] 李军国，吴昊，郭晓燕，等. 软件工程案例教程[M]. 北京：清华大学出版社，2013.

[17] 许家珩. 软件工程——方法与实践[M]. 2版. 北京：电子工业出版社，2011.

[18] 钱乐秋，赵文耘，牛军钰. 软件工程[M]. 北京：清华大学出版社，2007.

[19] Rajib Mall. 软件工程导论[M]. 马振晗，胡晓，译. 北京：清华大学出版社，2008.

[20] 刘冰，刘锐，瞿中，等. 软件工程实践教程[M]. 2版. 北京：机械工业出版社，2012.

[21] 张海藩. 软件工程导论[M]. 5版. 北京：清华大学出版社，2008.

[22] 张海藩. 软件工程导论（第5版）学习辅导[M]. 北京：清华大学出版社，2008.

[23] 张海藩，牟永敏. 面向对象程序设计实用教程[M]. 北京：清华大学出版社，2001.

[24] 张海藩，吕云翔. 软件工程[M]. 4版. 北京：人民邮电出版社，2013.

[25] 张海藩，吕云翔. 软件工程（第4版）学习辅导与习题解析. 北京：人民邮电出版社，2013.

[26] 郑人杰，马素霞，殷人昆. 软件工程概论[M]. 北京：机械工业出版社，2010.

[27] 窦万峰. 软件工程方法与实践[M]. 北京：机械工业出版社，2009.

[28] 杜文洁，白萍. 软件工程基础与实训教程[M]. 北京：电子工业出版社，2010.

[29] 陈松桥，任胜兵，王国军. 现代软件工程[M]. 北京：清华大学出版社，2004.

[30] 陆惠恩. 软件工程[M]. 2版. 北京：人民邮电出版社，2012.

[31] 郭宁，马玉春，邢跃，等. 软件工程实用教程[M]. 2版. 北京：人民邮电出版社，2011.

[32] 吕云翔，杨颖，朱涛，等. 软件测试实用教程[M]. 北京：清华大学出版社，2014.

[33] 赖均，陶春梅，刘兆宏，等. 软件工程[M]. 北京：清华大学出版社，2016.

[34] 阎菲，潘正清，吴年志. 实用软件工程教程[M]. 北京：中国水利水电出版社，2006.

[35] 瞿中，吴渝，常庆丽，等. 软件工程[M]. 2版. 北京：机械工业出版社，2011.

[36] 张晓龙，顾进广，刘茂福. 现代软件工程[M]. 北京：清华大学出版社，2011.

[37] 吕云翔. 软件工程理论与实践[M]. 机械工业出版社，2017.

[38] 郑人杰，马素霞，殷人昆. 软件工程概论[M]. 2版. 北京：机械工业出版社，2014.

[39] 吕云翔. 软件工程实用教程[M]. 北京：清华大学出版社，2015.

[40] 贾可荣，何智勇. 软件工程：基于项目的面向对象研究方法[M]. 北京：机械工业出版社，2009.

[41] 吕云翔，赵天宇，丛硕. UML与Rose建模实用教程[M]. 北京：人民邮电出版社，2016.

[42] 吕云翔，宋任飞，白甲兴. UI设计与应用[M]. 北京：清华大学出版社，2017.

[43] 吕云翔，杨婧玥. UI设计——Web网站与App用户界面设计教程[M]. 北京：清华大学出版社，2019.

[44] 吕云翔，杨颖，朱涛，等. 软件测试实用教程[M]. 北京：人民邮电出版社，2020.

[45] 吕云翔. 实用软件工程（附微课视频）[M]. 2版. 北京：人民邮电出版社，2020.

[46] 吕云翔，许鸿智，杨洪洋，等. 华为云DevCloud敏捷开发项目实战[M]. 北京：清华大学出版社，2021.

[47] 齐治昌，谭庆平，宁洪. 软件工程[M]. 4版. 北京：高等教育出版社，2019.

[48] 毛新军，王涛，余跃. 软件工程实践教程：基于开源和群智的方法[M]. 北京：高等教育出版社，2019.

[49] 胡思康. 软件工程基础[M]. 3版. 北京：清华大学出版社，2019.

[50] 石冬凌，任长宁，贾跃，等. 面向对象软件工程[M]. 北京：清华大学出版社，2016.

[51] 李爱萍，崔冬华，李东生. 软件工程[M]. 北京：人民邮电出版社，2014.

[52] 吴艳，曹平. 软件工程导论[M]. 北京：清华大学出版社，2021.

[53] 许福，郝亮，陈飞翔，等. 面向开源代码复用的程序比对分析方法[J]. 计算机工程，2020(1)：222-223.

[54] 张海藩，牟永敏. 软件工程导论[M]. 6版. 北京：清华大学出版社，2013.

[55] 张海藩，牟永敏. 软件工程导论（第6版）学习辅导[M]. 北京：清华大学出版社，2013.

[56] 毛新军，董威. 软件工程：从理论到实践[M]. 北京：高等教育出版社，2022.

[57] 彭鑫，游依勇，赵文耘. 现代软件工程基础[M]. 北京：清华大学出版社，2022.

[58] 胡思康. 软件工程基础[M]. 4版. 北京：清华大学出版社，2023.

[59] 毛新军，董威. 软件工程：理论与实践[M]. 北京：高等教育出版社，2024.

[60] 沈备军，万成城，陈昊鹏，等. 软件工程原理与实践[M]. 北京：机械工业出版社，2024.